Schienengebundene Linien- und Ringnetzsysteme im Hauptlauf von KEP- und Postverkehren

von

Michael Müller

Tectum Verlag
Marburg 2005

Müller, Michael:
Schienengebundene Linien- und Ringnetzsysteme im
Hauptlauf von KEP- und Postverkehren
/ von Michael Müller
- Marburg : Tectum Verlag, 2005
Zugl.: Rostock, Univ. Diss. 2005
ISBN 978-3-8288-8956-9

Coverfotos: KEP-Mobiler, KEP-Train, Sendungssortierung, KEP-EHB
Logo: KEPTrain, Rechte: Michael Müller

Tectum Verlag
Marburg 2005

Vorwort

Der Güterverkehr ist seit Jahren von einem Ungleichgewicht zwischen den Verkehrsträgern geprägt. Der Straßengüterverkehr dominiert trotz steigender Verkehrsdichte und drohendem Verkehrsinfarkt bei Aufkommen und Transportleistungen dominierend. Die Kennzahlen anderer Verkehrsträger wie Schiene, Wasser und Rohrleitung stagnieren oder verhalten sich rückläufig. Nur beim Luftfrachtverkehr sind ähnliche Steigerungsraten bei aber weitaus geringerem Aufkommen erkennbar. Nach verschiedenen Verkehrsprognosen soll sich dieser gegensätzliche Trend in den nächsten Jahren noch verstärken. Diese Entwicklung läuft der Notwendigkeit einer Reduzierung der durch den Güterverkehr verursachten Umweltbelastung entgegen, da gerade die in ihrer Bedeutung zunehmenden Straßen- und Luftverkehre durch die höchsten Schadstoffemissionswerte, Energiebedarfe und externen Kosten aller Verkehrsträger gekennzeichnet sind. Verkehrspolitische Maßnahmen wie verstärkte Investitionen in Schienen- und Wasserinfrastruktur oder die Mauteinführung allein werden dieses Ungleichgewicht im Güterverkehr nicht beseitigen können.

Im Blickpunkt der vorliegenden Arbeit steht in diesem Zusammenhang der Post-, Kurier-, Express- und Paketdienstleistungsmarkt. Hier ist der bestimmende Verkehrsträger im Vor-, Haupt- und Nachlauf die Straße. Einzig der Lufttransport besitzt bei größeren Entfernungen einen nennenswerten Anteil im Bereich der Hauptläufe. Der im Bereich des Post- und KEP-Verkehrs stark zunehmende Anteil an Fahrten mit Kleintransportern, verursacht durch die sich im Zuge von Trends wie E-Business oder Just-In-Time vollziehende Atomisierung der Sendungen, steht im direkten Gegensatz zu dem anzustrebenden Ziel der Verkehrsbündelung und – verlagerung. Durch die Gleichstellung der Kleintransporter mit dem PKW im Bereich der Geschwindigkeitsbegrenzungen und Lenkzeitregelungen sowie die Begrenzung der Mautgebühr auf LKW über 7,5 Tonnen Nutzlast sind Randbedingungen gegeben, die diese Entwicklung noch verstärken.

Um die im KEP- und Postverkehr bislang unterrepräsentierten umweltfreundlichen Verkehrsträger zu stärken und die Voraussetzungen zur Aufkommensverlagerung zu schaffen sowie um der beschriebenen Entwicklung zu einer hohen Zahl von Transporten kleiner Sendungsgrößen zu begegnen, gilt es, innovative und konkurrenzfähige Lösungen zur Bündelung der Güterverkehre unter Einbezug alternativer Verkehrsträger zu entwickeln.

Danksagung

Diese Arbeit soll zugleich Beitrag und Anregung zur Identifikation alternativer Lösungen für den Hauptlauftransport von zeitkritischen Sendungen sein. Sie soll als Gesamtmodell für eine mögliche Neuorganisation eines Post- bzw. KEP-Hauptlaufes verstanden werden.

Die vorliegende Arbeit entstand in den Jahren 2000 bis 2003 im Rahmen meiner wissenschaftlichen Tätigkeit am Lehrstuhl Produktionsorganisation und Logistik der Universität Rostock. Die Ideen zu dieser Arbeit habe ich vor allem in meiner früheren praktischen Tätigkeit und in Gesprächen mit am Lehrstuhl zu betreuenden Studenten gesammelt. Die Verteidigung der Dissertation fand am 05.08.2005 in Rostock statt.

Bedanken möchte ich mich vor allem bei Frau Professor Vojdani. Nur durch ihre Unterstützung war es möglich, das Thema in dieser Zeit zu bearbeiten. Ihre Unterstützung, die unzähligen Gespräche und Anmerkungen haben die Richtung und das Ergebnis dieser Arbeit entscheidend mitbestimmt. Herrn Prof. Noche und Herrn Prof. Fuhrmann danke ich herzlich für die hilfreiche Betreuung und die zahlreichen Hinweise zur Abfassung dieser Arbeit.

Ebenso möchte ich mich bei allen Mitarbeiterinnen und Mitarbeitern am Lehrstuhl und Institut für die freundliche Zusammenarbeit während dieser Zeit bedanken. Besonderer Dank gilt den studentischen Hilfskräften Kristian Baron, Anja Gellert, Mario Jensch, Frank Maaser und Torsten Struck für die unzähligen fachlichen Anregungen und die Unterstützung. Herrn Stefan Rybacki möchte ich für die gewissenhafte und sachkundige Implementierung meiner Ideen, Berechnungsalgorithmen und -modelle in das Simulationsprogramm sowie für die ausgiebigen Fachgespräche bei der Programmerarbeitung danken.

Widmen möchte ich diese Arbeit meiner Familie, die in dieser Zeit auf vieles verzichten musste.

Schwedt, im Oktober 2005   Michael Müller

Inhaltsverzeichnis

Abkürzungs- und Formelverzeichnis

4 PL	Fourth Party Logistics
Abb.	Abbildung
ACTS	Abroll Container Transport System
AG	Aktiengesellschaft
ALS	Automatic Loading System
B2B	Business to business
B2C	Business to consumer
BIP	Bruttoinlandsprodukt
BMV	Bundesministerium für Verkehr
BMVBW	Bundesministerium für Verkehr, Bau- und Wohnungswesen
Bsp.	Beispiel
bspw.	beispielsweise
bzw.	beziehungsweise
CCP	Chinese-Postman-Problem
CCT	CarCon Train
DB	Deutsche Bahn AG
DHL	DHL Worldwide Express
DM	Deutsche Mark
DP	Deutsche Post AG
DPD	DPD Deutscher Paket Dienst GmbH & Co. KG
E	Kanten- oder Pfeilmenge
EBAS	innovative Bremse (Elektrisch / Elektronische Bremsauswertung und -steuerung)
ECMT	European Conference of Ministers of Transport
ECR	Efficient Consumer Response
EDIFACT	Electronic Data Interchange for Administration, Commerce and Transport
EDV	Elektronische Datenverarbeitung

EHB	Einschienenhängebahn
ERP	Enterprise Ressource Planning
etc.	et cetera
EU	Europäische Union
EUR	Euro
EVU	Eisenbahnverkehrsunternehmen
EW	Endwagen
f	Kette
FedEx	FedEx Corp.
FIFO	First In First Out
G	Graph
GPS	Global Positioning System
GVZ	Güterverkehrszentrum
h	Stunde
HGV	Hochgeschwindigkeitsverkehr
Hrsg.	Herausgeber
Hz	Hertz
I & K	Informations- und Kommunikationstechnik
ICE	Intercity Express
IGW	Innovativer Güterwagen
inkl.	inklusive
insg.	insgesamt
ISO	International Standard
J	Japan
JIT	Just-in-time
k	Kante
Kbf	zentraler Knotenbahnhof
k. A.	keine Angabe
KEP	Kurier-, Express- und Paketdienste

kg	Kilogramm
KLV	Kombinierter Ladungsverkehr
km	Kilometer
kN	Kilonewton
KSU	Krupp Schnellumschlaganlage
kV	Kilovolt
KV	Kombinierter Verkehr
LKW	Lastkraftwagen
m	Meter
max.	maximal
MDS	Megadrehscheibe
min	Minuten
min.	minimal
Mio.	Millionen
mm	Millimeter
MotW	Motorwagen
Mrd.	Milliarden
MTSP	Multiple-Traveling-Salesman-Problem
MW	Mittelwagen
NE	nicht bundesbahneigene Eisenbahn(en)
NSU	Noell Schnellumschlaganlage
o. D.	ohne Datum
o. V.	ohne Verfasser
p	Pfeil
PIC	Parcel InterCity
PKW	Personenkraftwagen
PPS	Produktionsplanung und -steuerung
RFID	Radio Frequency Identification
RUB	Regionale Umschlagbasen

s	Sekunde
SNCF	Société Nationale des Chemins de Fer Francais
SOG	Selbst-organisierender Güterverkehr
SST	Selbsttätiges Signalgeführtes Triebfahrzeug
STE	Selbstfahrende Transporteinheit / Modulzug
STSP	Single-Traveling-Salesman-Problem
SW	Steuerwagen
t	Tonne
TCS	Train-Coupling and-Sharing
TDP	Truck-Dispatching-Problem
TEU	Twenty Foot Equivalent Unit (Standardeinheit für Container)
TK	Triebkopf
tkm	Tonnenkilometer
TNT	Thomas Nationwide Transport Post Group
TSP	Traveling-Salesman-Problem
TUL	Transport, Umschlag und Lagerung
u. a.	und anderem
Ubf	dezentraler Umschlagbahnhof
UIRR	International Union of Road-Rail Companies
ULD	Unit Load Device (Luftfrachtcontainer)
UPS	US Postal Service
usw.	und so weiter
v	Knotenpunkt
V	Knotenmenge
VRP	Vehicle-Routing-Problem
VSP	Vehicle-Scheduling-Problem
W	Wagen
w	Weg
ω	Inzidenzabbildung

WAS	Wechselbehälter auf Schienen
WB	Wechselbrücke / Wechselbehälter
WVZ	Warenverteilzentrum
www	World Wide Web
Z-AK	automatische Zugkupplung
z. B.	zum Beispiel

1 Einleitung

Aufgrund der hohen zeitlichen und qualitativen Anforderungen werden heute im Hauptlauf des Post- und KEP- Bereiches im Wesentlichen nur zwei Verkehrsträger genutzt. Sendungen über kurze und mittlere Distanzen werden zum überwiegenden Teil auf der Straße transportiert. Bei großen Entfernungen wird das Flugzeug als Verkehrsmittel bevorzugt. Sowohl der Straßen- als auch der Luftverkehr sind durch steigende Verkehrsdichte und schlechte Energieausnutzung gekennzeichnet und sind damit in der Perspektive, spätestens mit dem befürchteten "Verkehrsinfarkt" auf den europäischen Straßen, für die Volkswirtschaften unökonomisch. Auch ökologisch gesehen sind die im Vergleich zu Wasser- und Schienenverkehr enorm hohen Belastungen durch diese beiden Verkehrsträger nicht akzeptabel. Das vorherrschende Ungleichgewicht im gesamten Güterverkehr wird unter anderem an der unterschiedlichen Entwicklung der Güterverkehrsleistung ersichtlich (Abbildung 1-1).

Wie in allen Güterverkehrsbereichen ist daher im Post- und KEP-Bereich die umfangreiche Verlagerung von Verkehren von höchstem gesellschaftlichen Interesse. Kurzfristig und auf der Ebene einzelner Wirtschaftsobjekte sind jedoch allein harte Fakten, wie z. B. die Transportkosten, ausschlaggebend bei der wirtschaftlichen Entscheidung. Daher müssen die anzustrebenden alternativen Lösungen in ihren Kosten, vor allem aber in Zeit und Qualität den bestehenden Transportketten zumindest ebenbürtig

Abb. 1-1: Entwicklung der Güterverkehrsleistung in Deutschland

Güterverkehrsleistung in Mrd. tkm

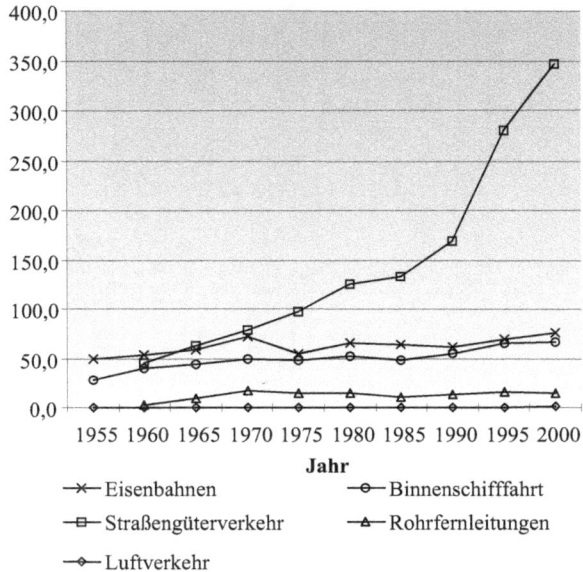

Quelle: BMV 2001b

-1-

sein. Dazu gehört die Garantie von Overnight-Zustellungen oder der 24-Stunden-Lieferservice wie auch die Fähigkeit, mit Hilfe moderner Informations- und Kommunikationstechnologien Zusatzleistungen wie Track & Trace anbieten zu können.

Um diesen Zwiespalt zwischen steigendem ökologischen Bewusstsein und der Sorge um die Wirkungen einer unausgeglichenen Verkehrsträgerentwicklung auf der einen Seite sowie den Kundenanforderungen hinsichtlich Lieferzeit, Flexibilität und Transportqualität auf der anderen Seite zu überwinden, sind technische Fortschritte und wettbewerbssteuernde fiskalische Maßnahmen allein nicht ausreichend. Der Mangel an umfassenden analytischen Modellen ist ein Hindernis bei der Herausbildung von Alternativen zu der einseitigen Ausrichtung auf den Straßengüterverkehr. Nur eine ganzheitliche Betrachtung aller Prozessschritte und Prozesselemente des Post- und KEP-Hauptlaufes sowie der Schnittstellen zu Vor- und Nachlauf kann neue Lösungen und entscheidende Optimierungspotenziale hervorbringen und ist wesentliches Anliegen dieser Arbeit.

2 Zielsetzung und Vorgehensweise

Ziel der vorliegenden Arbeit ist es, eine zur Straße konkurrenzfähige Gesamtlösung für den Post- und KEP-Hauptlauf unter Beachtung eines 10-Stunden-Zeitfensters und unter Nutzung eines der bislang unterrepräsentierten Verkehrsträger Schiene oder Binnenwasserstraße darzustellen. Wie zu zeigen sein wird, schränken die aufgrund der Infrastruktur im Bereich der Binnengewässer geringen realisierbaren Transportgeschwindigkeiten und die ungenügende Flexibilität und Netzbildungsfähigkeit die Einsatzmöglichkeiten von Schiffen als Verkehrsmittel im Post- und KEP-Bereich stark ein, so dass diese Arbeit auf die Entwicklung einer bahngestützten Lösung orientiert.

Dazu sind neuartige technische und organisatorische Einzellösungen zu einem Gesamtmodell zu kombinieren, welches hinsichtlich der Kundenanforderungen mit den jetzigen KEP-Verkehrsträgern Straße und Luft konkurrieren kann. Abbildung 2-1 zeigt die grundlegende Vorgehensweise und Gliederung.

Abb. 2-1: Gliederung der Arbeit

Kapitel 1	Einleitung
Kapitel 2	Zielsetzung und Vorgehensweise
Kapitel 3	Stand der Technik
Kapitel 4	Auswahl und Spezifizierung von Teilaspekten eines Post- und KEP-Hauptlaufes
Kapitel 5	Netzmodellierung und Tourenplanung
Kapitel 6	Softwaretool *KEPTrain*
Kapitel 7	Ergebnisse und Zusammenfassung

Als Grundlage der Problembehandlung wird in Kapitel 3 die derzeitige Situation sowie der Stand der Wissenschaft und Technik ausgewählter Aspekte der Verkehrslogistik dargestellt. Eine einführende Betrachtung des Logistikbegriffes und der Logistikindustrie findet sich in Abschnitt 3.1. Dazu gehört die Abgrenzung verschiedener Begriffe und Teilbereiche sowie die Darstellung der Marktsituation und der Anforderungen an Logistikdienstleister. Trends wie Globalisierung, E-Business, Supply Chain Management oder Fourth Party Logistics Provider bedingen eine ständige Weiterentwicklung auf allen Gebieten der Logistik und werden in diesem Abschnitt thematisiert. Eine Einengung auf den Logistikteilbereich Güterverkehr und dessen eingehende Betrachtung werden in Abschnitt 3.2 vorgenommen. In den nachfolgenden Abschnitten 3.3-3.7 werden die Grundlagen und Rahmenbedingungen, die Situation, die eingesetzte Technik und Trends für die zukünftige Entwicklung der einzelnen Güterverkehrsarten Straßengüterverkehr (Abschnitt 3.3), Schienengüterverkehr (Abschnitt 3.4), Schiffsgüterverkehr (Abschnitt 3.5), Luftfrachtverkehr (Abschnitt 3.6) und Kombinierter Verkehr (Abschnitt 3.7) näher beleuchtet. In Abschnitt 3.8 wird der KEP- und Postmarkt näher analysiert. Dazu gehört auch die Darstellung der Prozessschritte, möglicher Netzarten, verwendeter Techniken und Technologien für Transport, Umschlag und Sortierung sowie die Darstellung unternehmensspezifischer Organisationsstrukturen. Abschnitt 3.9 behandelt die Grundlagen der Tourenplanung. Dazu werden neben der Definition und Klassifizierung der Tourenplanungsprobleme die wichtigsten exakten und heuristischen Lösungsverfahren beschrieben. Im Mittelpunkt dabei steht der Sweep-Algorithmus nach Probol.

In Kapitel 4 werden bedeutende Teilaspekte und Schnittstellen eines Gesamtmodells näher untersucht. Dazu zählen das Verkehrsmittel, die Netzstruktur, die Verkehrsproduktionsform, die Umschlagstechnologie an der Schnittstelle vom Vorlauf zum Hauptlauf bzw. vom Hauptlauf zum Nachlauf, die Umschlagstechnologie an zentralen Knotenpunkten bzw. Hubs sowie die Sortiertechnik. Mit Hilfe von modernen Managementtechniken wie der morphologischen Methode und des Scoring-Verfahrens wird eine Auswahl möglicher Varianten vorgenommen und die zu präferierende Lösung für jeden Teilaspekt bestimmt. Bei ungenügendem Beitrag dieser bekannten Lösung zur Zielerreichung kommen eigene Lösungsvarianten zum tragen und fließen in die Scoring-Bewertung sowie die endgültige Auswahl ein. Die Endlösung wird nähergehend dargestellt und erläutert.

Aufbauend auf Abschnitt 3.9 klassifiziert und kennzeichnet Kapitel 5 das vorliegende Tourenplanungsproblem, zu dessen Lösung, zumindest für die Ringverkehre, eben der Sweep-Algorithmus nach Probol gewählt wird. Dieses heuristische Cluster-first-Route-second-Verfahren beinhaltet das Lösen des Zuordnungsproblems vor dem Reihenfolgeproblem. Dazu wird ausgehend vom Streckennetz der DB Netz AG das für das Modell relevante Schienennetz bestimmt. Zur Netzbestimmung werden unter anderem Auswahlkriterien für Knoten und Strecken sowie die geographische Verteilung des Sendungsaufkommens genutzt. Durch die Anwendung des Winkelverfahrens werden entsprechend dem Sweep-Algorithmus nach Probol die Ringverbindungen gebildet. Zusammen mit der Spezifizierung der Verbindungen, der Zusammenstellung von Tourennetzvarianten sowie der Variation verschiedener Parameter in der Sensitivitätsanalyse bildet dieses Verfahren den Kern beim Lösen des Reihenfolgeproblems. Der Einfluss ausgewählter Fahrparameter wie Geschwindigkeit, Beschleunigung, Verzögerung und Haltedauer sowie der Anzahl der Haltepunkte wird innerhalb der Sensitivitätsanalyse mit dem vom Autor entwickelten Programm *KEPTrain* aufgezeigt. Aus der Lösungsmenge exemplarischer Tourennetze werden über Auslastungs- und Zeitfenstervergleiche zu präferierende Tourennetzvarianten ausgewählt. Ein abschließender Vergleich mit dem heute vorherrschenden, straßengebundenen Post- und KEP- Hauptlauf kennzeichnet die Erfolgsaussichten des vorgestellten Modells.

Das für diese Arbeit entwickelte Simulationsprogramm *KEPTrain* wird in Kapitel 6 beschrieben. Dieses Programm ist in zwei Teile gegliedert. Der erste Teil, die strategische Planung, beinhaltet die Tourenauswahl, die Zusammenstellung des Hauptlaufnetzwerkes sowie die Festlegung und Berechnung der Fahrpläne. Die operative Planung, d.h. die Eintaktung der Sendungen aus dem Vorlauf entsprechend dem Aufkommen sowie gegebenenfalls die Anpassung der Fahrpläne, wird im zweiten Programmteil durchgeführt. Das Programm beinhaltet das komprimierte Streckennetz Deutschlands und simuliert nach Auswahl der Hauptlauftouren und Streckenparameter den zeitlichen Ablauf unter Berücksichtigung des Sendungsaufkommens und der Sortierkapazität. In diesem Kapitel werden sowohl die Programm- und Datenstrukturen, einzelne Programmmodule, -abläufe und -berechnungen erläutert als auch eine kurze Nutzeranleitung für das Programm gegeben.

Der Kapitel 7 beendet die vorliegende Arbeit mit einer zusammenfassenden Darstellung der durchgeführten Untersuchungen und der dabei gewonnenen Erkenntnisse. Daraus werden die Rahmenbedingungen, die Realisierungsmöglichkeiten eines intermodalen Post- und KEP- Verkehres und der notwendige Handlungsbedarf aufgezeigt sowie die Erfolgsaussichten dieses Modells bewertet. Abschließend erfolgt ein Ausblick auf den weiteren Forschungsbedarf zu diesem Themengebiet.

3   Stand der Technik

3.1   Logistik allgemein

3.1.1   Entwicklung und heutige Bedeutung

a) Geschichtliche Ursprünge und Entwicklung

Die Betrachtung logistischer Problemstellungen hat ihren Ursprung im Militärwesen. So herrscht Übereinstimmung, dass der byzantinische Kaiser *Leontos IV* (886-911) in seiner "Summarischen Auseinandersetzung mit der Kriegskunst" die älteste überlieferte Definition der Logistik als dritte Kriegskunst nach der Strategie und der Taktik verfasste. Ihre Aufgabe war eine umfassende Unterstützung des Heeres [Weber 1998, S. 2]. Der Schweizer *Antoine-Henry de Jomini*, General der französischen Armee und späterer Gründer der Petersburger Militärakademie, beschrieb in seinem "Abriss der Kriegskunst" 1837 die Aufgaben der *Standortbestimmung von Lägern*, des *Transports* von Truppen und ihrer *Ver- und Entsorgung* als Bestandteile der Logistik [Weber 1998, S. 2]. Diese Aufgaben sind noch heute grundlegender Bestandteil jedes Logistiksystems. Die Bedeutung logistischer Planung und Gestaltung im Militärwesen wuchs stetig, wobei die USA im Zweiten Weltkrieg in diesem Bereich eine Vorreiterrolle einnahmen.

In den USA wurden in den sechziger Jahren des vergangenen Jahrhunderts logistische Methoden und Verfahren erstmals in den zivilen Bereich übernommen, wenig später auch in Europa und Deutschland. Erste logistisch orientierte Veröffentlichungen in Deutschland waren 1972 *Pfohls* "Marketing-Logistik" und 1973 die "Betriebswirtschaftliche Logistik" von *Kirsch* [Graf 1999, S. 6]. Dabei lässt sich die schwerpunktmäßige Entwicklung der Inhalte der Unternehmenslogistik in vier Phasen verfolgen:

Phase der Distributionsoptimierung: Während des Aufbaus der Friedenswirtschaft in den sechziger Jahren wurde das Marketing als marktorientierte Unternehmensführung zu einem Schlüssel für den Unternehmenserfolg. Die im Krieg entwickelten logistischen Methoden unterstützten die Erreichung der Marketingziele. In dieser Phase waren "Lieferserviceverbesserungen durch Kostensenkung in der Distribution und Erhöhung der Lieferbereitschaft mit Verkürzung der Lieferzeiten [...] das entscheidende Thema; Abbau von Lagerstufen, Aufbau von Zentrallagersystemen, Direktdistribution die entscheidenden Instrumente" [Stabenau 2000].

Phase der Auftragsfertigung: Als die weltweite Automobilindustrie erstmals ernsthaft durch japanische Hersteller herausgefordert wurde, gingen die europäischen und insbesondere die deutschen Automobilhersteller von der Serienfertigung zur Auftragsfertigung in kundenbestimmten Varianten über. In dieser Phase rückte die Produktionslogistik stärker in den Blickpunkt. Die flexible und leistungsfähige Gestaltung der Produktion sowie die effektive Produktionsplanung und -steuerung wurden Schwerpunkte der Unternehmenslogistik [Stabenau 2000].

Phase der Beschaffungsoptimierung: Mit Beginn der achtziger Jahre kam es in nahezu allen Produktionsunternehmen zu einer Konzentration auf die Kernkompetenzen, um Kostensenkungsreserven zu aktivieren. Diese Phase war geprägt durch eine permanente Reduktion der Fertigungstiefe und damit durch das Outsourcing von Leistungsprozessen. Damit war die Realisierung neuer, differenzierter Beschaffungsstrategien eine wesentliche Aufgabe der Logistik.

Die konsequente Reduzierung der Fertigungstiefe führte bald zu neuen Anforderungen an die Logistik. "Die Erfahrung hat gezeigt, dass in dem Augenblick, da die Fertigungstiefe unter 50 % herabgesenkt wird, die Gestaltung der Organisation in der Zusammenarbeit mit Zulieferern und mit logistischen Dienstleistern eine andere Qualität erhält" [Stabenau 2000], aus welcher sich die Notwendigkeit der derzeitigen *Phase der unternehmensübergreifenden Logistikkonzeption* ergibt. Auf die Auswirkungen auf das Aufgaben- und Leistungsspektrum von Logistikdienstleistern wird noch gesondert eingegangen werden.

b) Wirtschaftliche Bedeutung

Die Rahmenbedingungen für die Logistik haben sich in den vergangenen 25 Jahren massiv gewandelt. Die Liberalisierung der Märkte, die Individualisierung des Leistungsangebots und die fortschreitende Ausweitung der Märkte bis hin zur Globalisierung haben den Handlungsspielraum, aber auch den Aktionszwang für Unternehmen erheblich erweitert und die Bedeutung der Unternehmenslogistik enorm gesteigert.

Ausdruck dieser Entwicklung sind die trotz der Einführung neuer Transport- und Lagertechniken und des Aufbaus leistungsfähiger Logistikmangementsysteme gestiegenen Logistikkosten [Ihde 2001, S. 28 f.]. Diese sind naturgemäß im Sektor der Logistikindustrie (z. B. KEP- und Postdienstleister) mit einem Anteil am Gesamtumsatz von weit über 90 % dominant. Jedoch machen die Logistikkosten, verursacht durch eigene ebenso wie durch ausgelagerte Logistikleistungen, auch in rein produktorientierten Branchen, wie z. B. der Automobil- (9 %) oder der Halbleiterindustrie (10 %), einen signifikanten Umsatzanteil aus. Die Abbildung 3-1 vermittelt einen Überblick über den Anteil der Logistikkosten am Gesamtumsatz in deutschen Unternehmen ausgewählter Branchen.

Abb. 3-1: Durchschnittlicher Anteil der Logistikkosten am Gesamtumsatz für aus-
gewählte Branchen und Produkte

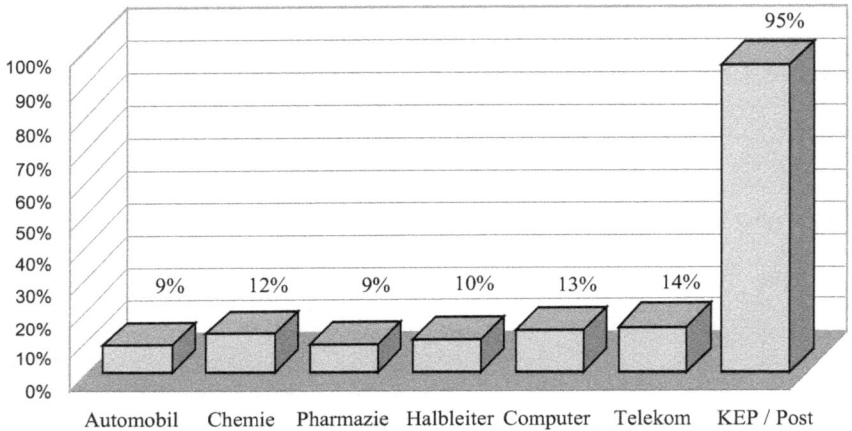

Quelle: in Anlehnung an Ihde 2001, S. 29

Der gesamte deutsche Logistikmarkt ist mit einem Volumen von 243,4 Mrd. DM in 1998 [Klaus 2000, S. 299 ff.] ein wichtiger volkswirtschaftlicher Faktor, dessen Bedeutung um so höher ist, da die stürmische Entwicklung der Logistik und ihres Einflusses auf die gesamte Wirtschaft anhält.

Die größten Anteile an diesem Markt haben die Konsumgüterdistribution mit einem Marktvolumen von 56,9 Mrd. DM sowie die industrielle Kontraktlogistik, also die langfristige Übernahme komplexer Leistungspakete der industriellen Fertigung durch externe Logistikpartner, mit einem Marktvolumen von 57,0 Mrd. DM. Kontraktlogistik-Leistungen umfassen neben Transport, Lagerei oder Umschlag auch Montage-, Konfektionier- oder leichte Produktionstätigkeiten. In der Vergangenheit stark in seiner Bedeutung gestiegen ist das Marktsegment der KEP-Dienstleister, welches 1998 bereits ein Volumen von 12,6 Mrd. DM umfasste [Klaus 2000, S. 299 ff.].

Die Abbildung 3-2 gibt die Aufteilung des deutschen Logistikmarktvolumens auf die wichtigsten Marktsegmente wieder.

Abb. 3-2: Umsätze der wichtigsten Logistikbereiche in Deutschland 1998

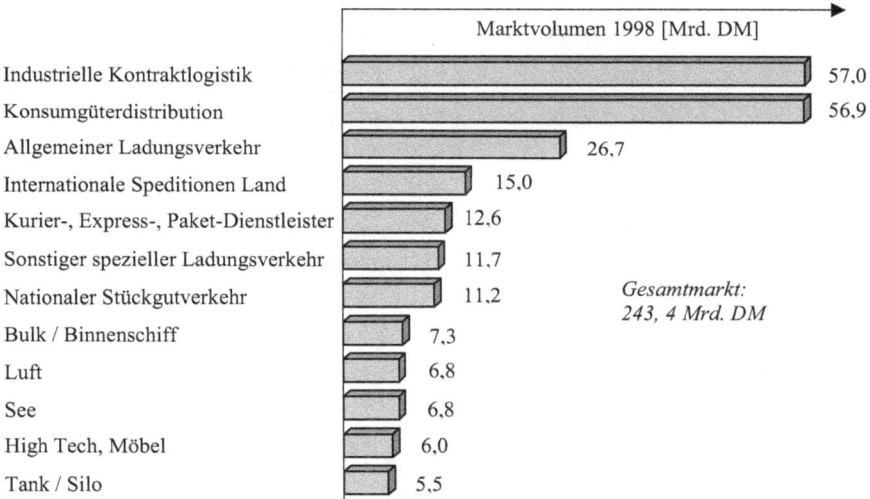

	Marktvolumen 1998 [Mrd. DM]
Industrielle Kontraktlogistik	57,0
Konsumgüterdistribution	56,9
Allgemeiner Ladungsverkehr	26,7
Internationale Speditionen Land	15,0
Kurier-, Express-, Paket-Dienstleister	12,6
Sonstiger spezieller Ladungsverkehr	11,7
Nationaler Stückgutverkehr	11,2
Bulk / Binnenschiff	7,3
Luft	6,8
See	6,8
High Tech, Möbel	6,0
Tank / Silo	5,5

Gesamtmarkt: 243, 4 Mrd. DM

Quelle: Gesellschaft für Verkehrsbetriebswirtschaft und Logistik 1999

3.1.2   Wirkungsfeld und grundlegende Begriffe

a) Notwendigkeit, Aufgaben, Ziele und Inhalt

Die *Notwendigkeit der Logistik* resultiert aus der räumlichen und zeitlichen Distanz zwischen dem Erzeugungspunkten *(Quellen)* von Objekten und ihren Gebrauchs-punkten *(Senken)*. Aus ihr ergibt sich die *Grundaufgabe der Logistik* als "Bereit-stellung benötigter Objekte in den geforderten Mengen in der richtigen Zusammen-setzung zur richtigen Zeit am rechten Ort" [Gudehus 1999, S. 7]. Logistik plant und realisiert die Verbindungen und Stationen zwischen Quellen und Senken, regelt und steuert die Objektströme auf den Verbindungswegen sowie die Bewegungen und Bestände in den Stationen.

Die *Objekte der Logistik* sind "alle Materialien und Waren" [Schulte, Ch. 1999, S. 1] wie Grundmaterialien, Hilfs- und Betriebsstoffe, Handelswaren, Halb- und Fertigerzeugnisse, Abfälle etc.. Auch Produktions- und Betriebsmittel, Personen, Lebewesen sowie immaterielle Güter wie Informationen und Aufträge können Objekte der Logistik sein [Gudehus 1999, S. 7].

Daraus lässt sich eine *Definition der Logistik* als "marktorientierte, integrierte Planung, Gestaltung, Abwicklung und Kontrolle des gesamten Material- und dazugehörigen Informationsflusses zwischen einem Unternehmen und seinen Lieferanten, innerhalb eines Unternehmens sowie zwischen einem Unternehmen und seinen Kunden" [Schulte, Ch. 1999, S. 1] ableiten. Allerdings unterstreicht Fuhrmann, dass durch eine solche Definition "in keinster Weise die Tragweite eingefangen [wird], die der Logistik heute zukommt" [Fuhrmann 1997, S. 32]. Ihre Bedeutung werde eher adäquat umfasst, "wenn man die Logistik als *Denkhaltung* auffasst, mit welchem Selbstverständnis die Planung, Gestaltung und Steuerung zu vollziehen ist" [Fuhrmann 1997, S. 32].

Logistiksysteme sind spezielle Leistungssysteme, also Netzwerke von Leistungsstellen, welche von Materialien und Informationen durchlaufen werden und Leistungen erzeugen. Ziele bei der Planung, der Realisierung und dem Betrieb von Leistungssystemen und daher gleichzeitig die *Hauptziele der Unternehmenslogistik* sind die Leistungserfüllung, Kostensenkung und Qualitätssicherung [Gudehus 1999, S. 12].

Für die *Logistik im engeren Sinne* sind die Leistungssysteme, ihre Quellen und Senken sowie die an ihnen angebotenen bzw. nachgefragten Mengen vorgegeben. Sie beschäftigt sich mit den Funktionen der Raumüberbrückung (Transport), der Mengenanpassung (Umschlag), der Zeitüberbrückung (Lagern) und der auftragsbezogenen Zusammenstellung (Kommissionieren) von Gütern [Gudehus 1999, S. 8].

Leistungssysteme, welche darüber hinausgehende Aufgaben wie Entwicklungs-, Beschaffungs-, Produktions- und Serviceleistungen umfassen, sind Gegenstand der *Logistik im weiteren Sinne*. Ihr Inhalt ist der Aufbau, der Betrieb und die Optimierung derartiger Leistungssysteme [Gudehus 1999, S. 8].

b) Logistiksysteme

Den im vorherigen Abschnitt angesprochenen Begriff der Logistiksysteme kommt eine besondere Bedeutung zu, da das Denken in Systemen ein wesentliches Merkmal der Logistik darstellt. Es ermöglicht eine ganzheitliche Betrachtungsweise, die für die Logistik als Querschnittsfunktion unabdingbar ist. Die Abgrenzung und damit die zu bewältigende Komplexität eines Logistiksystems sowie der Umfang der in ihm enthaltenen Subsysteme und Systemkomponenten ergeben sich aus der Zielbestimmung [Fuhrmann 1997, S. 32].

Logistiksysteme bestehen aus Transportnetzen und Leistungsstellen, welche von Warenströmen durchflossen werden. In den operativen Logistikstationen werden eingehende Warenströme durch Bearbeitung, Zwischenlagerung, Kommissionierung oder Umschlag zu ausgehenden Warenströmen transformiert. In den administrativen Logistikstationen werden die den Warenfluss in den Transportnetzen und operativen Leistungsstellen auslösenden und begleitenden Daten und Informationen erzeugt und bearbeitet [Gudehus 1999, S. 19 f.].

Logistiksysteme lassen sich aus stationärer Sicht unter dem Strukturaspekt und aus dynamischer Sicht unter dem Prozessaspekt betrachten. Beide Betrachtungsweisen sind für die Lösung der vielfältigen Aufgaben der Logistik unerlässlich. "Logistisch Denken heißt daher, in Prozessen, Strukturen und Systemen denken" [Gudehus 1999, S. 13].

Kategorisieren lassen sich Logistiksysteme z. B. nach ihrer Stufigkeit. Einstufige Logistiksysteme sind durch ungebrochene Direktverbindungen zwischen den in ihnen enthaltenen Quellen und Senken charakterisiert. In zweistufigen Systemen sind die Verbindungen zwischen Quellen und Senken durch eine Zwischenstation, welche als Umschlagpunkt fungiert, unterbrochen, in dreistufigen Systemen durch zwei Zwischenstationen, wie bspw. Sammel- und nachgelagerte Verteilstationen usw. [Gudehus 1999, S. 21 ff.].

Eine andere Form der Kategorisierung von Logistiksystemen ist die nach ihrer Vergenz. Neben *direkten Systemen*, welche durch direkte Verbindungen zwischen jeweils einer Quelle und einer Senke gekennzeichnet sind, lassen sich *konvergente* (Sammel-) *Systeme, divergente* (Verteil-) *Systeme* sowie *Kombinationen und Mischsysteme* unterscheiden [Ihde 2001, S. 16]. Die Abbildung 3-3 stellt diese Systemtypen grafisch dar.

Abb. 3-3: Arten von Logistiksystemen

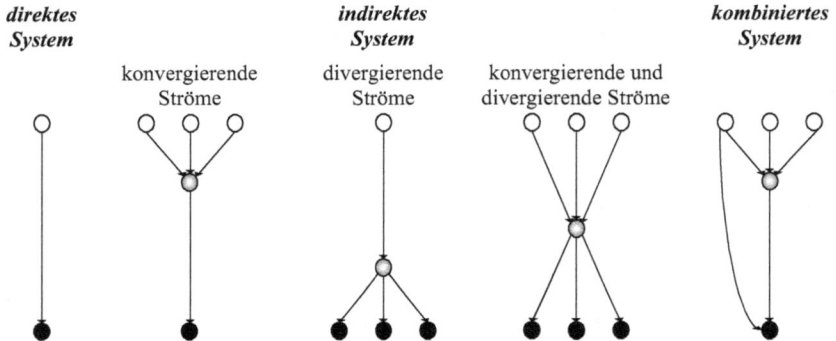

direktes System	**indirektes System**	**kombiniertes System**
konvergierende Ströme	divergierende Ströme	konvergierende und divergierende Ströme

Quelle: in Anlehnung an Ihde 2001, S. 16

Insgesamt "hat der Systemansatz in der Logistik zum Ziel, effiziente Systeme zu schaffen. Dies beinhaltet nicht nur den Kompromiss konkurrierender Ziele, sondern gewinnt gerade vor dem Hintergrund neuer Formen der kooperativen Zusammenarbeit [...] eine zusätzliche Dimension, da die Logistiksysteme für alle beteiligten Partner effizient sein müssen" [Fuhrmann 1997, S. 36].

c) Die Logistikkonzeption

Das Systemdenken in der Logistik bildet den Ausgangspunkt der *Logistikkonzeption* als ein neues Paradigma der Problemwahrnehmung und -lösung [Freichel 1992, S. 8], welches "eine neue Sichtweise von Güterflussproblemen innerhalb und zwischen Unternehmen dahingehend verlangt, dass neue Problemaspekte gesehen, die Problemstellungen anders definiert und neue Problemlösungen gefunden werden" [Freichel 1992, S. 8].

Dabei orientiert das *Gesamt- bzw. Totalkostendenken* auf den Input (die Gesamtheit der eingesetzten Produktionsfaktoren mit ihren Kosten) von Logistiksystemen, das *Servicedenken* dagegen auf ihren Output, also die Logistikleistung in Form von Versorgungs- bzw. Lieferservice (Lieferzeit, -zuverlässigkeit, -zustand, -flexibilität, -kosten). Das *technisch-wirtschaftliche Effizienzdenken* "stellt eine Beziehung zwischen dem Input [...] und dem Output [...] her, indem ein Kompromiss zwischen

-12-

diesen Zielen postuliert wird" [Freichel 1992, S. 8]. Des weiteren charakterisieren das *Flussdenken* und das unternehmensbereichsübergreifende *Querschnittsdenken* die Logistikkonzeption.

Die Logistikkonzeption strahlt über die Gestaltung des *logistischen Kernbereiches* (originärer Objektbereich), welcher die sich unmittelbar mit dem Transfer von Objekten befassenden Aufgabenfelder wie Transport, Umschlag, Lagerung, Kommissionierung und (informatorischer) Auftragsabwicklung umfasst, hinaus auf die Unternehmensbereiche der Beschaffung, Produktion, Absatzwirtschaft, Retrodistribution (Rückführung von Gütern in den Wertschöpfungskreislauf), Forschung und Entwicklung, Controlling und Unternehmensführung aus [Delfmann 2000].

3.1.3 Aktuelle Trends

Die obigen Ausführungen insbesondere zur jüngeren Entwicklungsgeschichte der Logistik haben gezeigt, dass das Aufgabengebiet der Logistik, ihr Selbstverständnis und ihre Inhalte stets Veränderungen und Erweiterungen aufgrund wirtschaftlicher, technisch- technologischer und sozialer Entwicklungen erfuhren. Diese gesellschaftlichen Entwicklungen sind selbstverständlich keineswegs abgeschlossen, sondern setzen sich mit zunehmendem Tempo fort und führen zu immer neuen Möglichkeiten für, aber auch immer neuen Ansprüchen an Anbieter von internen oder externen Logistikleistungen. Die wichtigsten aktuellen *Entwicklungstrends in der Logistik* sollen im Folgenden aufgeführt und kurz erläutert werden. Selbstverständlich sind sie nicht losgelöst voneinander zu sehen, sondern vielmehr als Bündel einander beeinflussender Entwicklungen, die zusammengenommen zu neuen Anforderungen an das Leistungsspektrum von Logistikanbietern führen.

Globalisierung: Die steigende weltweite Arbeitsteilung, die Entwicklung von länder- und kontinentübergreifenden Produktionsnetzwerken und die Erschließung neuer Absatz- und Beschaffungsmärkte werden seit einigen Jahren unter dem Schlagwort der Globalisierung zusammengefasst. Diese führt zu veränderten Unternehmensstrategien, welche wiederum die Gestaltung der Logistiksysteme beeinflussen. Es ist eine Entwicklung von *Internationalen Strategien* (Produktion inlandsorientierter Produkte am Stammsitz im eigenen Land, Auslandsgeschäft in Form von Export) über *Globale Strategien* (ausgebaute Exportorganisation im Ausland, weltweite Standardisierung zur Aufhebung der Trennung zwischen inlands- und auslandsbezogenen Produkten) und *Multinationale Strategien* (Herstellung von stark auf den jeweiligen Landesmarkt bezogenen Erzeugnissen in eigenen Produktionsstätten im entsprechenden Land) hin zu *Transnationalen Strategien* zu beobachten, in welchen das Unternehmen über ein Netzwerk von Produktionsbetrieben in vielen Ländern ohne Unterscheidung zwischen in- und ausländischen Standorten bei hoher Anpassungsmöglichkeit an Kundenbedürfnisse vor Ort verfügt [Bachmeier 1999, S. 6 ff.]. Diese Tendenz zur Internationalisierung bzw. Globalisierung verlangt nach einer immer besseren Abstimmung der wirtschaftlichen Prozesse sowie nach einem zuverlässigen, immer schnelleren und kostengünstigeren Transport von Gütern und Informationen. Neue Produktions-, Beschaffungs- und Distributionsstrategien tragen dem Rechnung.

Neue Informations- und Kommunikationstechnologien: Die unter dem vorherigen Punkt beschriebenen Netzwerkarchitekturen "sind ohne vollständig integrierte Informations- und Kommunikationssysteme nicht denkbar" [Stabenau 2000]. Die modernen Technologien der Information und Kommunikation (I & K) machen Informationen zeit- und ortslos verfügbar und verarbeitbar. Diese Entwicklung wird als Auslöser eines sozio-ökonomischen Wandels gesehen. So erhalten "Betriebe aller Größenordnungen [...] eine Chance, sich auf nationalen und zunehmend internationalen Märkten behaupten zu können. Diese schnelle und gleichzeitig kostenreduzierende Kommunikation verspricht ein erhebliches Rationalisierungspotenzial" [Vastag 1997, S. 53]. Die Einsatzmöglichkeiten im Unternehmen sind vielfältig und reichen von der Gestaltung der Produktion (PPS-Systeme) über die Absatzwirtschaft (ECR) bis zur effektiven Steuerung aller Funktionalbereiche (ERP). Insbesondere im Verkehrswesen hat sich in diesem Zusammenhang der Begriff *Telematik* herausgebildet. Beispielhafte Anwendungen sind hier das Flottenmanagement oder die Sendungsverfolgung.

E-Business: Ein Ergebnis dieser Entwicklung ist das Internet als allgegenwärtiges Medium, das die Grundlage für E-Business bzw. E-Commerce bildet. Diese Begriffe bezeichnen die elektronische Unterstützung von Geschäftsprozessen zwischen verschiedenen Unternehmen *(B2B)* und zwischen Unternehmen und Konsumenten *(B2C)*, welche zu einer Flexibilisierung der Geschäftsbeziehungen und zu veränderten Wertschöpfungsketten mit nunmehr direkten Handelsbeziehungen zwischen Herstellern und Abnehmern führt. Daraus ergibt sich für die Hersteller die Notwendigkeit zur eigenen Vertriebslogistik-Kompetenz, da das Fulfillment, also die Liefer- und Servicequalität, als zunehmend kritischer Erfolgsfaktor zu sehen ist. Dies stellt gleichzeitig eine Chance für spezialisierte Logistikdienstleister, wie z. B. KEP, dar [Baumgarten 2001a, S. 39]. Ein weiterer Effekt ist der Trend zu höherem mengenmäßigen Auftragsvolumen bei kleineren Sendungsgrößen, der wiederum besondere Anforderungen an die Logistiksysteme stellt. Ausdruck der wachsenden Bedeutung des E-Business ist die Steigerung der B2C-Umsätze in Europa von 6 Mrd. DM in 1999 auf prognostizierte 454 Mrd. DM in 2004 und der B2B-Umsätze von 65 Mrd. DM auf prognostizierte 2.578 Mrd. DM im gleichen Zeitraum [Baumgarten 2001a, S. 37].

Flexibilisierung von Beschaffung, Produktion und Distribution: Noch vor wenigen Jahrzehnten war die maximale Auslastung der Produktionskapazitäten das Hauptaugenmerk bei der Gestaltung der Geschäftsprozesse. Mit steigenden Anforderungen an die Flexibilität der Leistungserstellung durch die Produzenten trat jedoch das Ziel der Bestandsreduzierung in den Vordergrund, welches mit Hilfe flexiblerer Beschaffungs-, Produktions- und Distributionsvorgänge umgesetzt wird. Dabei wird die *bedarfssynchrone Güterbewegung* in kleineren und dafür häufigeren Sendungen durch verschiedene Instrumente und Methoden, wie bspw. Just-In-Time oder Kanban, sichergestellt.

Outsourcing: Durch die Vergabe von bisher durch ein Unternehmen selbst erbrachten Produktionsleistungen an Zulieferunternehmen folgt eine gesteigerte Nachfrage nach Transport- und Logistikleistungen, also eine quantitative Erhöhung des Logistikbedarfes. Die Auslagerung logistischer Leistungen führt dagegen zu einer qualitativen Logistikbedarfserhöhung. So entstand z. B. das völlig neue Geschäftsfeld der Kontraktlogistik, welches "das am schnellsten wachsende Segment im Bereich der Logistik-Dienstleistungen für die nächsten Jahre sein [wird]. In Deutschland positionieren sich gegenwärtig fast alle großen und viele mittlere Logistik-Dienstleister in diesem Segment" [Vastag 1997, S. 51]. Beide Tendenzen sind Ausdruck der bereits dargelegten Strategie der Verringerung der Fertigungstiefe zur Realisierung von Kostenreserven durch Variabilisierung von hohen Fixkosten bzw. durch Senken der Fixkosten aufgrund von Standortvorteilen.

Serviceorientierung: Die zunehmende Orientierung der Logistikdienstleister an den Bedürfnissen ihrer Kunden führt neben Aktivitäten zur Sicherstellung und Verbesserung der elementaren logistischen Leistungen wie der Erhöhung der Termintreue und Transportqualität zu einer Erweiterung des Marktangebots um zusätzliche Leistungen *(Value Added Services)*, wie z. B. Beratungs-, Organisations- oder Finanzdienstleistungen. Die Integration solcher Mehrwertdienste in die logistische Leistungserstellung und ihr Angebot "aus einer Hand" wird durch einen neuen Typus von Logistikdienstleistern, sog. *Systemdienstleistern*, wahrgenommen.

Deregulierung: Maßnahmen zur als Deregulierung oder synonym als *Liberalisierung* bezeichneten Überführung staatlich reglementierter wirtschaftlicher Bereiche in den freien Markt sowohl auf nationaler wie auf internationaler Ebene "waren Voraussetzung zur Internationalisierung der Wirtschaft" und "entscheidender politischer Impuls zur Globalisierung" [Bachmeier 1999, S. 21]. Deregulierungsmaßnahmen schaffen neue Bedingungen auf den internationalen und nationalen Logistikmärkten, indem sie Hemmnisse des marktwirtschaftlichen Wettbewerbs, wie bspw. hohe Protektionszölle, Gütertransportkontingente oder staatliche Monopole auf bestimmte Dienstleistungen, aufheben. Ein Beispiel ist die Gestaltung der EU zur Freihandelszone. Jüngere Deregulierungsmaßnahmen sind die schrittweise Aufhebung des Monopols der ehemalig staatlichen Deutschen Post auf postalische Dienstleistungen oder der Beschluss der Kabotagefreiheit. Letztere bezeichnet die unbeschränkte Zulässigkeit des gewerblichen Gütertransportes innerhalb eines Landes durch ein nicht in diesem Land ansässiges Unternehmen. Die Abbildung 3-4 stellt die benannten Entwicklungstrends der Logistik zusammenfassend dar.

Abb. 3-4: Wichtige Logistiktrends

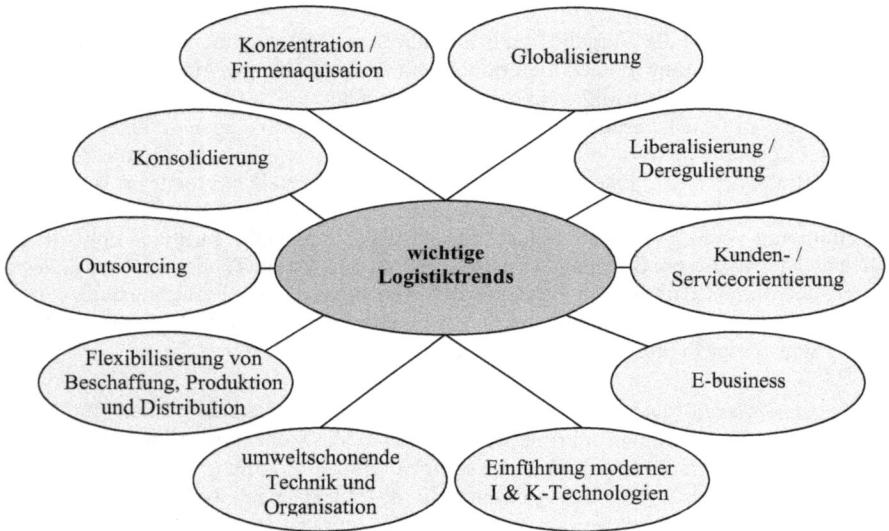

Weitere Entwicklungstrends sind die *Konzentration* des Logistikmarktes durch den Zusammenschluss von Anbietern mittels Akquisition bzw. Kooperation zur Verbesserung der Marktstellung, verstärkte Bemühungen zur *Konsolidierung* (Bündelung) von Transporten auch über die Unternehmensgrenzen hinaus mit dem Ziel der Kostenreduktion und die steigende Bedeutung von *Umweltschutz* sowohl im öffentlichen Bewusstsein als auch in der Gesetzgebung (Bsp.: LKW-Maut), welche "neue Anforderungen an Logistikkonzepte, z. B. hinsichtlich Transportsicherheit, Verpackungs- und Behältersystemen" stellt und die Entsorgungslogistik stärker in den Blickpunkt rückt [Freichel 1992, S. 22].

3.1.4 Klassifizierung von Logistikdienstleistern

Die zur Realisierung der raum-zeitlichen und der damit verbundenen quantitativen und qualitativen Gütertransformationen erforderlichen logistischen Dienstleistungen lassen sich nach Kleeberg in logistische Primär- und Sekundärleistungen unterteilen. Hinzu kommen Zusatzleistungen, welche im erweiterten, über die Grundaufgaben der Logistik hinausreichenden Logistikverständnis begründet sind [Kleeberg 2000, S. 9 ff.].

Primäre Leistungen sind demnach gutorientiert. Sie bezeichnen den physischen Aspekt des logistischen Problems und umfassen neben den klassischen TUL-Leistungen die Kommissionierung, Verpackung und Kennzeichnung von Gütern.

Ihre effektive Realisierung wird durch dispositive *sekundäre Leistungen* umgesetzt. Diese schließen Planungsleistungen (z. B. Tourenplanung, Verkehrsträgerplanung), Steuerungsleistungen (z. B. Auftragsauslösung und -überwachung), Organisationsleistungen (z. B. Gestaltung der logistischen Aufbauorganisation), Auftragsabwicklungsleistungen (z. B. Akquisition von Aufträgen) und Personalführungsleistungen ein [Kleeberg 2000, S. 9 ff.].

Logistische *Zusatzleistungen* stellen eine Ergänzung der Primär- und Sekundärleistungen dar. "Indem diese [Zusatzleistungen] als Serviceleistungen z. B. Kunden- und einzelne Finanzdienstleistungen mit einschließen, charakterisieren sie hauptsächlich in unternehmensübergreifenden Logistikkonzeptionen das Leistungsangebot und damit die Leistungsbreite und -tiefe logistischer Dienstleistungsunternehmen, die sich auf ganzheitliche logistische Problemlösungen spezialisieren" [Kleeberg 2000, S. 10 f.]. Der Trend zum Outsourcing und steigende Serviceansprüche begünstigen die Nachfrage nach derartigen Value Added Services.

Die nachfolgende Abbildung 3-5 fasst die verschiedenen logistischen Leistungsfelder als das Aufgabenspektrum von Logistikdienstleistern zusammen.

Abb. 3-5: Aufgaben von Logistikdienstleistern

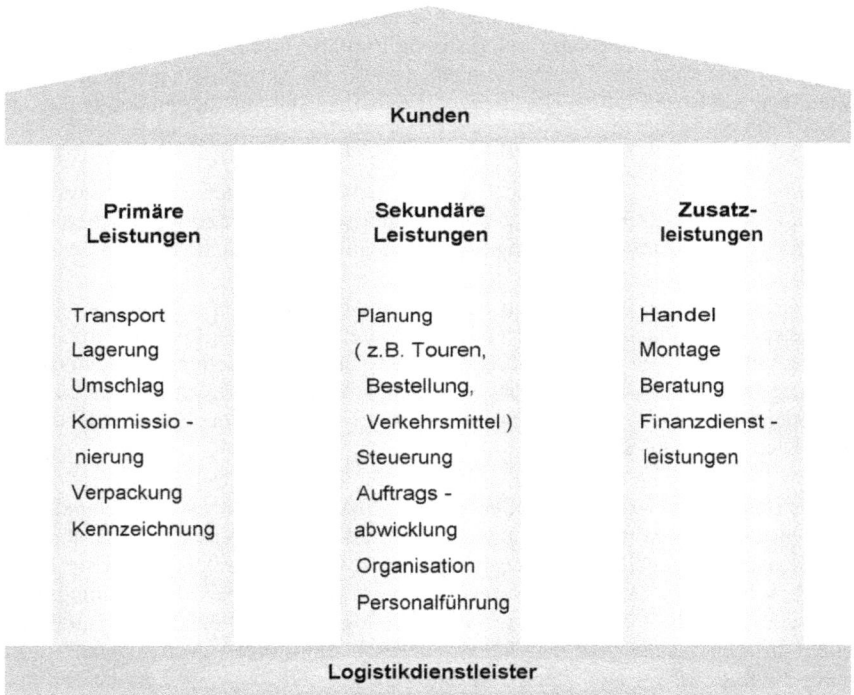

Quelle: in Anlehnung an Kleeberg 2000, S. 11

Anbieter von Logistikdienstleistungen lassen sich nach der Zuordnung der logistischen Leistungsfelder zu ihrem Kerngeschäft in drei Gruppen klassifizieren [Baumgarten 2001b]:

Die erste Gruppe von Anbietern, die der *Einzeldienstleister*, zählt vornehmlich operative (also primäre) Logistikdienstleistungen zu ihrem Kerngeschäft. Sie bildet die einzige der drei Gruppen, deren Vertreter sekundäre, dispositive Logistikleistungen nicht unbedingt anbieten. Ein beispielhafter Vertreter dieser Gruppe wäre ein spezialisiertes Fuhrunternehmen.

Eine weitere Gruppe von Logistikdienstleistern realisiert umfangreiche Logistikaufgaben, wobei ihre Vertreter dem Auftraggeber als *Systemdienstleister* gegenübertreten. In der Regel verfügen diese Anbieter über keine eigenen Assets wie Fahrzeuge und Lagerflächen. Ihre Kernkompetenz ist die Umsetzung von Zusatzleistungen bzw. Mehrwertdiensten. Die zur Auftragserfüllung nötigen primären und zum Teil auch sekundäre Logistikleistungen werden fremdvergeben. In diese Gruppe ist z. B. das Konzept des 4PL-Providers einzuordnen. Die möglichen Aufgaben eines 4PL-Providers umfassen u. a. die Planung der Wertschöpfungskette, das Lager- und Bestandsmangement oder die Entwicklung strategischer Netze umfassen.

Zwischen Einzel- und Systemdienstleistern rangiert die Gruppe der *Verbunddienstleister*. Deren Stärke liegt in der effizienten, häufig standardisierten Realisierung sekundärer Logistikleistungen. Primäre Leistungen können ebenso wie spezielle angebotene Zusatzleistungen entweder selbst umgesetzt werden oder ausgelagert sein. Vertreter dieser Gruppe sind Kurierdienste ebenso wie die großen Integrators (Bsp.: FedEx, UPS). Die Abbildung 3-6 nimmt die Klassifizierung von Logistikdienstleistern nach dem Inhalt ihres Kerngeschäfts vor.

Abb. 3-6: Klassifizierung von Logistikdienstleistern

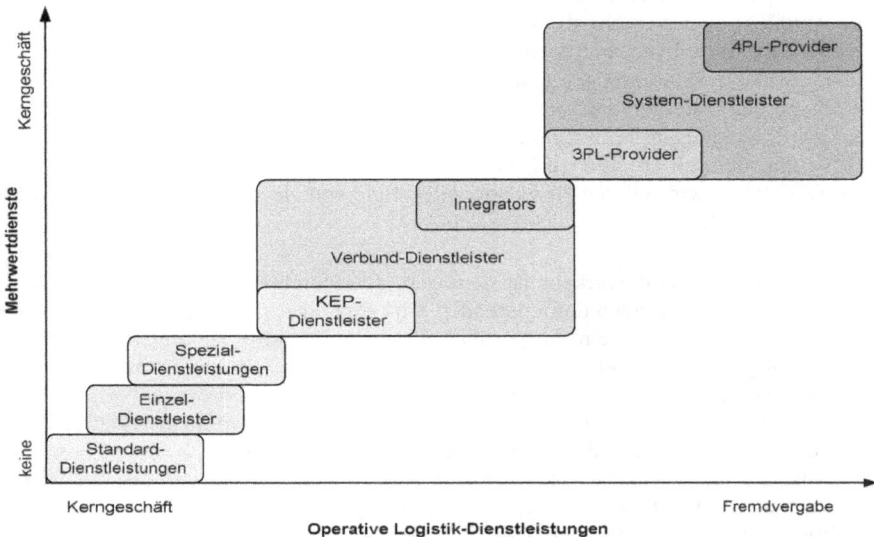

Quelle: Baumgarten 2001b

3.2 Güterverkehr allgemein

3.2.1 Entwicklung und heutige Bedeutung

Die geschichtliche Entwicklung des Güterverkehrs ist einerseits durch den technischen Fortschritt des Transportwesens bestimmt, andererseits durch die gesellschaftliche Entwicklung, welche mit zunehmender Arbeitsteilung und steigendem Konkurrenzdruck auf regional immer größeren Märkten nach stets schnelleren, kostengünstigeren und räumlich längeren Transporten verlangt.

Dabei kam es zu regional unterschiedlichen Entwicklungen, die sich jedoch auf eine historische Sequenz verallgemeinern lassen [Bukold 1996, S. 46 ff.], welche hier am Beispiel des kontinentalen Güterverkehr Europas skizziert werden soll.

Seit den Anfängen des Ferntransports bis Anfang des 20. Jahrhunderts bestimmten Fuhrwerke und Lasttiere das Bild, ergänzt um eine Binnen- und Küstenschifffahrt, der seit den Kanalbauten des 18. Jh. zunehmende Bedeutung zukommt. Seit Mitte des 19. Jh. verdrängt die Eisenbahn die Binnenschifffahrt sowie Fuhrwerke und Lasttiere als dominierende Transportsysteme und hält bis 20. Jh. eine Vormachtstellung im kontinentalen Güterverkehr. Der LKW (ab ca. 1930) beendet die Verwendung von Fuhrwerken und Lasttieren im Nahverkehr und nimmt der Bahn große Anteile im Fernverkehr ab, wo er bald dominiert. Bei bestimmten Massengütern werden die Eisenbahn und auch die Schifffahrt seit Mitte des 20. Jh. auch durch langgestreckte Rohrleitungen (Pipelines) ersetzt. Ebenfalls in diese Zeit fallen die Anfänge des Güterverkehrs per Flugzeug, welchen den LKW teilweise substituieren wird. Die jüngste Entwicklung im Güterverkehr stellt der Kombinierte Verkehr (KV) dar, der seit ca. 1965 im Alpentransit, in Deutschland und Frankreich den LKW-Fernverkehr und den konventionellen Bahnverkehr teilweise ersetzt [Bukold 1996, S. 46 ff.].

Der kontinentale Güterverkehr ist demnach stets durch ein dominierendes Infrastrukturelement und einen dominierenden Verkehrsträger geprägt, zunächst Kanäle, dann Eisenbahntrassen, ein ausgebautes Straßennetz und heute zunehmend Flugverbindungen. Die Ablösung eines dominierenden Verkehrsträgers durch einen anderen lässt sich anhand des bekannten Lebenszyklusmodells erklären. Nach der Eroberung hochwertiger Marktnischen (z. B. Post und Schnellsendungen) durch einen qualitativ besseren, vor allem schnelleren Transport kommt es zu einer Phase der technischen und organisatorischen Reife, woraufhin aufgrund verbesserter Preis-Leistungs-Relationen weitere Marktsegmente erobert werden. Nach einer längeren stabilen Periode wird das nunmehr dominierende Güterverkehrssystem durch ein wiederum überlegenes nach und nach in niedriger tarifierte, stagnierende oder schrumpfende Marktsegmente verdrängt [Bukold 1996, S. 46 ff.].

Der Güterverkehr bildet die Grundlage aller wirtschaftlichen Aktivitäten einer modernen Volkswirtschaft. Seine volkswirtschaftliche Bedeutung lässt sich nur schwer quantifizieren. Die enorme Güterverkehrsleistung von 513,5 Milliarden tkm allein in Deutschland im Jahr 2000 [BMVBW 2000a, S. 15] sowie ein prognostiziertes Güterverkehrswachstum von jährlich vier Prozent bis 2007 in ganz Europa [ECMT 1993, S. 33] bilden dabei Anhaltspunkte.

3.2.2   Wirkungsfeld und grundlegende Begriffe

a) Abgrenzung der Begriffe Transport, Verkehr und Logistik

Ergänzend zu den vorangegangenen Ausführungen sollen die im alltäglichen Gebrauch nicht selten synonym verwendeten und unscharf umrissenen Begriffe *Transport*, *Verkehr* und *Logistik* nochmals explizit voneinander abgegrenzt und ein logischer Zusammenhang zwischen ihnen hergestellt werden, da sie in der vorliegenden Arbeit vielfach Verwendung finden werden.

Die Raumüberbrückung von Objekten, der *Transport*, wurde im vorherigen Abschnitt bereits ausgiebig als Funktion der Logistik dargestellt. Es handelt sich dabei um die reine Güterbewegung von einer Quelle zu einer Senke, welche die genannte logistische Grundaufgabe der Bereitstellung benötigter Objekte "am rechten Ort" erfüllt.

Jedoch ist diese Leistung zur Nachfragebefriedigung nicht ausreichend. Die Umsetzung des logistischen Aufgabenaspektes der Verfügbarkeit "zur richtigen Zeit" erfordert eine komplexe und an Nachfragerwünschen orientierte *Verkehr*sleistung als Aufwertung der Transportleistung [Bachmeier 1999, S. 18]. Verkehr schließt demnach Vorgänge zur Raum- und Zeitüberbrückung von Gütern oder Personen, Fahrzeugen und Nachrichten ein. So ist z. B. auch die Bewegung eines leeren Eisenbahnwaggons innerhalb eines oder zwischen verschiedenen Knoten des Verkehrsnetzes als Verkehr zu betrachten. Die erforderlichen Umschlag- und Lagervorgänge werden ebenso wie die damit verbundenen Organisations-, Steuerungs-, Informations- und Informationsverarbeitungsmaßnahmen dem Verkehr zugerechnet [Ostkamp 1999, S. 7 f.].

Die Sicherstellung der Qualität und Kosten der raum-zeitlichen Bewegung von Objekten sowie die Realisierung zusätzlicher Funktionen, wie z. B. das Management der nötigen und anfallenden Daten und Informationen, des beteiligten Personals und der finanziellen Mittel, werden wiederum durch die unternehmensumfassende Querschnittsfunktion *Logistik* gewährleistet.

Damit sind Transportvorgänge als Bestandteile des Verkehrs anzusehen. Dieser wiederum stellt eine Untermenge der Logistik dar [Ihde 2001, S. XV f.]. Die Abbildung 3-7 verdeutlicht diesen Zusammenhang.

Abb. 3-7: Zusammenhang zwischen Logistik, Verkehr und Transport

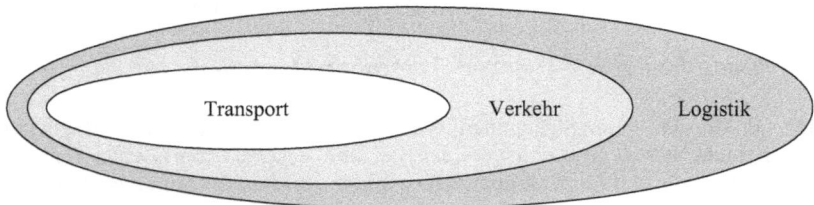

Quelle: Ihde 2001, S. 1

Dem Charakter des Verkehrs als aufgewerteten Transport ist es geschuldet, dass in den folgenden Ausführungen sowohl Transport- als auch die umfassenderen Verkehrsprozesse betrachtet werden. Darin ist keine unzulässige Begriffsvermengung zu sehen, es ist vielmehr bei der Betrachtung der Problematik des Güterverkehrs unumgänglich.

b) Strukturierung des Verkehrsbegriffes

Eine Unterteilung der Verkehrsabläufe nach *Verkehrsarten* erfolgt anhand des zu befördernden Objekts in *Personenverkehr* und *Güterverkehr*. Letzterer ist Gegenstand der vorliegenden Arbeit und bezeichnet alle Beförderung von Materialien und Waren, vorwiegend mit Kraftfahrzeugen, die erwerbswirtschaftlichen oder dienstlichen Zwecken dient. Damit zählt z. B. der Einkaufsverkehr privater Haushalte nicht zum Güterverkehr, auch der Umzugsverkehr ist ausdrücklich ausgeschlossen [GüKG §3a(1)].

Realisiert wird der Verkehr mittels verschiedener *Verkehrsträger*. Diese Bezeichnung umfasst die Gesamtheit aller Transportdienstleister, die auf dem gleichen *Verkehrsweg* (Straße, Schiene, Meeres- oder Binnenwasserstraße, Luftweg, Rohrleitung) mit gleichem *Verkehrsmittel* (LKW, Eisenbahn, Binnen- oder Seeschiff, Flugzeug, Rohrleitung) die gleiche Transportleistung erbringen [Adler 2001, S. 8]. Aus der Kombination von Weg und Mittel ergeben sich die Verkehrsträger Straßen-, Schienen-, Luft- und Rohrleitungsverkehr sowie Binnen- und Seeschifffahrt, die durch ihre jeweiligen Anforderungen und Eigenheiten, insbesondere hinsichtlich ihrer Kosten, Transportzeiten und Güteraffinitäten, charakterisiert sind. Die *Güteraffinität* bezeichnet die besondere Eignung eines Verkehrsträgers für eine Güterart. So ist z. B. beim Massentransport von Kohle die Binnenschifffahrt der bei weitem vorteilhafteste Verkehrsträger.

Abb. 3-8: Unterteilung des Verkehrs

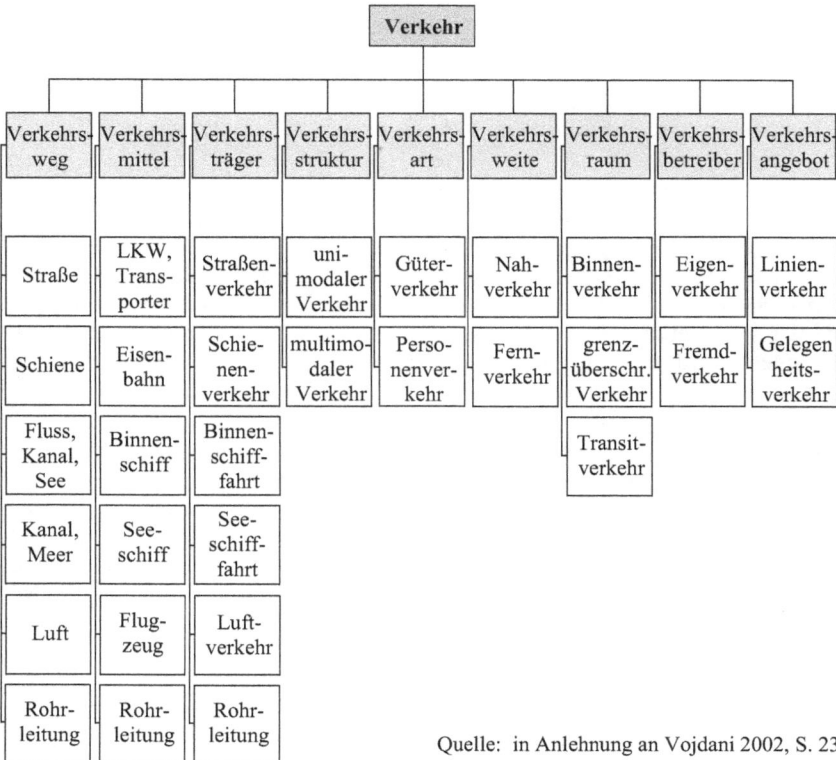

Verkehrs-weg	Verkehrs-mittel	Verkehrs-träger	Verkehrs-struktur	Verkehrs-art	Verkehrs-weite	Verkehrs-raum	Verkehrs-betreiber	Verkehrs-angebot
Straße	LKW, Transporter	Straßen-verkehr	uni-modaler Verkehr	Güter-verkehr	Nah-verkehr	Binnen-verkehr	Eigen-verkehr	Linien-verkehr
Schiene	Eisenbahn	Schienen-verkehr	multimodaler Verkehr	Personennenver-kehr	Fern-verkehr	grenz-überschr. Verkehr	Fremd-verkehr	Gelegen heits-verkehr
Fluss, Kanal, See	Binnen-schiff	Binnen-schiff-fahrt				Transit-verkehr		
Kanal, Meer	See-schiff	See-schiff-fahrt						
Luft	Flug-zeug	Luft-verkehr						
Rohr-leitung	Rohr-leitung	Rohr-leitung						

Quelle: in Anlehnung an Vojdani 2002, S. 23

Nach der *Verkehrsweite* unterscheiden sich Nah- und Fernverkehr, die Unterscheidung ist jedoch unscharf. Als Kriterien bieten sich die Grenzen des Ballungsraumes oder der Region, die durch die Verkehrsleistung bedient wird, ebenso wie das unmittelbare Einzugsgebiet bzw. Sammel- und Verteilgebiet des betrachteten Verkehrsdienstleisters an.

Als *Verkehrsraum* lassen sich Staaten oder zunehmend Handelsräume wie die EU betrachten. Je nachdem, ob eine Verkehrsleistung innerhalb der Grenzen eines Verkehrsraumes, zwischen zwei angrenzenden Verkehrsräumen oder über einen solchen hinweg erbracht wird, werden Binnenverkehr, grenzüberschreitender Verkehr und Transitverkehr unterschieden.

Die mögliche Identität von *Verlader* und *Verkehrsbetrieben* sowie die Regelmäßigkeit des *Verkehrsangebotes* sind weitere Strukturierungsansätze des Verkehrsbegriffes.

Eine Darstellung aller Aspekte der Verkehrsstrukturierung nimmt die Abbildung 3-8 vor.

c) Transportketten, Transportnetze, Gütertransport- / -verkehrssysteme

Eine *Transportkette* beschreibt einen einzelnen Güterverkehrsprozess als ein System technisch oder organisatorisch miteinander verbundener Elemente, dessen Funktion die Herstellung einer raum-zeitlichen Kopplung zwischen Verlader (Quelle) und Empfänger (Senke) durch Zwischenschaltung eines oder mehrerer Verkehrsmittel sowie der erforderlichen Prozesse des Verpackens, Be- und Entladens und der Informationsverarbeitung ist [Diers 1977, S. 15 f.]. In sogenannten eingliedrigen Transportketten findet Direktverkehr statt, in mehrgliedrigen Transportketten erfolgt ein Transportmittel- bzw. Transporthilfsmittelwechsel (Umschlag).

Transportnetze ermöglichen die zeitgleiche Realisierung verschiedener Güterverkehrsprozesse bzw. Transportketten. Transportnetze lassen sich "durch Abgangs- und Zielpunkte der Transporte (Quellen und Senken), Umschlagpunkte (Sammel- oder Verteilpunkte) [...] sowie die Transportabwicklungen zwischen diesen Punkten beschreiben" [Ostkamp 1999, S. 8]. Der *Vorlauf* von mehreren Quellen zu einem Sammelpunkt wird ebenso wie der *Nachlauf* von einem Verteilpunkt zu verschiedenen Senken als *Flächenverkehr* bezeichnet, der gebündelte *Hauptlauf* vom Sammel- zum Verteilpunkt als *Streckenverkehr*.

Im Gegensatz zu *unimodalen (verkehrsträgerreinen) Transportnetzen*, die auf den Hauptläufen Transportmittel ausschließlich eines Verkehrsträgers nutzen, wird unter einem *multimodalen Transportnetz* "ein Netz verstanden, bei dem unterschiedliche verkehrsträgerreine, auf eine Transportaufgabe ausgerichtete Transportnetze über gemeinsame Schnittstellen an den Start-, Umschlag- und Zielpunkten verknüpft sind" [Ostkamp 1999, S. 9].

Eine Erweiterung der Betrachtungsebene der Transportketten bzw. -netze führt zum Begriff der *Gütertransportsysteme*. Dies sind "Netzwerke, in denen Akteure durch die Verknüpfung von Aktivitäten und Ressourcen raumzeitliche Transformationsleistungen zur Befriedigung einer Kundennachfrage erbringen" [Tschudi 2000, S. 13]. Besser geeignet scheint in diesem Zusammenhang aufgrund des Aspekts der Nachfragebefriedigung und der dazu erforderlichen Aufwertung der Transportleistung der Terminus *Güterverkehrssystem*.

Güterverkehrssysteme lassen sich wie in Abbildung 3-9 nach der Netzwerkstruktur, auf welcher sie aufbauen, gliedern. So lassen sich Monorelationssysteme, in welchen meist eingliedrige Transportketten realisiert werden, von Systemen mit baumartiger "one-to-many"- bzw. "many-to-one"-Netzstruktur oder einer flächigen "many-to-many"-Netzstruktur unterscheiden. Letztere sind typisch für den KEP- und Postsektor. Ihre flächige Struktur geht einher mit einer Vielzahl unbedingt einzuhaltender, nicht austauschbarer Versender-Empfänger-Zuordnungen, was diesen Typus Güterverkehrssystem zum komplexesten macht [Feige 1996].

Abb. 3-9: Arten von Verkehrssystemen

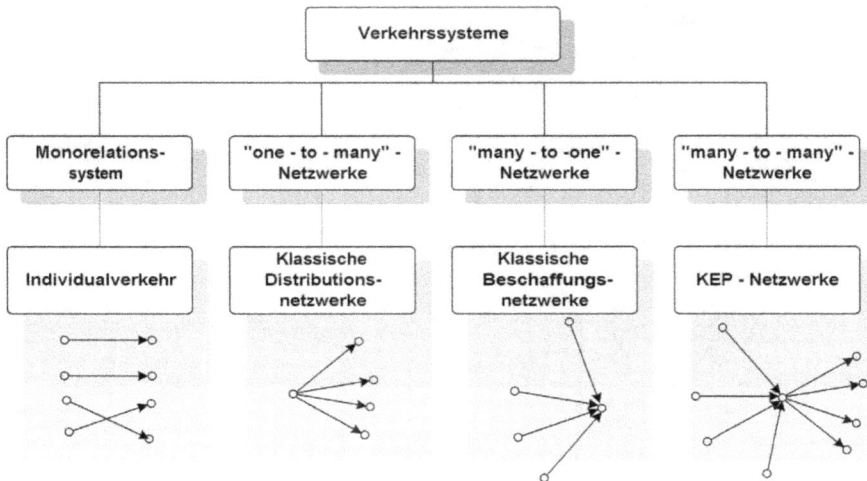

d) Verkehrsverbindungen

Wie beschrieben enthalten Güterverkehrssysteme Quell-, Umschlags- und Zielpunkte *(Knoten)* und Transportverbindungen zwischen diesen Punkten *(Kanten)*. Die Verbindung der Knoten kann auf unterschiedliche Weise erfolgen. Neben den bereits mehrfach erwähnten *Sammel-* bzw. *Verteilverbindungen* gibt es die Möglichkeit der *Linienverbindung*, in welcher jeder Knoten, außer dem ersten, einen Vorgänger und, außer dem letzten Knoten, einen Nachfolger hat. Eine *Ringverbindung* entsteht durch das Verknüpfen des ersten und des letzten Knoten einer Linie. *Simultanverbindungen* sind durch Direktverknüpfungen mehrerer Knoten gekennzeichnet, während das charakteristische Merkmal einer *Pendelverbindung* in jeweils zwei einander entgegengerichteten Verknüpfungen zwischen zwei Knoten besteht.

Die genannten Verbindungsarten sind in Abbildung 3-10 grafisch dargestellt.

Abb. 3-10: Arten von Verkehrsverbindungen

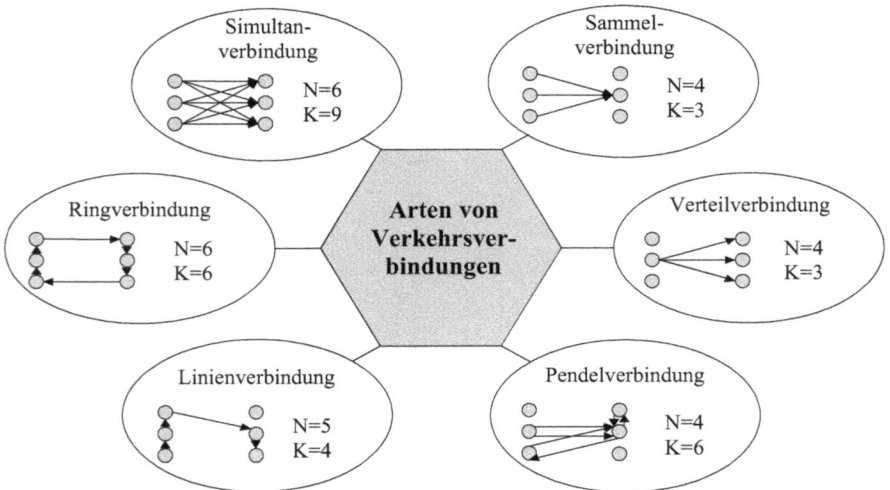

3.2.3 Bedeutung der Güterverkehrsträger

Die oben bereits benannten Güterverkehrsträger Straßen-, Schienen-, Rohrleitungs-
und Luftgüterverkehr sowie Güterverkehr per Binnen- und Seeschiff sind in Abbildung 3-11 nochmals zusammenfassend dargestellt und untersetzt. Eine Sonderstellung nimmt dabei der Kombinierte Verkehr (KV) bzw. Kombinierte Ladungsverkehr (KLV) als Güterverkehr unter eng abgestimmter Nutzung mehrerer Verkehrsträger ein, welchem insbesondere in der Verbindung der Kosten- und Umweltvor-
teile des Schienengüterverkehrs mit der Flexibilität des Straßengüterverkehrs eine
besondere Bedeutung im deutschen und europäischen Binnenverkehr zukommt.
Vereinzelt wird der KV sogar als eigener Verkehrsträger aufgefasst. Diese Einordnung scheint jedoch ungerechtfertigt, da er lediglich eine Kombination und technologische Erweiterung bekannter Verkehrsmittel und -wege darstellt.

Abb. 3-11: Unterteilung der Güterverkehrsträger

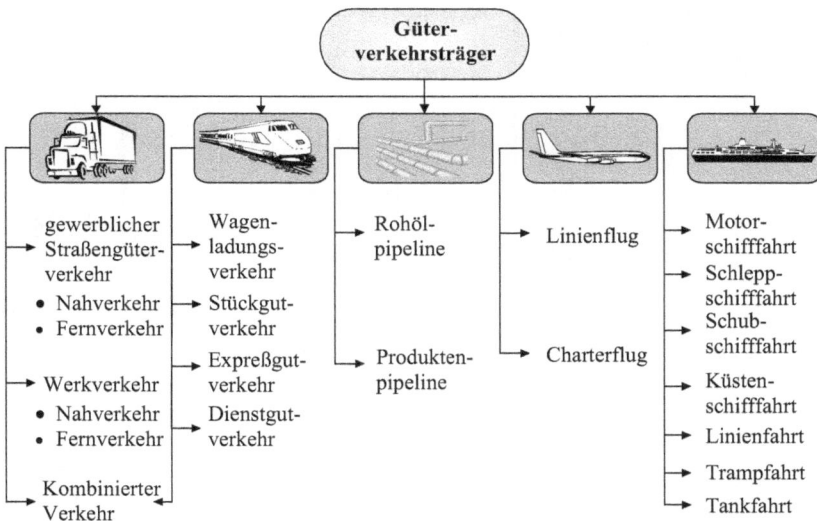

Quelle: in Anlehnung an Ostkamp 1999, S. 11

Die Entwicklung der Bedeutung der verschiedenen Güterverkehrsträger lässt sich
anhand der Entwicklung ihrer Anteile am gesamten deutschen *Güterverkehrsauf-*

kommen bzw. an der gesamten deutschen *Güterverkehrsleistung* verfolgen. Die Anteilsverteilung der verschiedenen Verkehrsträger wird als *Modal Split* bezeichnet.

Das Güterverkehrsaufkommen, welches "die Menge der in einem bestimmten Zeitraum außerhalb von Produktionsstandorten beförderten Güter in Tonnen" [Buchholz 1998, S. 3] bezeichnet, ist in seiner Aufteilung auf die verschiedenen Güterverkehrsträger während der letzten Jahrzehnte in Abbildung 3-12 zu verfolgen.

Abb. 3-12: Anteilsentwicklung der Verkehrsbereiche am Verkehrsaufkommen in Deutschland 1960 – 2000

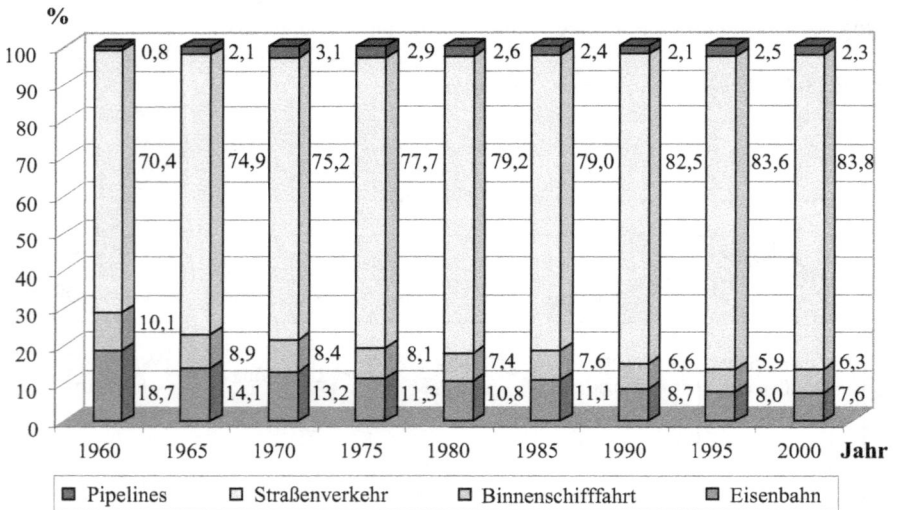

%

	1960	1965	1970	1975	1980	1985	1990	1995	2000
Pipelines	0,8	2,1	3,1	2,9	2,6	2,4	2,1	2,5	2,3
Straßenverkehr	70,4	74,9	75,2	77,7	79,2	79,0	82,5	83,6	83,8
Binnenschifffahrt	10,1	8,9	8,4	8,1	7,4	7,6	6,6	5,9	6,3
Eisenbahn	18,7	14,1	13,2	11,3	10,8	11,1	8,7	8,0	7,6

■ Pipelines   □ Straßenverkehr   □ Binnenschifffahrt   ■ Eisenbahn

Quelle: BMV 2000b, S. 228f.

Die Güterverkehrsleistung gibt das Produkt des Güterverkehrsaufkommens mit der zurückgelegten Weglänge in Tonnenkilometern (tkm) an. "Diese Nachfragekenngröße ist deshalb von besonderer Bedeutung, da sie durch den Entfernungsbezug in engem Zusammenhang zum Ressourcenverbrauch des Verkehrsgeschehens steht" [Buchholz 1998, S. 3]. Allerdings ist die Verwendung dieser statistischen Größe nicht ohne Probleme, da sie keinen Aufschluss über das Verhältnis von Güternah- zu Güterfernverkehr mit ihren völlig unterschiedlichen logistischen Anforderungen und Eigenheiten zulässt. Die Entwicklung der Anteile der verschiedenen Verkehrsträger an der deutschen Güterverkehrsleistung wird in Abbildung 3-13 nachvollzogen.

Abb. 3-13: Anteilsentwicklung der Verkehrsbereiche an der Verkehrsleistung in Deutschland 1960 – 2000

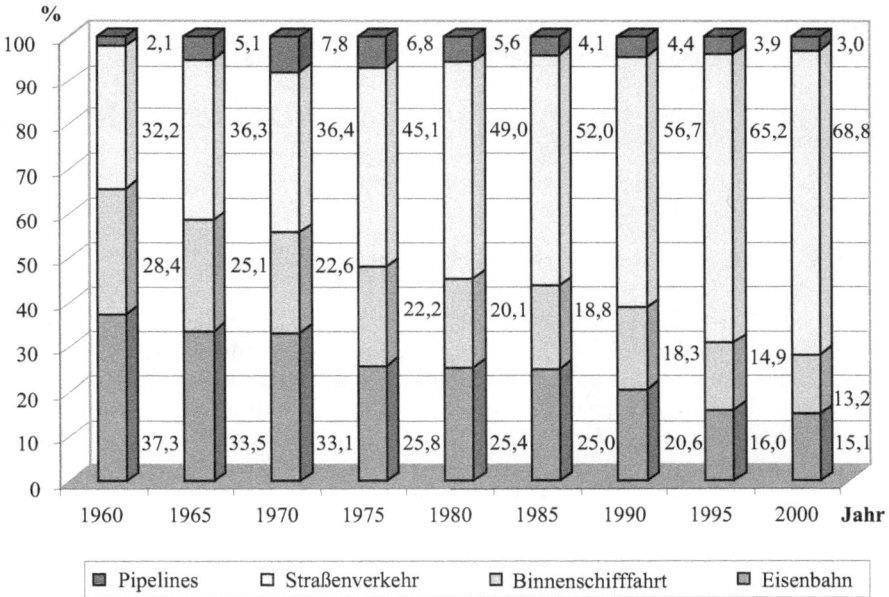

	1960	1965	1970	1975	1980	1985	1990	1995	2000
Pipelines	2,1	5,1	7,8	6,8	5,6	4,1	4,4	3,9	3,0
Straßenverkehr	32,2	36,3	36,4	45,1	49,0	52,0	56,7	65,2	68,8
Binnenschifffahrt	28,4	25,1	22,6	22,2	20,1	18,8	18,3	14,9	13,2
Eisenbahn	37,3	33,5	33,1	25,8	25,4	25,0	20,6	16,0	15,1

■ Pipelines   □ Straßenverkehr   □ Binnenschifffahrt   ■ Eisenbahn

Quelle: BMV 2000b, S. 232f.

Ein Vergleich beider Abbildungen unterstreicht die höhere Massenleistungsfähigkeit der Verkehrsträger Bahn, Binnenschiff und Rohrleitung. Er macht weiterhin deutlich, dass der Verkehrsträger Straße dominierend und in seiner Bedeutung stetig zunehmend ist, insbesondere zu Lasten der Anteile des Schienengüterverkehrs und der Binnenschifffahrt. Die Gründe hierfür liegen in gesellschaftlich-wirtschaftlichen Entwicklungen, wie z. B. der verteilten Produktion durch Outsourcingmaßnahmen oder der Individualisierung der Nachfrage, welche zunehmend den flexiblen, schnellen Transport kleiner Ladungseinheiten über weite Strecken fordern. Hier liegt die Domäne des Straßengüterverkehrs. Die Bahn hat es bis heute kaum vermocht, dieser Entwicklung mit konkurrenzfähigen Leistungen entgegenzutreten. Ihr wird, gerade im Zusammenhang mit dem kombinierten bzw. multimodalen Verkehr, für die Zukunft ein großes Potenzial für innovative Verkehrslösungen zugesprochen. Die hier nicht dargestellte Luftfracht hat aufgrund ihrer Fähigkeit zum besonders schnellen Transport über weite Entfernungen trotz ihres geringen Anteils am Modal Split (0,1 % in 2000 laut Straßenbaubericht der Bundesregierung [BMVBW 2000a, S. 15]) eine hohe, weiter steigende wirtschaftliche Bedeutung.

Prognosen zur zukünftigen Entwicklung des Modal Split sind schwierig zu treffen, da dieser von so schwer abschätzbaren Variablen wie dem Verhalten der politischen Entscheidungsträger oder der öffentlichen Einstellung abhängt. Es wird jedoch allgemein von steigendem Güterverkehrsaufkommen bzw. steigender Güterverkehrsleistung und "durchaus beachtlichen Verlagerungen vom Straßen- zum Schienenverkehr" ausgegangen [Gresser 2001].

3.2.4 Einsatz von I & K-Technologien

Durch den Einsatz von I & K-Technologien, in ihrer Kombination auch mit dem Begriff Telematik bezeichnet, "lassen sich viele mit der Erbringung von Güterverkehrsleistungen verbundene Tätigkeiten optimieren. Hierzu werden Systeme sowohl von Güterverkehrsunternehmen als auch von der öffentlichen Hand entwickelt" [Buchholz 1998, S. 223].

Abb. 3-14: Möglichkeiten der Verkehrsoptimierung

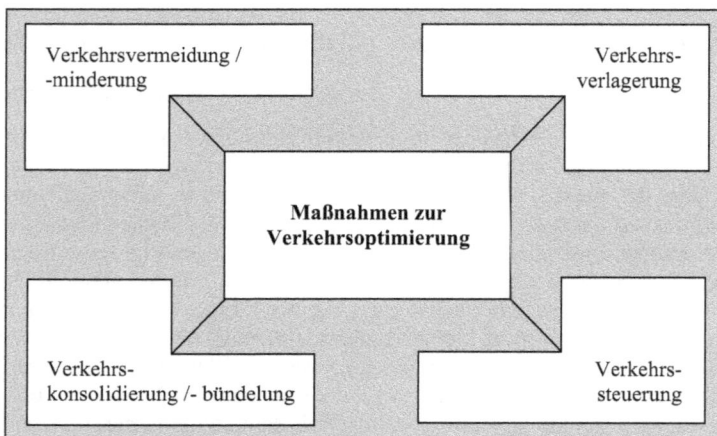

Ziel der öffentlichen Hand ist dabei eine übergreifende Optimierung des Verkehrs durch die gezielte Steuerung und Beeinflussung der Verkehrsströme, wozu die Gewinnung valider und genauer Daten ebenso wie die Möglichkeit, den Verkehrsteilnehmern aktuelle Informationen zur Verfügung stellen zu können, erforderlich ist. Die I & K-Technologie bzw. Telematik ist Instrument sowohl komplementärer wie auch substituierender Strategien der Verkehrspolitik. Im Rahmen verkehrspolitischer Optimierungsmaßnahmen, dargestellt in Abbildung 3-14 zur *Verkehrsvermeidung, Verkehrsverminderung* bzw. *Verkehrsverlagerung* (substituierende Strategien) sollen sie "insbesondere zu Vermeidung von 'unnötigen' Verkehren dienen, die restlichen Verkehre auf ein notwendiges Maß zu vermindern und darüber hinaus durch horizontale und vertikale Kooperationserleichterung sowie Informations-, Lenk- und Leitsysteme eine Verlagerung zu anderen, meist umweltverträglicheren Verkehrsträgern zu ermöglichen. Hierbei ist die Telematik nicht nur als informelles, sondern auch als indikatives bzw. lenkendes und leitendes bzw. steuerndes Instrument der verkehrspolitischen Träger vorgesehen" [Ernst 1997, S. 64 f.]. Komplementäre (verkehrsinduzierende) Strategien nutzen Telematiktechnologien zur flexiblen *Verkehrssteuerung*, z. B. mit Hilfe von Navigationssystemen, oder zur *Konsolidierung* (Bündelung) des Verkehrs mit dem Ziel einer optimalen Kapazitätsauslastung und bewirken eine effizientere Nutzung der bestehenden Verkehrssysteme [Ernst 1997, S. 64 f.].

Abb. 3-15: I & K-Systeme in Güterverkehrsunternehmen

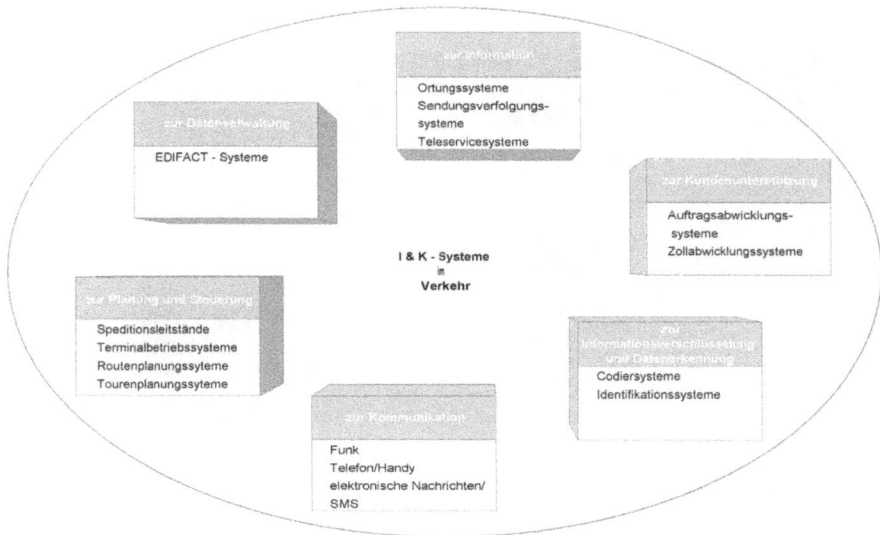

In Güterverkehrsunternehmen werden I & K- bzw. Telematik-Systeme zur effizienteren Gestaltung der Geschäftsaktivitäten und zur Erhöhung des Kundennutzen in vielfältiger Weise eingesetzt. Die möglichen Anwendungen sind in Abbildung 3-15 zusammengefasst.

3.2.5 Anforderungen an Güterverkehrsdienstleister

Die Spannbreite der von Güterverkehrsdienstleistern angebotenen Dienstleistungen reicht von einfachen Teilleistungen (z. B. Flussübersetzung) über unimodale bzw. multimodale Transporte bis zu komplexen Logistikleistungen. Komplexere Angebote mit weiterreichendem Leistungsumfang erfordern höheres logistisches Knowhow. Der Komplexitätsgrad der genutzten Struktur nimmt ebenfalls zu. So sind multimodale Transportleistungen in der Regel in Güterverkehrsnetzen zu erbringen. Logistische Komplettangebote erfordern den Zugriff auf Güterverkehrsnetze oder - netzverbünde. Die Abbildung 3-16 nimmt eine Klassifizierung von Güterverkehrsdienstleistern nach der Art ihres Leistungsangebotes vor.

Abb. 3-16: Arten von Güterverkehrsdienstleistern

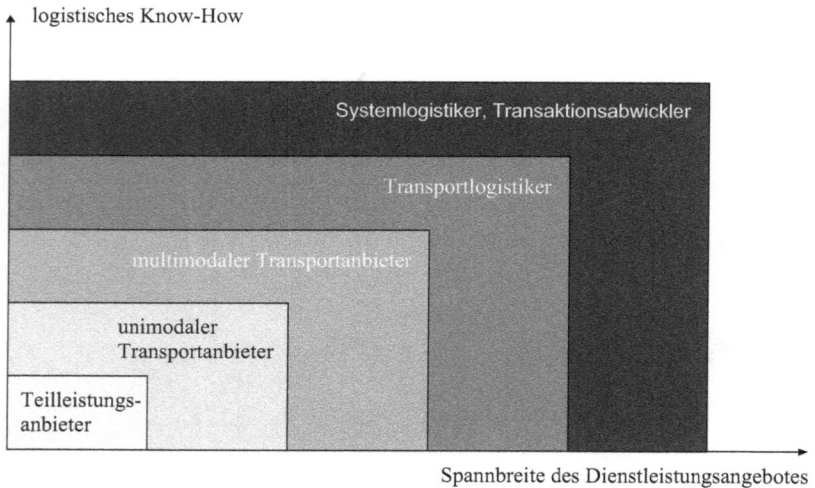

Quelle: in Anlehnung an Stahl 1998

Aus Untersuchungen zu den Ansprüchen der verladenden Wirtschaft an Güterverkehrsleistungen, zusammengefasst z. B. durch Trost [Trost 1999, S. 104], ergibt sich die Bedeutung verschiedener Kriterien zur Auswahl von Güterverkehrsunternehmen aus Kundensicht. Demnach rangiert die Zuverlässigkeit der Leistungserstellung, also ihre zeitliche Berechenbarkeit, noch vor der Schnelligkeit des Transports an erster Stelle. Allen von Trost angeführten Untersuchungen ist gemein, dass zeitliche Kriterien von den Verladern als wichtiger empfunden werden als der Preis der Transportleistung. Weitere Auswahlkriterien sind die Sicherheit der Ladung vor Schäden oder Diebstahl, mögliche Lieferfrequenz und räumliche Flexibilität des Anbieters und seine Fähigkeit zur schnellen Bearbeitung von Anfragen und Reklamationen. Eine hohe Umweltverträglichkeit der Transportleistung wird zwar regelmäßig als erstrebenswert bezeichnet, sie spielt jedoch bei der Wahl eines Güterverkehrsdienstleisters eine untergeordnete Rolle. Dies zeigt, dass die verkehrspolitischen Bestrebungen, Umweltbelastung zum Kostenfaktor zu machen, gerechtfertigt sind.

Abbildung 3-17 fasst die Auswahlkriterien für Güterverkehrsdienstleitungen zusammen.

Abb. 3-17: Auswahlkriterien für Verkehrsdienstleister

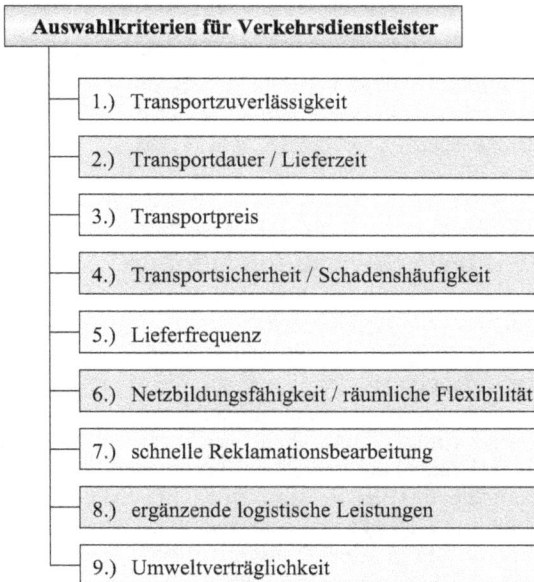

Auswahlkriterien für Verkehrsdienstleister
1.) Transportzuverlässigkeit
2.) Transportdauer / Lieferzeit
3.) Transportpreis
4.) Transportsicherheit / Schadenshäufigkeit
5.) Lieferfrequenz
6.) Netzbildungsfähigkeit / räumliche Flexibilität
7.) schnelle Reklamationsbearbeitung
8.) ergänzende logistische Leistungen
9.) Umweltverträglichkeit

Quelle: in Anlehnung an Trost 1999, S. 104

3.3 Straßengüterverkehr

3.3.1 Bedeutung und Stellung

Die Straße ist der dominierende Verkehrsträger im europäischen Güterverkehr. Der Anteil des Straßengüterverkehrs am Modal Split Deutschlands lag im Jahr 2000 bei 70% [BMVBW 2000a]. Begünstigt wurde die Entwicklung des Straßengüterverkehrs durch den anhaltenden Strukturwandel des Güterverkehrsmarktes, der durch den Abbau der Fertigungstiefe, Hinwendung zu Just-In-Time und Veränderung der Güterstruktur in Richtung straßenaffiner Vor-, Teil- bzw. Halbfertigprodukte geprägt ist [Fränkle 2001, S. 1 ff.]. Dabei liegt der entscheidende Vorteil gegenüber anderen Verkehrsträgern vor allem in der hohen Flexibilität, die der Straßenverkehr ermöglicht. So sind, bis auf wenige Ausnahmen wie bspw. das Sonntagsfahrverbot für Lastkraftwagen über 7,5 Tonnen, keinerlei zeitliche Restriktionen zu beachten, wie dies bei der Bahn- oder der Luftfracht der Fall ist. Ein weiterer Ausdruck der Flexibilität des Verkehrsträgers Straße ist seine hohe Netzbildungsfähigkeit, also die Möglichkeit, Knoten innerhalb des Verkehrssystems zu bilden und zu nutzen. Der Einsatz von Straßentransportmitteln ist von und zu praktisch jedem Punkt möglich.

Ausdruck des Strukturwandels im Güterverkehrsmarkt hin zu höherer Straßenverkehrsaffinität ebenso wie der Innovationstätigkeit der Straßengüterverkehrsdienstleister ist die hohe Produktivität des Straßengüterverkehrs. Sie wird für das Jahr 1990 mit durchschnittlich 53.883 tkm/t angegeben und ist damit etwa 8,5 mal so hoch wie die des Schienengüterverkehrs und etwa 6,5 mal so hoch wie die des Güterverkehrs per Binnenschiff [Stackelberg 1998, S. 95].

3.3.2 Straßengüterverkehrsunternehmen

Anbieter von Straßengüterverkehrsleistungen zeichnen sich durch hohe Leistungsfähigkeit und Innovationsfähigkeit aus. Begründet wird dies mit dem relativ einfachen Marktzugang und dem daraus resultierenden intensiven Wettbewerb, der die Unternehmen zu Bemühungen zur Stärkung ihrer Marktstellung und zur Erschwerung des Markteintritts zwingt [Clausen 2002] und so zu einer ständigen qualitativen Verbesserung des Straßengüterverkehrsleistungsangebotes führt. Dieses entspricht dem Anforderungsprofil des Marktes, der "Schnelligkeit, Pünktlichkeit, Zuverlässigkeit, Flexibilität und attraktive Preise auch bei kleinen Sendungsmengen" [Seifert 2002] fordert, für die meisten Transportaufgaben weit besser als das von Schiff-, Bahn- oder Luftfracht gewährleistet wird.

Neben einer Vielzahl kleiner Fuhrbetriebe, in welchen der Eigner oft selbst als Frachtführer auftritt, wird das Bild des Straßengüterverkehrsmarktes von den Güterspeditionen geprägt. Spediteure verfügen über ein hohes logistisches Know-how. Ihre Kernaufgaben liegen in der Planung, Steuerung und Dokumentenverwaltung des Transports sowie der zugehörigen Umschlag- und Lagervorgänge. Auch zusätzliche Leistungen wie das Verpacken, Kommissionieren oder auch Verzollen der Güter können von ihnen angeboten oder koordiniert werden.

3.3.3   Technik der Verkehrsmittel und -hilfsmittel

a) Verkehrsmittel

"Lastkraftwagen (LKW) sind das wichtigste Verkehrsmittel im Güterverkehr" [Buchholz 1998, S. 105] und für nahezu jede Situation einsetzbar. Ausführungen in unterschiedlicher Größe und Leistungsfähigkeit reichen vom schnellen Transporter mit bis zu 2,8 t Gesamtgewicht über leichte (bis 7,5 t) und schwere (bis 26 t) LKW bis zu Gliederzügen, also schweren LKW mit Anhängern sowie Sattelzügen (beide bis 40 t). Letztere zeichnen sich durch den Einsatz von standardisierten Wechselaufliegern aus, die einen Umschlag bei der Ladungsübergabe von einem Transporteur an den anderen überflüssig machen. Die Abbildung 3-18 stellt die Bestandsentwicklung der Straßenfahrzeuge in verschiedenen Gewichtsklassen dar. Eine große Variantenbreite an Spezialfahrzeugen wie Tank- bzw. Siloanhänger, Kühlwagen oder Betonmischfahrzeuge ermöglicht die Bewältigung verschiedenster Aufgaben. Fahrzeugeigene Be- und Entlademittel wie Ladebordwände, Ladekräne oder Kippvorrichtungen erhöhen die Autonomie und unterstützen die Netzbildungsfähigkeit des Güterverkehrsträgers Straße.

Die LKW-Technik hat sich in den letzten Jahrzehnten stürmisch entwickelt. So hat sich der Kraftstoffverbrauch in den vergangenen zwanzig Jahren um 30% reduziert, während die Transportgeschwindigkeit in der gleichen Zeit um 30% zunahm [Hoepke 1997, S. 21 f.]. Die Motoren sind durch eine immer aufwendigere Technik, wie z. B. die Entwicklung zu aufgeladenen Motoren mit Ladeluftkühlung, sauberer, sparsamer und leiser geworden. Elektronisch gesteuerte Einspritzsysteme, Sensoren und softwaregesteuerte Regler haben die früheren mechanischen Systeme ersetzt. Gezielte Maßnahmen an Motoren und Nebenaggregaten sowie Kapselungsmaßnahmen haben die Geräuschemissionen erheblich reduziert, während moderne Fahrdynamik-Systeme wie Anti-Blockier- oder Anti-Schlupf-Systeme die Verkehrssicherheit erhöhen [www.verkehrsforum.de 2002a].

Abb. 3-18: Bestandsentwicklung der LKW in Deutschland 1960 – 2001

Bestand in 1000

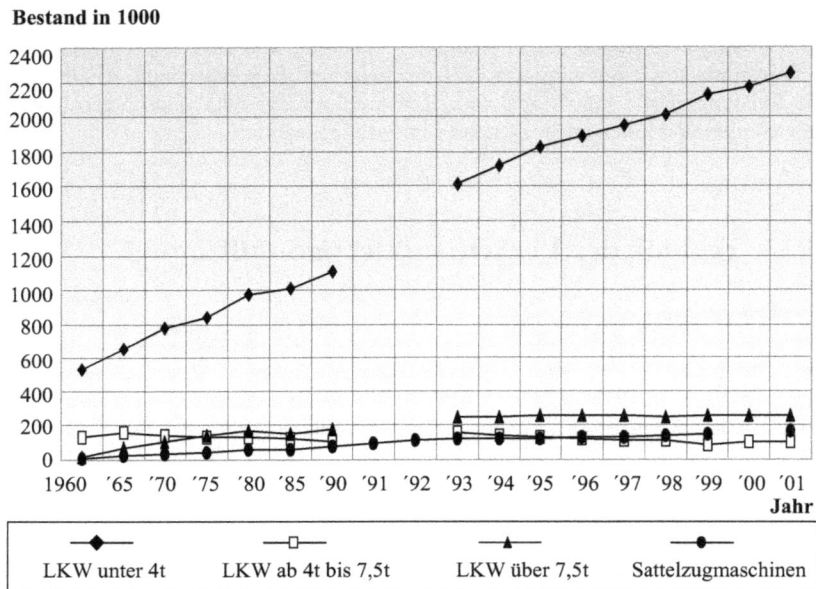

Quelle: BMV 2000 b, S. 154f.

b) Umschlageinrichtungen

Neben der herkömmlichen Stückgutbe- und -entladung mittels Gabelstapler oder Handgabelhubwagen sind in den vergangenen Jahren eine Vielzahl von automatischen Verladesystemen entwickelt worden. Deren Vorteile liegen hauptsächlich in verringerten Umschlag- und eventuellen Wartezeiten, geringerem Arbeitskraftbedarf und einer geringeren Beschädigungsquote. Generell lassen sich Heck- und Seitenverladesysteme unterscheiden. Erstere werden überwiegend für Transporte mit Vollbe- bzw. -entladung, in der Regel mit Sattelzügen, eingesetzt. Seitenverladesysteme dagegen eigenen sich besonders für Teilentladungen mit parallelen Zuladungen.

Ein weiteres Unterscheidungskriterium automatischer Verladesysteme ist ihre Installation auf dem oder außerhalb des Fahrzeugs. Systeme mit auf der Ladefläche integriertem Tragketten-, Rollen-, Gurtband- oder Tragprofilförderer sind fahrzeuggebunden. Sie ermöglichen sehr kurze Verladezeiten von zwei bis drei Minuten (für 32 Paletten). Nachteilig ist jedoch, dass sie das Fahrzeuggewicht und damit den Energiebedarf erhöhen und zum Teil die Raumkapazität des Laderaums verringern. Ihnen entgegen stehen Systeme mit an der Verladestelle installierter Fördertechnik. Hier sind der halbautomatische Portalkran und der Teleskopgurtförderer, der jedoch nur für Gliederzüge einsetzbar ist, zu nennen. Diese Systeme benötigen etwas länger für Lade- oder Löschvorgänge als die fahrzeuggebundenen Lösungen. Die Kosten werden, je nach Ausführung und Hersteller, für auf dem Fahrzeug installierte Fördersysteme mit 75.000 bis 90.000 Euro je Fahrzeug angegeben, für die genannten zentralen Fördersysteme mit 350.000 bis 500.000 Euro [Günthner 1997].

c) Optimierung des Verkehrsablaufes und -betriebes

Elektronische Datenverarbeitung und mobile Kommunikation unterstützen und erleichtern die Planung und Disposition von Verkehren. Leistungsfähige Tourenoptimierungs-Werkzeuge werden bei der Zusammenstellung von Touren, der Routenbildung und der Zuordnung der Transportmittel zu den Routen eingesetzt. Ziel ist dabei, "dass Transportaufträge einer bestimmten Planungsperiode unter Berücksichtigung von Kapazitäts- und Zeitbegrenzungen mit minimalen Transportstrecken, -zeiten und/oder -kosten ausgeführt werden" [Piontek 2001]. Dabei können sie auf Daten aus dem Flotten- und Auftragsmanagement ebenso zurückgreifen wie auf aktuelle Ladestandsinformationen und Fahrzeugpositionen, die per Satellit oder Mobilkommunikation übertragen werden. Auf diese Weise werden auch anspruchsvolle Planungsaufgaben wie Mehrdepot-Probleme (Multi-CC-Probleme) oder dynamische Optimierungen als Bestandteil operativer Planung lösbar [Piontek 2001].

Sendungsverfolgung, das sogenannte Track-and-Trace, erhöht den Kundennutzen und die Servicefähigkeit des Verkehrsunternehmens. Die mobile Kommunikation ermöglicht ein kurzfristiges Disponieren, wie z. B. das Reagieren auf Staumeldungen, auf Fahrzeugausfälle oder die kurzfristige Auftragsannahme.

3.3.4 Probleme

Der Erfolg und enorme Zuwachs des Straßengüterverkehrs führt zu einem Problem, dessen Lösung in naher Zukunft nicht zu erwarten ist. Die bestehende Straßenverkehrsinfrastruktur ist immer weniger in der Lage, das Verkehrsaufkommen zu bewältigen. Dieser Trend hält an, ohne dass die Baumaßnahmen am Fernstraßennetz der Bundesrepublik mit ihm Schritt halten könnten. Eine zukünftige Überlastung insbesondere der Autobahnen ist somit absehbar.

Die daraus resultierenden Staus und zähfließenden Verkehre führen zu erhöhten Beförderungskosten. Neben dem durch die Verzögerungen zusätzlich zu zahlenden Lohn, Opportunitätskosten aufgrund der verringerten Verfügbarkeit des Verkehrsmittels und Verspätungskosten sind auch erhöhte Energiekosten zu beachten. Ein LKW-Zug von 40 Tonnen Gesamtgewicht verbraucht bei einer Geschwindigkeit von 50 km/h etwa 24 Liter Dieselkraftstoff auf 100 Kilometer. Bei einem Halt pro Kilometer, z. B. aufgrund eines Staus, steigt der Verbrauch auf 52 Liter je 100 Kilometer, bei zwei Stopps pro Kilometer auf 84 Liter Dieselkraftstoff je 100 Kilometer [Engel 1996, S. 124 ff.].

Ein weiteres Problem sind die hohen gesellschaftlichen Kosten, die durch den Straßengüterverkehr entstehen. Alle einschlägigen Studien geben seine externen Kosten durch Schadstoff- und Lärmemissionen, Unfall- und Unfallfolgekosten, belegte Flächen usw. mit einem Vielfachen der Werte alternativer Verkehrsträger an [Engel 1996, S. 93 ff.], Stackelberg z. B. mit 5,01 Pf/tkm gegenüber 1,15 Pf/tkm für Schienen- und 0,35 Pf/tkm für Binnenschiffgüterverkehr [Stackelberg 1998, S. 95]. Zunehmende Staus und Verkehrsstockungen beeinflussen auch diesen Aspekt. So ergaben Untersuchungen, dass bei einem LKW die Kohlenwasserstoff-Emission im Stauverkehr um den Faktor 18, die Kohlenmonoxid-Emission sogar um den Faktor 38 zunimmt [Engel 1996, S. 124].

3.3.5 Zukünftige Entwicklung

Um den Anteil umweltfreundlicher Verkehrsträger wie des Schienen- oder des Binnenschiffverkehrs zu erhöhen und den Straßengüterverkehr gemäss seiner hohen externen Kosten verursachungsgerechter zu belasten und so seinen Wettbewerbsvorteil zu verringern, kam es zur Schaffung der streckenbezogenen Autobahnbenutzungsgebühr ("LKW-Maut"), die 2005 in Kraft getreten ist. Sie beläuft sich, abhängig von der Emissionskategorie und der Achszahl des Fahrzeugs, auf 10 bis 17 Cent je Kilometer. Regelmäßig wird von Sachverständigen und Interessenverbänden in diesem Zusammenhang darauf hingewiesen, dass die Gebühr "zu keiner nennenswerten Verlagerung von Güterströmen führen [wird]" [Barck 2002a], da sich 2/3 aller Straßentransporte innerhalb von 50 Kilometern und gut neunzig Prozent aller Verkehre innerhalb von 250 Kilometern vollziehen. Entfernungen, auf welchen Bahn und Binnenschiff kaum wirtschaftlich einsetzbar seien [www.bgl-ev.de 2002]. Diese Kritik befürchtet, dass die Benutzungsgebühr die Autobahnen

nicht entlastet, sondern lediglich zu einer Verteuerung von Straßengüterverkehrsleistungen führt.

Sämtliche Prognosen sehen eine weitere Steigerung des Modal Split-Anteils des
Straßengüterverkehrs voraus. "Von 1998 bis 2010 wird sein Ladungsaufkommen 6
Mal stärker als das der Bahn und sogar 16 Mal stärker als jenes des Binnenschiffs
ansteigen. In Deutschland wird sich der Fernfrachtverkehr zwischen 1999 und 2015
um rund 64 Prozent erhöhen" [Seifert 2002]. Die Folge daraus ist eine weitere
Belastung der Straßeninfrastruktur, insbesondere des Autobahnnetzes. Diese wird
dann bereits zu etwa einem Drittel von LKW verursacht sein [Krichler 1997, S. 48].
Da keine umfassenden Neubaumaßnahmen von Fernstraßen geplant bzw. politisch
durchsetzbar sind, ist für die Zukunft infolge von Staus bzw. verlangsamtem Ver-
kehrsfluss von einer im Vergleich zu den alternativen Verkehrsträgern verringerten
Attraktivität des Straßengüterverkehrs hinsichtlich Geschwindigkeit, Reichweite,
Zuverlässigkeit und Wirtschaftlichkeit auszugehen [Fränkle 2001, S. 1 ff.]. Insbesondere für zeitkritische Verkehre wie im KEP- und Postsektor gilt es daher, alternative und wirtschaftlich konkurrenzfähige Lösungen für die Streckenverkehre zu
finden, die bisher auf Autobahnen realisiert werden.

3.4 Schienengüterverkehr

3.4.1 Bedeutung und Stellung

Der ehemals bedeutendste Güterverkehrsträger sieht sich seit Jahren mit rückläufi-
gen Anteilen am gesamten Güterverkehrsaufkommen konfrontiert. Für das Jahr
2000 wird der Modal-Split-Anteil des Schienengüterverkehrs mit nur noch 14%
angegeben [BMVBW 2000a]. Verursacht ist diese Entwicklung durch den Güter-
strukturwandel und die bisher erheblichen Schwierigkeiten der Bahn, sich auf die
veränderten Marktanforderungen einzustellen.

Im Bereich des Schütt- und Massenguttransports ist der Schienengüterverkehr aufgrund seiner hohen Massenleistungsfähigkeit dem Straßengüterverkehr überlegen.
Trotzdem stagniert bzw. sinkt das Aufkommen dieser traditionell bahnaffinen Güter. Im Stückgut- und noch ausgeprägter im Expressgutverkehr hat die Schiene dagegen entscheidende Nachteile gegenüber ihrem Hauptkonkurrenten, der Straße. So
wird die höhere Streckengeschwindigkeit der Bahn erst auf langen Entfernungen
wirksam, auf kurzen Wegen wird dieser Zeitvorteil durch Rangier-, Lade- und
Wartezeiten mehr als aufgezehrt. Der Anteil der reinen Fahrzeit an der Gesamtbe-
förderungsdauer beträgt bei Schienentransporten nur etwa 37%, beim Straßengü-

terverkehr liegt er bei etwa 87% [Adler 2001, S. 12]. Die Flexibilität der Bahn ist durch Fahrpläne mit vorgegebenen Zeitfenstern (Slots) zeitlich, durch die Gebundenheit an das Schienen- und Terminalnetz, welches mit 44.200 Kilometern nur 6,3% der deutschen Verkehrsinfrastruktur ausmacht [Ostkamp 1999, S. 13] räumlich stark eingeschränkt. Die Flächennetzdichte des Schienenverkehrsnetzes wird mit nur 0,11 km/km² angegeben, der Wert für den Straßengüterverkehr liegt bei 1,98 km/km² [Leonhardt-Weber 1990, S. 269ff.]. Ein weiterer Nachteil bei grenzüberschreitendem Verkehr liegt in der Unterschiedlichkeit der europäischen Bahnnetze, z. B. hinsichtlich ihrer Stromversorgung oder ihrer Signal- und Sicherungstechnik.

Abb. 3-19: Entwicklung des Schienengüteraufkommens der Deutschen Bahn

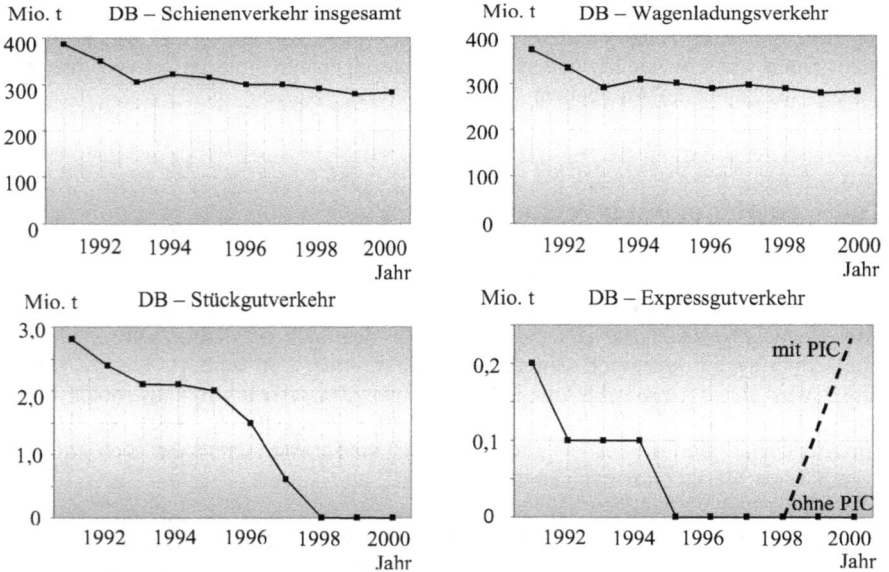

Quelle: Verkehr in Zahlen 2001 / 2002, S. 58

Ausdruck dieser Gegebenheiten sind sinkende Aufkommen im Schienengüterverkehr. Aus Abbildung 3-19 wird die rückläufige Entwicklung des von der Deutschen Bahn realisierten Güterverkehrsaufkommens in der Dekade 1991 bis 2000 ersichtlich. Das Volumen des dominierenden Wagenladungsverkehrs nimmt aus den genannten Gründen stetig ab, Stückgut- und Expressgutverkehr sind auf Volumina nahe Null geschrumpft. Ausnahmen von dieser Entwicklung bilden innovative Angebote wie der Kombinierte Ladungsverkehr (KLV) oder das Parcel InterCity-Konzept, in welchen es gelungen ist, die Vorteile des Güterverkehrsträgers Bahn mit der Flexibilität des Straßengüterverkehrs zu verbinden. Auf die letztgenannten Ansätze wird in den Abschnitten zum Kombinierten Verkehr bzw. zum KEP- und Postverkehr gesondert eingegangen werden.

3.4.2 Schienengüterverkehrsunternehmen

Die Anbieter von Schienengüterverkehrsleistungen lassen sich unterteilen in Eisenbahnverkehrsunternehmen (EVU), Eisenbahninfrastrukturunternehmen (EIU), Wagenvermietgesellschaften, Lokpools und Dienstleister, die hauptsächlich im Bereich der Fahrzeugtechnik und der I & K-Technologie tätig sind. Die Verkehrsleistungen erbringenden EVU sind weiterhin in die privatrechtlich organisierte, 100% bundeseigene DB AG und in kleinere private EVU, die nicht-bundeseigenen Bahnen (NE-Bahnen) unterteilbar. Die Güterverkehrssparte der DB AG, DB Cargo, ist auf der Anbieterseite der dominierende Akteur auf dem deutschen Schienengüterverkehrsmarkt und erbrachte in 2000 ca. 93% der gesamten deutschen Schienengüterverkehrsleistung [Cordes 2002].

Die Infrastruktursparte der DB AG ist verpflichtet, zugelassenen EVU Zugang zur öffentlichen Eisenbahninfrastruktur in Form von Trassen, d.h. Fahrwegkapazität in einem bestimmten Zeitraum auf einer bestimmten Relation, zu gewähren. Die DB Netz AG bietet derzeit die Produkte Güterverkehrs-Express-, Güterverkehrs-Standard- und Güterverkehrs-Zubringer-Trasse sowie Freight-Freeway-Trasse an [www.bahn.de 2002]. Dies eröffnet Privatbahnen Raum für das erfolgreiche Angebot spezialisierter Leistungen.

Die Privatbahn Rail4chem GmbH beispielsweise setzt acht E-Loks national, aber auch nach Belgien und den Niederlanden ein. Befördert werden unter anderem Verkehre des Gesellschafters BASF. Eine Verkehrsleistung von über einer Million tkm wird angestrebt. Ein weiteres Beispiel einer spezialisierten NE-Bahn ist die Boxxpress.de GmbH, die ausschließlich Containerverkehre realisiert. Die Gesamtkapazität von Boxxpress.de lag 2002 bei 720 TEU pro Verkehrstag. In der Swiss Rail Cargo Köln GmbH ist neben privaten Gesellschaftern auch die schweizerische Staatsbahn mit 51% der Anteile engagiert [Cordes 2002]. Diese Beispiele verdeutlichen die aktuelle Dynamik im Schienengüterverkehrsmarkt, der von zunehmendem Wettbewerb geprägt ist.

3.4.3 Technik der Verkehrsmittel und -hilfsmittel

a) Verkehrsmittel

Lokomotiven gibt es in unterschiedlichen Ausführungen und Leistungsstärken. Neben der Unterscheidung nach der Antriebsart in E-Loks, V-Loks (Brennkraftlokomotiven) und die klassischen Dampflokomotiven ist eine Einteilung nach dem Aufgabenbereich des Triebfahrzeugs möglich. Strecken- und Rangierloks unterscheiden sich erheblich in ihrer Fahrgeschwindigkeit, der installierten Motorleistung und ihrer funktionalen Gestaltung. Streckenlokomotiven verfügen über eine hohe Zugkraft und einen guten Wirkungsgrad in mittleren und hohen Geschwindigkeitsbereichen. Ihre Höchstgeschwindigkeit liegt bei ca. 160 km/h. Die auf der vorgesehenen Strecke erforderliche Sicherungstechnik (z. B. Sicherheitsfahrschaltung, Indusi) ist installiert, bei mehrsystemtauglichen Streckenloks so, dass das Fahrzeug auf verschiedenen europäischen Netzen eingesetzt werden kann. Handelt es sich dabei um E-Loks, so können ihre Energieversorgungskomponenten mehrere Stromarten in unterschiedlichen Spannungen aufnehmen und wandeln.

Auch der Güterwagenpark ist immer wieder an die sich ändernden Markterfordernisse angepasst worden. Die klassischen Güterwagenausführungen sind der offene Wagen für wetterunempfindliches Schütt- oder Stückgut, wie z. B. Kohle oder Steine, der Flachwagen mit oder ohne Rungen, der für lange, sperrige Güter, wie bspw. Holz, eingesetzt wird, der gedeckte Wagen mit kastenförmigen Laderaum für den Transport witterungsempfindlicher palettierter oder unpalletierter Güter sowie der Kesselwagen. Seit längerem geht der Trend hin zu stärker differenzierten Nutzerbedürfnissen und komplexen Spezialfahrzeugen. Hier sind zu nennen:

- Selbstentladewagen für Schüttgut

- Kesselwagen mit Anschlussmöglichkeiten an Systeme für die automatisierte Be- und Entladung

- Wagen mit öffnungsfähigem Dach für den Kranumschlag von Stückgut

- Wagen mit verschiebbaren Seitenwänden für die Staplerentladung ohne Raumverlust

- Haubenwagen für die Kranbeladung

- Spezialwagen für Großraum- und Schwerlasttransporte

[Berndt 2001, S. 144ff.].

b) Technische Innovationen und Konzepte

Zur Steigerung der Effizienz des Schienengüterverkehrs sind verschiedene, im Folgenden kurz erläuterte, technische und technologische Konzepte entwickelt worden. Abbildung 3-20 stellt sie zusammengefasst dar. Ihnen ist gemeinsam, dass eine Flexibilisierung des Schienengüterverkehrs durch die Ermöglichung kleinerer bedarfsgerechter Zugeinheiten und die Autonomisierung des Fahrzeugbetriebes angestrebt wird.

Abb. 3-20: Technische Innovationen und Trends auf der Schiene

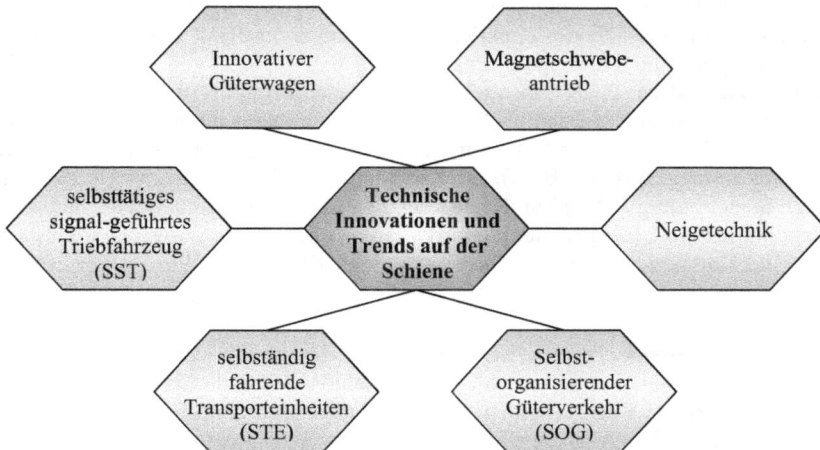

Selbsttätiges signalgeführtes Triebfahrzeug (SST): Dieses innovative Produktionsverfahren setzt unbemannte Triebfahrzeuge ein, um den Betriebsaufwand zu senken. Die Steuerung erfolgt zentral über Signale. Das SST erhält keinen Fahrplan, sondern benutzt ausschließlich Betriebslücken zwischen fahrplanorientierten herkömmlichen Zügen. Nach einer Erprobungsphase ist dieses Konzept für Transporte der Volkswagen AG zwischen Braunschweig und Salzgitter zum kommerziellen Einsatz gekommen [Zirkler 1998, S. 19 f.] Es entstehen allerdings Probleme in rechtlichen Fragen und der politischen Akzeptanz im Zusammenhang mit dem fahrerlosen Betrieb.

Selbstorganisierender Güterverkehr (SOG): Auch beim selbstorganisierten Güterverkehr wird der fahrerlose Transport angestrebt. Eingesetzt werden "intelligente" Fahrzeuge, die ihre Route selbst berechnen und untereinander und mit den Infrastrukturelementen kommunizieren können. Technisch ist dieser Automatikbetrieb problemlos möglich. Komplikationen ergeben sich jedoch aufgrund der Mischnutzung der Gleisnetze durch Güter- und Personenverkehr sowie bei Mischbetrieb mit intelligenter und konventioneller Fahrtechnik. Das in der Entwicklung befindliche European Railway Transport Management System (ERTMS) wird als Schritt in Richtung der Umsetzung von SOG gesehen [Berndt 2001, S. 170 f.].

Innovativer Güterwagen (IGW): Anfang 1994 wurde das Projekt "Innovativer Güterwagen" mit dem Ziel, "intelligente" Fahrzeuge zur späteren Realisierung von SST bzw. SOG zu entwickeln, ins Leben gerufen. Senkung der Transportzeiten, Flexibilisierung der Zugbildung, Laufsicherheitsüberwachung und Kostenreduktion sind die erwarteten Effekte. Funktionsanforderungen an IGW sind u. a. automatisches Kuppeln und Entkuppeln, das Erfassen und Melden von Wagen- und Ladungseigenschaften sowie Abstands-, Stossbeanspruchungs- und Entgleis-Warn-Sensoren. Entwickelt wurden im Rahmen dieses Projektes automatische Zugkupplungen (Z-AK), innovative Puffer und Bremsen (elektronisches Brems-, Ansteuer- und Auswertungssystem EBAS), die Kopplung von Fahrzeugen mittels elektronischer Steuerleitung (ESL) zur Realisierung von Zugbussen, modulare und damit wirtschaftlichere Untergestelle, Identifikations- (ATIS) und Überwachungssysteme. Einzelne Komponenten werden bereits eingesetzt [Jahnke 1996; Berndt 2001, S. 166 ff.].

Selbständig fahrende Transporteinheiten (STE): Nach dem Modulzugprinzip werden kleine, selbständig von Anschluss zu Anschluss fahrende Einheiten für längere Strecken zu einem Zug zusammengekoppelt und fahren dann im Verbund mit zusammengeschalteten Aggregaten. Dieses Konzept kombiniert die Flexibilität kleiner Transporteinheiten mit der hohen Geschwindigkeit eines Streckenzuges. Umgesetzt wurde diese Lösung mit dem CargoSprinter. Die Einheiten mit einer jeweiligen Kapazität von fünf LKW-Ladungen bei 90 m Länge lassen sich in kürzester Zeit zu einem Verbundzug aus maximal sieben Einheiten zusammenschließen [o. V. 1997a].

3.4.4 Probleme und zukünftige Entwicklung

Wie eingangs erläutert, sehen sich die europäischen Eisenbahnen mit Marktkräften konfrontiert, die sie zu verändertem Verhalten und neuen Lösungen zwingen. Die Deregulierung der vormals monopolistischen nationalen Schienengüterverkehrsmärkte und die damit einhergehende verstärkte Konkurrenz, veränderte Kundenanforderungen und Güterstruktureffekte sowie die anhaltend starke Preiskonkurrenz mit dem Straßengüterverkehr sind Anforderungen, denen die Bahn genügen können muss. In den letzten Jahren und Jahrzehnten zeigte sich der Güterverkehrsträger Schiene diesen Anforderungen nicht gewachsen und verlor massiv Marktanteile.

Die beschriebenen Marktkräfte bewirken Veränderungen in der Struktur der europäischen Eisenbahnindustrie. Dabei lassen sich drei wesentliche Trends beobachten [Tschudi 2000, S. 144 ff.]. Zum einen wird sich das geographische Einzugsgebiet der bisher auf einzelne Länder orientierten Unternehmen ausweiten. Dies muss einhergehen mit dem Abbau der Hemmnisse im grenzüberschreitenden Verkehr und der Etablierung durchgängiger internationaler Betriebsstandards. Ein Beispiel dafür ist die Internationalisierungsstrategie der DB Cargo, welche zu diesem Zweck ein System abgestufter Formen der Zusammenarbeit mit ausländischen Bahnen geschaffen hat [Schulz 2000]. Ein weiterer Trend ist die vertikale Desintegration der Verkehrswertketten, so dass nicht wie bisher die komplette Verkehrsleistung durch ein Grossunternehmen realisiert wird, sondern einzelne Funktionen, wie z. B. das Rangieren oder die Fahrzeugbereitstellung, von spezialisierten Unternehmen bereitgestellt und analog zum Straßenverkehr von einem koordinierenden Spediteur aus einer Hand angeboten werden. Ferner ist die Konzentration des Schienengüterverkehrsmarktes hinsichtlich der Anzahl der Akteure als Trend festzustellen. Eingeleitet wird die Marktkonzentration, wie auch auf dem Straßengüterverkehrsmarkt zu beobachten, durch verstärkte Kooperationsbemühungen. Die DB Cargo z. B. arbeitet mit der schwedischen Bahn SJ Gods und der österreichischen Rail Cargo Austria im Rahmen von Produktmanagementpartnerschaften zusammen, mit der niederländischen NS Cargo wurde sogar zur Railion-Finanzholding fusioniert [Schulz 2000].

3.5 Schiffsgüterverkehr

3.5.1 Bedeutung und Stellung

Das Güterverkehrsaufkommen der Binnenschifffahrt ist in den letzten Jahren weitgehend konstant geblieben und wird mit einem Anteil von 6% am deutschen Gesamtgüteraufkommen angegeben, während ihre Verkehrsleistung mit 14,4% beziffert wird [Ostkamp 1999, S. 12]. Die Relation zwischen Aufkommen und Leistung des Binnenschiffgüterverkehrs weist auf einen der größten Vorteile dieses Verkehrsträgers hin. Mit einer durchschnittlichen Kapazität von 777 Tonnen/Schiff bietet die Binnenschifffahrt für den landesinneren Transport die mit Abstand höchste Massenleistungsfähigkeit [Maaser 2002, S. 72]. Zudem weist sie den transportmengenbezogen geringsten Energieverbrauch auf und ist mit geringen Emissionswerten der umweltverträglichste Verkehrsträger. Nachteile des Güterverkehrsträgers Binnenschiff sind vor allem seine geringe Netzbildungsfähigkeit auf Wasserstraßen, die mit 7.300 Kilometern Gesamtlänge nur 1,1% der Verkehrsinfrastruktur Deutschlands entsprechen [Ostkamp 1999, S. 13] und zudem saisonalen Bedingungen wie Wasserstand und Eisbildung unterliegen, sowie die geringe Transportgeschwindigkeit. Die durchschnittliche Beförderungsgeschwindigkeit der Binnenschifffahrt liegt mit 10 km/h deutlich unter der von Straßen- (60 km/h) und Eisenbahngüterfernverkehr (65 km/h) [Leonhardt-Weber 1990, S. 447 ff.]. Das begrenzte Wasserstraßennetz macht zudem in der Regel landseitige Vor- und Nachläufe erforderlich, was die Beförderungszeiten weiter erhöht. Aufgrund dieser Eigenschaften ist der Binnenschiffsgüterverkehr "prädestiniert für die Beförderung von transportkostenempfindlichen Massengütern, die keine hohen logistischen Ansprüche stellen. [...]. Die Eignung von Binnenschiffen für Nicht-Massenguttransporte muss derzeit als gering erachtet werden" [Trost 1999, S. 95].

3.5.2 Unternehmen des Binnenschiffsgüterverkehrs

Die Verkehrsbetriebe der Binnenschifffahrt werden in Reedereien und Partikuliere unterteilt. Reedereien sind Grossunternehmen, welche die Vermarktung der Binnenschiffsverkehre sowie die Organisation der gesamten Transportkette übernehmen und ihre Ladung über Landkontore akquirieren. Partikuliere, also Klein-, Privat- oder Einzelschiffer mit maximal drei Fahrzeugen, arbeiten als vertraglich gebundene Frachtführer für Reedereien oder industrielle Verlader. In Deutschland waren 1995 ca. 1050 Partikuliere tätig [Buchholz 1998, S. 150].

3.5.3 Technik der Verkehrsmittel und -hilfsmittel

Unterschiedliche Binnenschiffstypen sind Frachtschiffe, Schuten und Leichter, Schubboote bzw. Schub-Schleppboote, Schlepper sowie Spezialschiffe, z. B. für den Roll-on-Roll-off-Verkehr (Ro-Ro-Verkehr). Letztere transportieren Fahrzeuge, die selbstrollend verladen werden und so Umschlagzeiten und -aufwand erheblich verkürzen.

Neben den klassischen Be- und Entladeeinrichtungen für Schüttgut gewinnt der Behälterumschlag in der Binnenschifffahrt stetig an Bedeutung. Container werden mittels mobilen und ortsfesten Kranen umgeschlagen. Ausführungen sind der Portaldrehkran mit Einlenkerwipp-, mit Doppellenkerwipp- bzw. mit Einlenkereinziehsystem, der Balancekran sowie Containerportal- bzw. -vollportalkrane. Zusätzlich werden im Bedarfsfall mobile Umschlaggeräte wie Stapler oder Schlepper eingesetzt.

Ein neuartiges Konzept zur stärkeren Stückgutausrichtung der Binnenschifffahrt ist das "River Shuttle" der Gemako GmbH, welches speziell für das Handling von Paletten entworfen wird. Ausgerüstet ist es mit vollautomatischer Förder- und Lagertechnik, die Umschlagleistungen von bis zu 300 Paletten je Stunde ermöglichen sollen. Innerhalb des Schiffes übernehmen selbständige Satellitenfahrzeuge Transport und Verteilung der Paletten, was auch logistische Zusatzleistungen wie Kommissionierung und Etikettierung während der Fahrt ermöglichen soll [o. V. 2001a].

3.5.4 Anforderungen an die zukünftige Entwicklung und Trends

Ebenso wie die Bahn sieht die Binnenschifffahrt im Stückgutverkehr das wichtigste Betätigungsfeld zur Gewinnung neuer Märkte. Der Stückgutanteil, der 1990 erst 27,4% der Gesamtbeförderungen betrug, wird sich nach Expertenmeinung im Jahr 2010 auf 38,5% belaufen [o. V. 1997b]. Trends wie der zunehmende Anteil von Containern am Binnenschiffsgüteraufkommen und die wachsende Bedeutung von Ro-Ro-Verkehren stellen neue Anforderungen an Häfen und Verkehrsunternehmen. So werden sich die Häfen in Zukunft mehr noch als bisher als Logistikzentren, an denen logistische Komplettleistungen realisiert werden können, und nicht als reine Umschlagpunkte verstehen. Investitionen in Infrastruktur, welche kürzere Schiffsliegezeiten ermöglicht und eine höhere Gütervielfalt bewältigen kann, in leistungsfähige und flexible Stückgutumschlagtechnik und in eine umfassende Informationslogistik treiben diese Entwicklung voran. Es wird von einer Bedeutungszunahme der Landflächen im Vergleich zu den Wasserflächen ausgegangen, unter anderem dadurch, dass die in den Binnenhäfen noch verfügbaren Flächen bevorzugt Logistikdienstleistern zur Verfügung gestellt werden [Buchholz 1998, S. 146 ff.; o. V. 1997b].

3.6 Luftfrachtverkehr

3.6.1 Bedeutung und Stellung

Der Güterverkehr per Flugzeug ist in den letzten Jahren und Jahrzehnten infolge der bereits erläuterten Strukturänderungen und Trends in Wirtschaft und Verkehrswirtschaft immer wichtiger geworden und gewinnt weiter an Bedeutung. Zwar liegt die Luftfrachttransportleistung in 2001 mit "nur" 29.538 Millionen tkm weltweit und 826 Millionen tkm in Europa [Sichelschmidt 2002] weit unter der Güterverkehrsleistung anderer Verkehrsträger, jedoch ist die Luftfracht der einzige Verkehrsträger, der dem Straßengüterverkehr vergleichbare Zuwachsraten aufweist. Das weltweite Luftfrachtaufkommen wird sich von zirka 13 Millionen Tonnen in 2000 auf über 25 Millionen Tonnen in 2006 nahezu verdoppeln. Dabei wird das Aufkommen an Standardfracht um 3% zunehmen, Expressfracht um 18% und Spezialtransporte um 14% [Maaser 2002, S. 59]. Diese Wachstumsrelationen spiegeln die Affinität des Verkehrsträgers Flugzeug zu wertvollen, eilbedürftigen und logistisch anspruchsvollen Gütern wieder.

Die Vorteile des Luftverkehrs sind seine konkurrenzlose Schnelligkeit mit durchschnittlich 310 km/h auf Kurz- und Mittelstrecken [Leonhardt-Weber 1990, S. 447 f.], seine hohe Pünktlichkeit und die geringste Unfallhäufigkeit aller Verkehrsträger. Demgegenüber stehen die geringe Netzbildungsfähigkeit des Luftverkehrs, der auf zentrale Knoten fixiert ist, und seine geringe Umweltverträglichkeit. Die externen Kosten werden, hauptsächlich aufgrund der klimabeeinflussenden Wirkung, auf das etwa Zweieinhalbfache des nachfolgenden Straßengüterverkehrs und ein Vielfaches der anderen Verkehrsträger geschätzt. Bedingt durch die hohen Betriebskosten und die vergleichsweise geringe Kapazität der Transportmittel sind die Preise für Luftfrachtleistungen relativ hoch, für innereuropäische Kurz- und Mittelstrecken etwa das dreifache vergleichbarer Straßen- oder Schienengüterverkehrsleistungen [Maaser 2002, S. 70].

Aufgrund des skizzierten Profils ist der Güterverkehrsträger Flugzeug besonders im KEP- und Post- sowie im Spezialfrachtverkehr von hoher Bedeutung. Die Abbildung 3-21 gibt die Entwicklung des deutschen Luftfracht- und Luftpostaufkommens während der letzten drei Dekaden wieder.

Abb. 3-21: *Entwicklung des Luftfracht- / Luftpostaufkommens in Deutschland*
1970 - 2000

Aufkommen in 1000 t

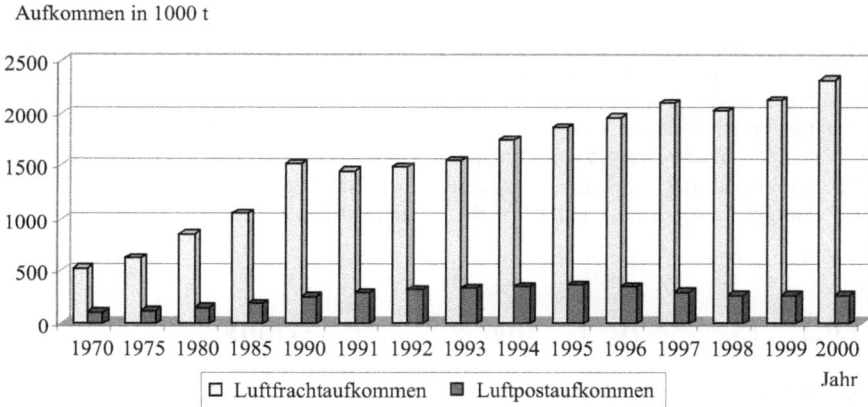

Quelle: Verkehr in Zahlen 2001 / 2002, S. 98 / 99

3.6.2 Luftfrachtunternehmen

Als Carrier werden Frachtführer im Hauptlauf bezeichnet, welche den Gütertransport auf Linien zwischen bestimmten Flughäfen anbieten. Dies ist das klassische Verständnis der großen Luftfrachtunternehmen. Die Leistung der Carrier wird von Speditionen oder IATA-Agenturen genutzt, die auf dieser Basis Verkehre einschließlich des vor- und nachgelagerten Transportes und Zusatzleistungen, wie z. B. Verzollung, organisieren. Aufgrund des langen Festhaltens der Luftfrachtverkehrsgesellschaften an dieser Arbeitsteilung, in welcher sie lediglich Airport-to-Airport-Transporte ohne Zusatzleistungen erbringen, haben sie in den letzten Jahrzehnten große Marktanteile an eine neue Gruppe von Marktakteuren verloren, die Integrators. Diese hatten mit Door-to-Door-Verkehren mit Direktabsatz beim Endkunden ein neues Marktangebot etabliert und damit im Jahr 1993 bereits einen Anteil von 50% an den Umsätzen im weltweiten Luftfrachtmarkt erobert. Aktuell sind die Carrier bemüht, ein vergleichbares Angebot mit direkter Bindung an die Endkunden zu realisieren. Bisher sind die Erfolge bescheiden, doch der vertikale Wettbewerb zwischen Carriern und Agenten bzw. Speditionen verschärft sich. Gleichzeitig mit den Bemühungen der klassischen Carrierunternehmen, ein Integratorähnliches Leistungsangebot zu schaffen, dringen umgekehrt die Integrators mit der Ausweitung oder sogar vollständigen Aufhebung von Gewichtsobergrenzen auf Airport-to-Airport-Relationen (Bsp.: FedEx) in den angestammten Markt der Carrier ein [Gutthal 1999, S. 28 f.; Graf 1999, S. 9f.].

Die Flughäfen, welche als vierte Anbietergruppe auf dem Markt vertreten sind, wandeln sich von Start- bzw. Landestellen und Flugzeugbe- bzw. -entladepunkten zu integrierenden Logistikzentren, an denen Sammel-, Verteil-, Sortier-, Lager- und Organisationsleistungen erbracht werden. Jedoch spüren auch sie den sich verschärfenden Wettbewerb zwischen den Lufttransportanbietern, die im Zuge von Kooperationsstrategien vermehrt strategische Allianzen eingehen und sich dabei auf weniger bzw. auf neue Hubs konzentrieren [Beder 1997, S. 54 f.].

3.6.3 Eingesetzte Technologien und Technik

a) Varianten des Luftfrachtverkehrs

Es sind zwei grundsätzliche Möglichkeiten der Luftfrachtbeförderung zu unterscheiden. Beiladefracht wird in Passagierflugzeugen zusätzlich zum Gepäck der Fahrgäste befördert. Dies ermöglicht eine hohe Frachtraumauslastung, jedoch mit dem Nachteil, dass der für die Güterbeförderung zur Verfügung stehende Frachtraum nicht exakt planbar ist. Etwa 60% des weltweiten Luftfrachtaufkommens wird als Beiladefracht befördert [Buchholz 1998, S. 141 f.]. Ein Problem ist jedoch, dass das Passagieraufkommen in der Regel zeitlich verschieden vom Frachtaufkommen, welches hauptsächlich nachts zwischen den vor- und nachgelagerten Landverkehren anfällt, liegt. Eine weitere Möglichkeit der Luftgütertransports ist die Verwendung reiner Frachtmaschinen. Auf diese Weise werden die verbleibenden 40% des Luftfrachtaufkommens befördert, was etwa 4% aller Flugzeugbewegungen entspricht [Buchholz 1998, S. 141 f.]. Probleme, die sich dabei ergeben können, resultieren aus den häufigen Nachtflugverboten zum Schutz der Bevölkerung vor Schallemissionen [www.biek.de 2002a]. Eine seltene Mischform stellen Mixed-Use-Maschinen dar, die Passagiere befördern, aber anders als Passagiermaschinen auch im Oberdeck über umfangreiche Frachtraumkapazitäten verfügen. Auch das Quick-Change-Konzept ist eine Verbindung beider Beförderungsvarianten, indem tagsüber als Passagiermaschinen genutzte Flugzeuge durch einfachen und schnellen Sitzausbau nachts als Frachter dienen. Eine Sonderstellung kommt dem Luftfrachtersatzverkehr zu, der zwar über Luftfrachtbrief durch Luftfrachtanbieter abgewickelt wird, jedoch unter Nutzung anderer Verkehrsträger, vornehmlich der Straße, realisiert wird.

b) Ladehilfsmittel und Umschlag

In der Luftfracht hat sich der Behälterverkehr weitgehend gegenüber dem Stückgutverkehr durchgesetzt. Gründe dafür sind der schnellere Umschlag und die resultierenden kürzeren Bodenzeiten der Transportmittel. Die Sendungsbeförderung erfolgt hauptsächlich auf mit Sicherheitsnetz versehenen Luftfrachtpaletten oder in speziellen genormten Luftfrachtcontainern, sogenannten Unit Load Devices (ULD). Diese sind in der Regel aus leichtem Aluminium gefertigt und durch ihre spezielle Bauform mit trapezförmigem Querschnitt an verschiedene Frachtraumkonturen angepasst. Es existieren auch Spezialausführungen, wie z. B. Thermobehälter.

Die Container werden am Boden auf Dolleys, Anhänger mit Rollenboden, beladen und per Schleppzug zum Flugzeug transportiert. Eine Hebevorrichtung unterfährt die ULD und befördert sie in die Flugzeugladeluke, wo sie auf einem Kugelboden exakt positioniert wird, um sie anschließend auf zwei Rollbahnen in den Frachtraum zu verschieben und dort zu sichern. Die Entladung erfolgt in der Regel unter Nutzung der Schwerkraft über Rampen.

Die Bildung und Auflösung der möglichst destinationsreinen ULD im Flughafen ist zeit-, personal- und flächenintensiv und verlangt umfangreiche Lager- und Fördertechnik. Die Folge ist, dass sich Luftfracht in 90% der Transportzeit auf dem Boden befindet und nur in 10% in der Luft [Buchholz 1998, S. 140 ff.; Fränkle 2001, S. 7 ff.]. In der Frachtabwicklung am Boden sind folglich die größten Verbesserungspotenziale zu sehen.

3.6.4   Zukünftige Entwicklung

Das Bemühen der Luftfrachtverkehrsgesellschaften, ihr Angebot von der Kapazitäts- zur Logistikleistung zu erweitern, führt zur Schaffung integrierter Systeme, in denen zeitdefinierte Produkte erstellt und zusätzliche logistische Leistungen angeboten werden können. Dazu finden verstärkt kooperative Strategien Anwendung. Horizontale Allianzen, wie z. B. die Partnerschaft zwischen Lufthansa Cargo, Singapore Airlines Cargo und SAS Cargo, haben zum Ziel, einen weltweiten Service innerhalb des eigenen Netzwerkes anbieten zu können. Die genannte Allianz, die seit März 2002 unter der Bezeichnung WOW firmiert, wird sich dazu um weitere strategische Partner im asiatischen und im Nordatlantikraum erweitern [Zapp

2002]. Schlagkraft entwickeln derartige horizontale Allianzen durch die Verbindung ihrer Verkehrsnetze, Co-Sharing der Frachtmaschinen, Harmonisierung der Produkte und Leistungen, gemeinsame IT-Plattformen, Koordination der Bodenaktivitäten und gemeinsamen Einkauf, Vertrieb und Abfertigung [Baumgarten 2001a]. Eine weitere Entwicklung ist die verstärkte Schaffung vertikaler Allianzen unter Einbezug von Luftfrachtdienstleistern. Ein Beispiel hierfür ist die Zusammenarbeit zwischen Lufthansa Cargo, Kühne und Nagel, Schenker, Danzas, Panalpina, MSAS und Bax Global. Ein einheitliches Branding, abgestimmte Kapazitätsplanung, gemeinsame Produkte und Standards und die Optimierung der gesamten Transportkette sind die Grundlage erfolgreicher vertikaler Allianzen [Baumgarten 2001a]. Angestrebt wird von großen Luftfrachtunternehmen oder einzelnen Abteilungen, wie z. B. die Lufthansa Technik Logistik, die Position eines 4PL-Providers, der im Extremfall sogar carrierunabhängig agiert [Speel 2001, Zapp 2002].

Technische und technologische Verbesserungen bei der Bodenabfertigung müssen die Optimierung und weitere Automatisierung des Materialflusses im Flughafen einschließen. So sind automatische Frachterkennungssysteme, z. B. per Barcode, noch längst nicht die Regel. Automatische Umschlag-, Handhabe- und Lagertechnik wird bisher nur in großen Flughäfen eingesetzt. In diesem Bereich hat unlängst das BA World Air Cargo Center mit frei beweglichen, in der Decke installierten Manipulatoren für den Frachtumschlag eine neue Lösung eingeführt [Lukaschewski 2002]. Weitere Konzepte zu Rationalisierung der Frachtabfertigung am Boden werden ihren Weg in die Praxis finden.

Im Bereich der Verkehrsmittel ist der Einsatz neuer Flugzeugtypen zu nennen, welche die hohen Schadstoff- und Lärmemissionen senken. Ein Beispiel ist die extrem geräuscharme British Aerospace 146 (Quiet Trander), die auch als "Flüsterjet" bezeichnet wird [o. V. 2002a]. Die Bemühungen, bisher straßengebundene Luftfrachtersatzverkehre auf die Schiene zu bringen, stellen eine weitere Entwicklung im Sinne der Entlastung der Umwelt dar [www.verkehrsforum.de 2002b; Fränkle 2001, S. 13 ff.].

3.7 Kombinierter Verkehr

3.7.1 Definition

In der Fachliteratur findet sich eine Vielzahl von Vorschlägen zur Definition des Kombinierten Verkehrs (KV). Eine sinnvolle Eingrenzung liefert Bukold, welcher als bestimmendes Merkmal des KV die Nutzung von mindestens zwei unterschiedlichen Verkehrsträgern zur Beförderung von in einem Transportgefäß (Container, Wechselbehälter, Trailer, kompletter Lastzug) zusammengefassten Gütern nennt, wobei es während des gesamten Transports zu keinem Transportgefäßwechsel kommt [Bukold 1996, S. 22]. Die zum Einsatz kommenden Verkehrsträger und ihre Zuordnung zu Vor- bzw. Nachlauf sowie Hauptlauf werden in der Definition der Europäischen Verkehrsministerkonferenz CEMT benannt: "the road for initial and terminal hauls only; rail and/or inland waterways and/or short sea for the major part of the journey" [ECMT 1998, S. 7]. Der Vor- oder Nachlauf auf der Straße soll dabei so kurz wie möglich sein. Ein weiteres Charakteristikum ist die *Ersetzung* des Straßengüterverkehrs im Hauptlauf durch einen anderen Verkehrsträger. Damit sind z. B. transatlantische Containertransporte per Seeschiff nicht als KV zu betrachten, da eine Beförderung per Straße unmöglich ist.

Eine Abgrenzung zu den Begriffen des Intermodalen Transports und des Multimodalen Transports ist insofern gegeben, dass ersterer zwar ebenfalls keinen Gutumschlag zulässt, jedoch nicht die Forderung nach einem anderen Verkehrsträger als der Straße im Hauptlauf erhebt, während letzterer jeglichen Gütertransport mit mehr als einem Verkehrsträger bezeichnet [BMVBW 2001a, S. 5 f.]. Damit ist der Kombinierte Verkehr als Untermenge des Intermodalen Transports und dieser wiederum als Untermenge des Multimodalen Transports zu betrachten. Synonym zum Begriff des Kombinierten Verkehrs wird auch vom Kombinierten Ladungsverkehr (KLV) gesprochen.

Unterschieden werden der begleitete KV, bei dem das Straßenmotorfahrzeug beim Verkehrsträgerwechsel an die Ladung gebunden bleibt, wie es bei der sogenannten Rollenden Landstraße der Fall ist, und der unbegleitete KV, welcher den Transport nur der Ladungseinheit auf Schiene oder Wasserstraße bezeichnet und sich in Containerverkehr und Huckepackverkehr weiter unterteilen lässt.

3.7.2 Bedeutung und Stellung

Der Kombinierte Verkehr wies in Deutschland im Jahr 1999 einen Anteil von 14,3% an der Eisenbahn-Beförderungsmenge und von 4,5% an der Beförderungsmenge der Binnenschifffahrt auf [BMVBW 2001a, S. 9]. Der Anteil am Seeschifffahrtsaufkommen lässt sich zur Zeit nicht statistisch erheben, dürfte aber noch geringer sein. Damit ist der KV im Hinblick auf das gesamte Güterverkehrsaufkommen von untergeordneter Bedeutung. Dennoch kommt ihm eine besondere verkehrspolitische Stellung zu, die in seinen systembedingten Vorteilen begründet ist. So ist der Energieeinsatz beim Kombinierten Verkehr ebenso wie die Umweltbelastung durch Schadstoffemission deutlich niedriger als beim durchgehenden Straßenverkehr. Die Straßen werden von LKW-Fahrten entlastet und so dass Risiko des "Verkehrsinfarktes" gesenkt. Dieser Effekt beläuft sich auf mehr als zwei Millionen auf die Schiene verlagerte LKW-Fahrten und weitere 700.000 auf Binnenwasserstraßen verlagerte LKW-Fahrten jährlich [BMVBW 2001a, S. 9].

Da diese Wirkungen des Kombinierten Verkehrs die verkehrs- und umweltpolitischen Ziele unterstützen, wird er in erheblichem Masse sowohl auf europäischer als auch auf nationaler Ebene gefördert. Maßnahmen der Ordnungspolitik wie die Ausnahme des KV vom Sonn- und Feiertagsfahrverbot, der Steuerpolitik wie die Befreiung ausschließlich im Vor- und Nachlauf eingesetzter Straßenfahrzeuge von der Kraftfahrzeugsteuer sowie finanzielle Beihilfen der öffentlichen Hand, z. B. bei der Errichtung von KV-Terminals in Güterverkehrszentren, haben zum Ziel, das Kostengefüge zu Gunsten des Kombinierten Verkehrs zu verschieben. Hauptkonkurrent ist der durchgehende Straßentransport, der logistisch weniger anspruchsvoll und durch weniger Umschlagvorgänge belastet ist.

3.7.3 Anbieter von KV-Leistungen

Speditionen, Reedereien oder sogenannte Multimodal Transport Operator treten als Mittler zwischen Verladern und den KV-Vertriebsgesellschaften auf. Vertrieben werden Leistungen des Kombinierten Verkehrs unter anderem durch die in der UIRR (Union Internationale des sociétés de transport combiné Rail-Route) zusammengefassten europäischen Unternehmen. Größtes UIRR-Mitglied ist die deutsche Kombiverkehr Deutsche Gesellschaft für kombinierten Güterverkehr mbH & Co. KG, dem als Kommanditisten 260 Speditions- und Transportunternehmen angehören. Weitere Anbieter sind Container-Transportgesellschaften wie die einhundertprozentige Bahntochter Transfracht International Gesellschaft für kombinierten Verkehr mbH sowie als eine gemeinsame Gesellschaft europäischer Eisenbahnen die Intercontainer-Interfrigo. Dazu kommen kleinere spezialisierte Vertriebsgesellschaften, wie z. B. die Bayerische Trailerzuggesellschaft mbH oder das Unternehmen Bahn Tank Transport. Realisiert wird der Hauptlauf beim Kombinierten Verkehr Straße-Schiene noch fast ausnahmslos durch die DB Cargo. Weitere Marktakteure sind die Betreiber von Terminals, wie z. B. der Geschäftsbereich Umschlagbahnhöfe der Deutschen Bahn AG oder Hafen-Betreibergesellschaften, sowie KV-Tragwagen- bzw. KV-Transportmittel-Operateure, wie z. B. die Kombiwaggon GmbH [Polzin 1999].

Als neue Ansätze im Bereich des KV sind der Anfang 2002 gestartete Rhein-Ruhr-Shuttle [o. V. 1995] sowie das HessenCargo-Konzept [Bosserhoff 1995, S. 535 f.] zu betrachten, die beide auf der Idee eines KV-Regionalringzuges basieren.

3.7.4   Technik des Kombinierten Verkehrs

Nachdem die beim Kombinierten Verkehr zusammenwirkenden Verkehrsträger mit ihren technischen Gestaltungsvarianten in den vorangegangenen Abschnitten bereits beschrieben wurden, sollen im Folgenden verschiedene technische Ausführungsformen des Verkehrsträgerwechsels sowie der Ladeeinheiten dargestellt werden. Dabei beschränken sich die Ausführungen auf den KV Straße-Schiene. Ein wichtiges Entscheidungskriterium bei der Auswahl der Technik ist die Form des KV-Produktionssystems. Unterteilt werden der Direkt- bzw. Shuttlezug, der Linienzug, das Train-Coupling & -Sharing-System, das Drehscheibensystem sowie regionale Zubringer- und Verteilerzüge [Fabel 1998; Gaizik 1995].

a) Ladeeinheiten

Die Ladeeinheiten des begleiteten KV sind komplette Lastzüge bzw. LKW, die auf Niederflurwagen der Bahn befördert werden. Dem wenig aufwendigen Umschlag steht ein ungünstiger Energienutzungsgrad aufgrund der Bewegung viel unproduktiver Masse (Sattelzugmaschine, LKW-Motor und -Kabine) entgegen. Eine Ausführung des unbegleiteten KV ist der Containerverkehr. International genormt ist der stapelbare ISO-Container mit einer Außenbreite von 2438 mm, einer Außenlänge von 6058 mm bzw. 12192 mm und einer Höhe von 2438 mm, 2591 mm oder 2896 mm [Koch 1997, S. 83 f.]. Neben der Grundausführung als Kasten gibt es z. B. Tankcontainer, Kühlcontainer oder Container für Gefahrguttransporte. Probleme mit dem ISO-Container ergeben sich im europäischen Binnenverkehr aufgrund der ungünstigen Raumnutzung in Verbindung mit Euro-Paletten und den gesetzlich vorgeschriebenen Fahrzeughöchstabmessungen. Daher dominiert hier der sogenannte Binnencontainer mit einer standardisierten Innenbreite von 2440 mm und einer Länge von meist 7150 mm. Binnencontainer sind im Unterschied zu ISO-Containern nur für den Transport per Straße oder Schiene vorgesehen. Sie verfügen über klappbare Stützbeine, ISO-Umschlagbeschläge und Greifkanten und sind allseitig zu öffnen und zu beladen. Als Reaktion auf den Trend zu kleineren Ladungsgrößen ist die Entwicklung kleinerer Container in letzter Zeit zu betrachten. Ein Beispiel ist die Logistikbox der Deutschen Bahn. Leichter und billiger als Container und auch im reinen Straßenverkehr höchst wirtschaftlich einsetzbar sind Wechselbehälter. Dabei handelt es sich um genormte, vom Straßenfahrzeug getrennte Ladeeinheiten, die oft mittels hydraulisch bzw. pneumatisch ausfahrbarer, klappbarer Stützen ohne weitere Unterstützung durch den LKW allein abgestellt oder aufgenommen werden können. Container und Wechselbrücken sind an der Unterseite mit Sicherungsbeschlägen versehen, die ihre Verankerung auf den Tragwagen der Bahn gewährleisten. Auch Sattelanhänger werden als Ladeeinheit des unbegleiteten KV auf Tragwagen aufgefahren bzw. aufgesetzt. Eine weitere Möglichkeit ist ihre Nutzung als bimodales Transportmittel. Dabei liegen verstärkte Sattelanhänger nur an den Enden auf Drehgestellen mit Schienenrädern auf, wodurch sich neben der zu bewegenden Masse auch die Zughöhe verringert, was z. B. die Nutzung von Alpentunneln ermöglicht.

b) Umschlag

Im Gegensatz zu verkehrsträgerreinen Verkehren sind im Kombinierten Verkehr grundsätzlich mindestens zwei Umschlagvorgänge zu bewältigen. Dies stellt einen systembedingten Wettbewerbsnachteil dar, der insbesondere bei der Beförderung zeitkritischer Güter, z. B. KEP- und Postgüter, zur höchst effizienten Beherrschung dieses entscheidenden Elements der KV-Transportkette zwingt. Die in Abbildung 3-22 schematisierten Zeitfenster für die verschiedenen Transport- und Umschlagvorgänge unterstreichen die Forderung nach Effizienz. Folgerichtig entwickelten sich auf dem Gebiet des KV-Umschlags vielfältige technische Innovationen.

Der KV-Umschlag erfolgt bei LKW und Lastzügen horizontal, bei Containern, Wechselbehältern und zunehmend auch bei Sattelanhängern vertikal. Die horizontale Verladung erfolgt durch Auffahren der Ladeeinheiten über eine Kopframpe auf Niederflurwagen der Bahn. Neben dem Auffahren in Längsrichtung existieren auch Konzepte, die ein seitliches Auffahren mittels drehbarer Waggonaufbauten oder Luftkissenförderer ermöglichen. Vertikaler Umschlag wird durch Schienenportalkräne und mobile flurfahrbare Kräne realisiert.

Abb. 3-22: Typische KV-Transportketten und -Zeitfenster für zeitkritische Güter

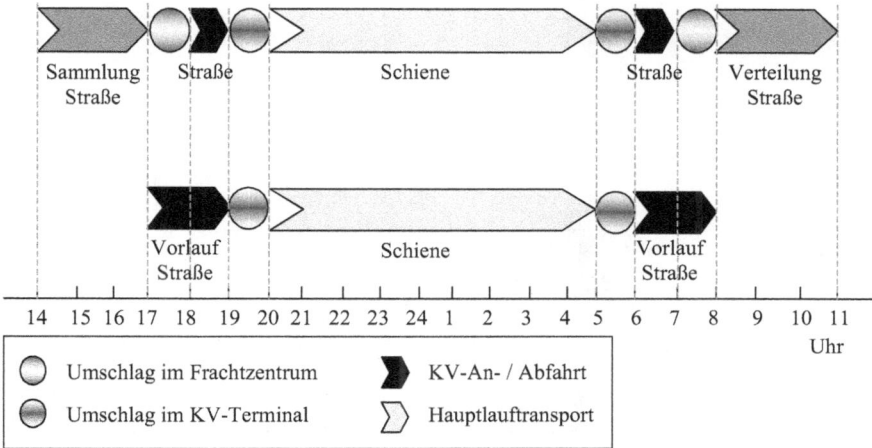

| Sammlung Straße | Straße | Schiene | Straße | Verteilung Straße |

| Vorlauf Straße | Schiene | Vorlauf Straße |

14 15 16 17 18 19 20 21 22 23 24 1 2 3 4 5 6 7 8 9 10 11
Uhr

○ Umschlag im Frachtzentrum   ▶ KV-An- / Abfahrt

◉ Umschlag im KV-Terminal   ▷ Hauptlauftransport

Innovative Vertikalumschlageinrichtungen sind z. B. die Schnellumschlaganlage der Krupp Fördertechnik GmbH, welche die Be- und Entladung eines in Schrittgeschwindigkeit fahrenden Zuges erlaubt, die Schnellumschlaganlage Transmann der DEMAG Cranes and Components GmbH, schematisch dargestellt in Abbildung 3-23, die einen Containerumschlag unter dem Fahrtdraht des Zuges ermöglicht, die Schnellumschlaganlage der Noell GmbH, in welcher die zu be- oder entladenden Züge direkt in ein Hochregallager fahren, wo der Umschlag durch Regalbediengeräte vorgenommen wird, die Schnellumschlaganlage Concar, die als Hängebahn konzipiert ist und so auch die Förderung, das Sammeln und Verteilen der Ladeeinheiten im Terminal übernehmen kann, sowie das System Commutor der SNCF. Innovationen für den Horizontalumschlag sind z. B. das System WAS-Wechselbehälter auf Schienen, welches das Unterfahren und Aufnehmen von auf Stützbeinen in einer Reihe aufgestellten Wechselbehältern durch einen Tragwagenzug ermöglicht oder das System Modalor,

Abb. 3-23: Technologie des Transmann

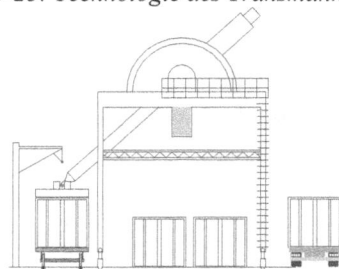

welches einen Zug von als bimodale Transportmittel verwendeten Sattelanhängern trennt und durch Ausschwenken und Absenken der Sattelanhänger das Unterfahren mit Zugmaschinen ermöglicht [Eickemeier 1997, S. 244 ff.].

Abb. 3-24: Transport- und Umschlagtechnik im Kombinierten Verkehr

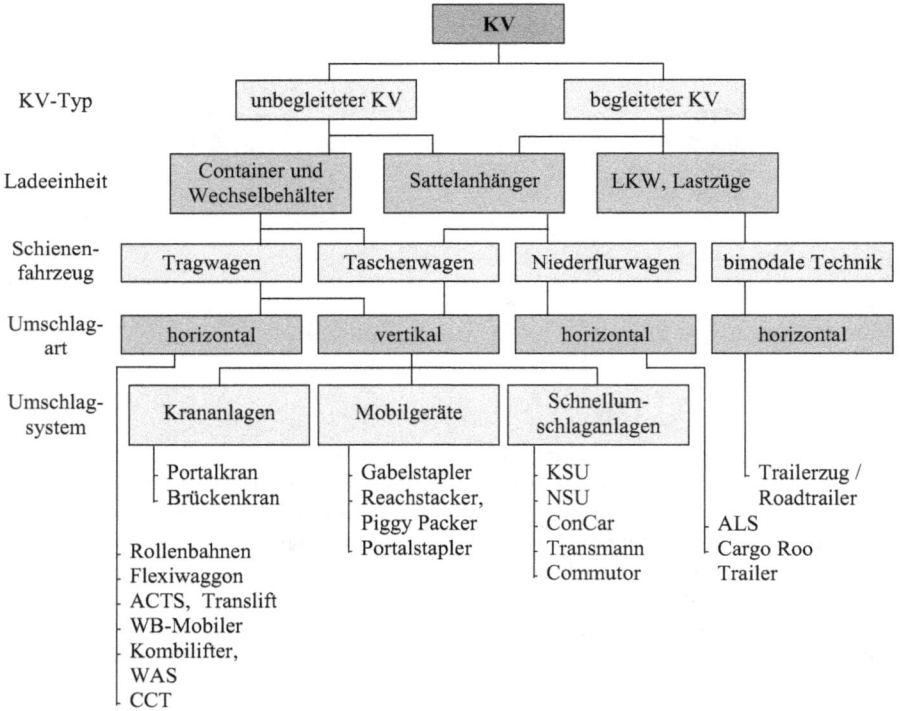

	KV			
KV-Typ	unbegleiteter KV		begleiteter KV	
Ladeeinheit	Container und Wechselbehälter	Sattelanhänger	LKW, Lastzüge	
Schienen-fahrzeug	Tragwagen	Taschenwagen	Niederflurwagen	bimodale Technik
Umschlag-art	horizontal	vertikal	horizontal	horizontal
Umschlag-system	Krananlagen	Mobilgeräte	Schnellum-schlaganlagen	

Krananlagen:
- Portalkran
- Brückenkran

Mobilgeräte:
- Gabelstapler
- Reachstacker, Piggy Packer
- Portalstapler

Schnellumschlaganlagen:
- KSU
- NSU
- ConCar
- Transmann
- Commutor

bimodale Technik:
- Trailerzug / Roadtrailer
- ALS
- Cargo Roo Trailer

- Rollenbahnen
- Flexiwaggon
- ACTS, Translift
- WB-Mobiler
- Kombilifter, WAS
- CCT

Die nachfolgende Abbildung 3-24 zeigt zusammenfassend die beschriebenen Ladeeinheiten, Transportmittel und Umschlageinrichtungen und ordnet sie den beschriebenen Erscheinungsformen des unbegleiteten und des begleiteten KV zu.

3.7.5 Probleme und Entwicklungstrends

Der Kombinierte Verkehr muss sich an der Leistungsfähigkeit und am Preis des durchgehenden Straßenverkehrs messen lassen. Die Bereitschaft der Nachfrager, den höheren logistischen Aufwand mit höheren Preisen für KV-Leistungen zu honorieren, ist allenfalls gering, und dies auch nur dann, wenn es sich dabei um eine umfassende und verlässliche Verkehrsleistung handelt.

Ein systembedingter Nachteil des KV ist vor allem in der hohen Anzahl von aufwendigen Umschlägen zu sehen. Neben dem hohen Investitionsbedarf für die Errichtung von Umschlagterminals entstehen in diesen, oft mit Portalkrananlagen ausgestatteten und auf Ganzzüge ausgerichteten Anlagen, hohe Betriebskosten. Als Folge daraus befinden sich KV-Terminals nur an ausgewählten Knotenpunkten, was KV-Kunden in ihrer räumlichen und durch nur wenige und starre Abfahrtstermine pro Tag auch in ihrer zeitlichen Flexibilität einschränkt. In Zukunft gilt es, die Flächennetzdichte des KV durch eine Entwicklung weg von Großumschlageinrichtungen hin zu kleineren, auch in der Fläche wirtschaftlichen Umschlagpunkten zu erhöhen [Polzin 1999]. Ausdruck des Trends zur Dezentralisierung und Regionalisierung des KV sind neben der Entwicklung von Low-Cost-Terminals, wie bspw. des WAS-Systems, die Einrichtung regionaler Linienzüge und Feederverkehre.

Als weitere Schwachstelle des KV gilt seit jeher die unzureichende Ausnutzung seines logistischen Potenzials durch mangelnde Durchgängigkeit der Transportkette [BMV 1981]. Ansatzpunkte sind hier z. B. eine bessere Abstimmung von Terminalbetrieb und Trucking sowohl kapazitiv als auch zeitlich durch "wanderndes Personal" [Transcare 1996], die durchgängige Steuerbarkeit der Transportkette, die direkte Kommunikation in derselben einschließlich des Versenders und Empfängers, um eine flexiblere, ereignisorientierte Disposition zu ermöglichen, sowie die Schaffung integrativer Dispositionssysteme [Transcare 1996]. Organisatorisch und informationswissenschaftlich gelagerte Forschungsprojekte unterstützen den Trend der Transportkettenintegration [Polzin 1999, Baumgarten 2000].

3.8 Post- und KEP-Verkehr

3.8.1 Marktdefinition und Marktvolumen

Unter dem Begriff der KEP-Dienste werden seit einigen Jahren die besonders schnellen und zuverlässigen Transportdienstleister zusammengefasst. Die Bezeichnung des Marktes, *KEP* steht für Kurier-, Express- und Paketdienste, weist auf dessen Teilsegmente hin, die sich in Deutschland seit den 70er Jahren herausgebildet haben. Die Zustellzeit und das zur Leistungserstellung genutzte Logistiksystem dienen als Abgrenzungskriterien der Segmente.

Kurierdienste [www.biek.de 2002b; www.kurier.com 2002a] sind gekennzeichnet durch schnellstmögliche, direkte und kundenindividuelle Sendungsbeförderung, wobei die Sendung vom Absender bis zum Empfänger permanent persönlich durch den Kurier begleitet wird. Die Individualität der Leistungserstellung führt zu hohen Transportkosten, wobei eine Effizienzsteigerung durch Bündelung oder Tourenoptimierung weitgehend ausgeschlossen ist. Die am weitesten verbreitete Ausprägung der Kurierdienste sind Citykuriere, die als Fahrradkurier, Fußbote, Taxikurier oder Verteil- und Zustelldienst lokal bis regional in Ballungsgebieten agieren.

Expressdienste befördern die Sendungen mit verschiedenen Transportmitteln über Umschlagpunkte zu festen, garantierten Zustellzeiten an ihren Bestimmungsort. Dazu betreiben sie ein logistisches Netzwerk, in welchem das Expressgut schnellstmöglich und bevorzugt befördert wird. Eine Sonderform der Expressdienste stellen die Expressfrachtsysteme dar, die oft auf eine bestimmte Branche oder sogar auf nur wenige Kunden spezialisiert sind, in deren betriebliche Abläufe integriert sie agieren.

Abb. 3-25: Struktur des alten KEP-Marktes

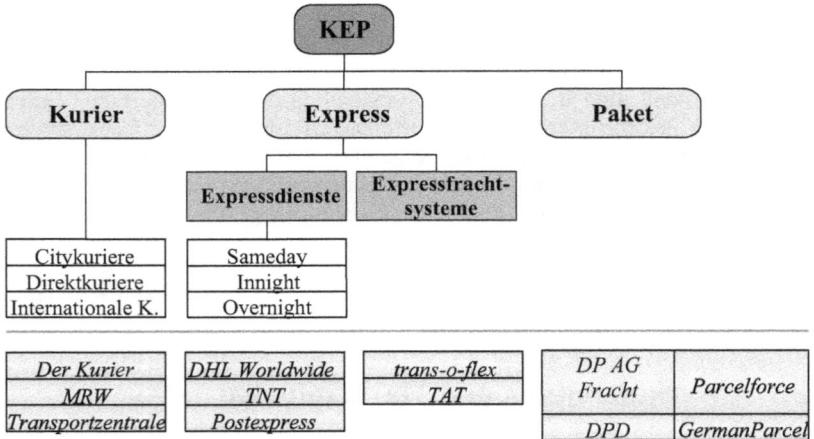

Quelle: Manner-Romberg 2000

Die flächendeckend präsenten *Paketdienste* gewähren im Gegensatz zu Kurier- und Expressdienstleistern keine Laufzeitgarantie. Es handelt sich bei ihnen um reine Systemanbieter, die mit stark standardisierten Abläufen große Mengen möglichst homogener Sendungen realisieren. Die Beschränkung der Abmaße und des Gewichts der Transportobjekte, übliche obere Gewichtsgrenze sind 31,5 kg, erlauben den Einsatz automatisierter Sortiertechnik. Dadurch erzielen Paketdienste Produktivitäts- und Kostenvorteile.

Die Abbildung 3-25 gibt die beschriebene Marktstruktur wieder und ordnet den Segmenten beispielhaft bekannte Marktakteure zu.

Als *Integrators* werden weltweit agierende Vollsortimenter bezeichnet, die mehrere der beschriebenen Marktteilsegmente abdecken. Die Bezeichnung steht synonym für die großen US-amerikanischen Logistiker UPS, FedEx und DHL und den australischen Anbieter TNT.

Abb. 3-26: Neue KEP-Marktstruktur

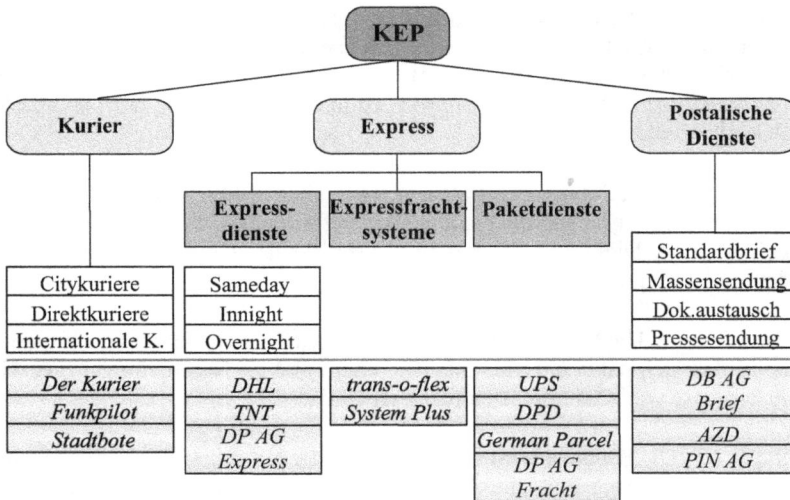

Quelle: Manner-Romberg 2000

-61-

Mit der Liberalisierung der europäischen Postmärkte, in Deutschland durch das ab dem 01.01.1998 geltende Postgesetz vollzogen, hat sich der KEP-Markt um das Segment der bis dahin hoheitlich betriebenen *Postleistungen*, insbesondere der Briefzustellung, erweitert. Vereinzelt wird die Bezeichnung "KEP" daher bereits als "Kurier-, Express- und Postdienste" übersetzt, wobei die Paketdienste als Ausprägung des Expresssegmentes betrachtet werden [Manner-Romberg 2000; www.kurier.com 2002b]. Diese Marktsystematisierung wird in Abbildung 3-26 dargestellt. Im Rahmen der vorliegenden Arbeit wird die Marktbezeichnung *KEP- und Postmarkt* gewählt.

Das Volumen des deutschen KEP- und Postmarktes wird für das Jahr 1999 auf 38,8 Mrd. DM beziffert, wovon rund 10% (4,160 Mrd. DM) auf das Kuriersegment, etwa 40% (15,225 Mrd. DM) auf das Expresssegment inklusive der Paketdienste und gut 50% (19,500 Mrd. DM) auf Postdienste entfielen [Manner-Romberg 2000].

3.8.2 KEP- und Postprodukte

Naturgemäß bildet die Beförderungsdauer das Hauptdifferenzierungsmerkmal für Leistungen auf dem KEP- und Postmarkt. Die nachfolgend aufgeführten Produkte stellen quasi Marktstandards dar, deren Bezeichnung jedoch von Anbieter zu Anbieter variieren kann. Typische Transportketten und Zeitfenster im Post- und KEP-Bereich stellt Abbildung 3-27 dar.

Sofort-Service [Glaser 2000, S. 36 ff.; Manner-Romberg 1995, S. 37 ff.]: Unmittelbar nach der Auftragsannahme beginnt die Beförderung, die schnellstmöglich durchgeführt wird. Diese Serviceform ist typisch für das Citykurier-Segment mit Beförderungsdauern im Minutenbereich.

Same-Day-Service: Die Sendung wird innerhalb eines Tages abgeholt und ausgeliefert. Es handelt sich dabei um die schnellste überregionale Beförderungsform, wie sie üblicherweise von Kurierdiensten realisiert wird.

Innight-Service: Die Sendung wird noch innerhalb der Nacht gegebenenfalls unpersönlich in verschließbare Bereiche zugestellt, um mit Beginn der üblichen Arbeits- bzw. Produktionszeit bereitzustehen. Entstanden ist diese Serviceform aus den Anforderungen der Autoersatzteillieferung.

Overnight-Service: Bei entfernungsabhängigen festen Laufzeiten und Tarifen wird die Zustellung in der Regel bis 10.00 Uhr, manchmal auch bis 12.00 Uhr des Folgetages garantiert. Die Annahmeschlusszeit richtet sich nach der zurückzulegenden Entfernung. Overnight ist die häufigste Serviceform im Expressbereich, nicht wenige Expressdienste führen diese Bezeichnung in ihrem Firmennamen. Bei Overnight-Delivery ist der Hauptlauf im Nachtsprung zu realisieren, um für die Flächenverkehre die Tageszeit bis etwa 21.00 Uhr (Vorlauf) bzw. ab etwa 4.00 Uhr (Nachlauf) zur Verfügung zu haben.

Abb. 3-27: Typische Transportketten und Zeitfenster im KEP- und Postbereich

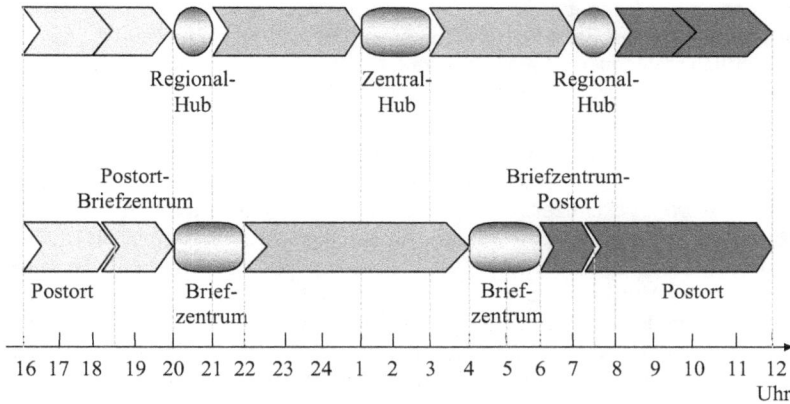

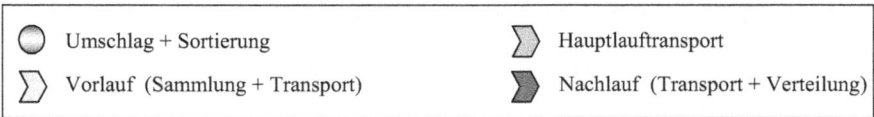

Weitere Serviceformen sind der *Next-Day-* bzw. der *Second-Day-Service*. Innerhalb der nächsten 24 bzw. 48 Stunden erfolgt die Sendungszustellung durch Express-, Expressfracht- oder Paketdienste, bei letzteren jedoch ohne Garantie. Noch längere Laufzeiten, besonders bei Paketdiensten, können bei der Zustellung in entlegene Gebiete, bei der grenzüberschreitenden Zusammenarbeit nur lose kooperierender Partner oder bei besonderen logistischen Anforderungen des Transportgutes entstehen.

3.8.3 Netzstrukturen von KEP- und Postdiensten

Bei der Gestaltung logistischer Netze ist ein Optimum zwischen dem Ziel kürzester Transportwege und damit kürzester Transportdauer sowie der Forderung nach möglichst wirtschaftlichem Betrieb durch Sendungsbündelung zu finden. Erstgenannte Zielrichtung wird mit der sogenannten *Rasterstruktur*, der direkten Verbindung aller Quellen und Senken, erreicht. Umgesetzt wurde diese Struktur z. B. bei der Errichtung der 83 Briefzentren der Deutschen Post AG [Clausen 1996, S. 5 ff.]. Neben dem üblichen straßengebundenen Direktverkehr wird der Hauptlauf teilweise über den Parcel Intercity und das Nachtluftpostnetz abgewickelt. Die freien Transportkapazitäten von Passagiermaschinen werden in Verbindung mit zu den Sortierzentren nahegelegenen Flughäfen genutzt, um auch bei großen Entfernungen zwischen den Briefzentren die Zeitfenster einzuhalten.

Die Rasterstruktur ist von KEP- bzw. Postdiensten, deren Auftragsbestand von vielen kleinen Sendungen in schwankender Menge und mit unterschiedlichsten Bestimmungsorten gekennzeichnet ist, nicht wirtschaftlich betreibbar, zumal sie durch den Zwang, in allen Depots für alle Destinationen zu sortieren, zu einer hohen Komplexität führt. Es ist kein Zufall, dass mit dem Integrator FedEx ein KEP-Anbieter zum Vorreiter einer anderen Netzstruktur wurde. Das von FedEx in den 70er Jahren in den USA eingerichtete *Hub & Spoke-System* (Nabe-Speiche-System) ermöglicht durch seine sternförmige Struktur, in deren Mittelpunkt ein leistungsfähiges Umschlagzentrum wirkt, eine maximale Sendungsbündelung und die Nutzung von Größendegressionseffekten bei der Sortierung und beim Umschlag. Die verlängerten Zustellwege sind in einem solchen System durch übergreifende zeitliche und kapazitive Abstimmung, effizienten Betrieb des Hubs und absolute Zuverlässigkeit aller Systemelemente auszugleichen, um den Hauptlauf im Nachtsprung realisieren zu können.

Abb. 3-28: Netzstrukturen im KEP- und Postbereich

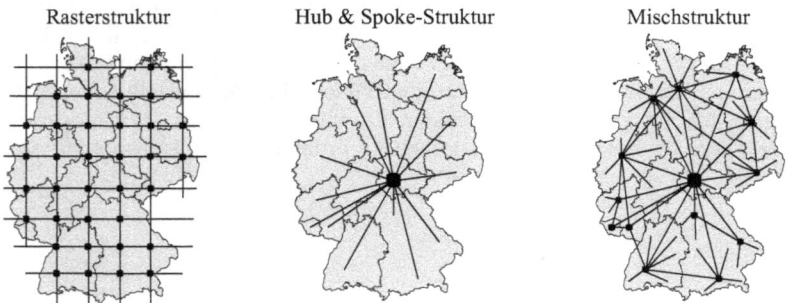

Rasterstruktur   Hub & Spoke-Struktur   Mischstruktur

In der Realität sind diverse Mischformen dieser beiden Extrema anzutreffen. In *Mehrhub-Systemen* ist jeweils ein Umschlagknoten für ein Zustellgebiet zuständig. Dies führt dazu, dass in den Depots in geringem Maße auf die Hubs vorsortiert werden muss. *Regionalhub-Systeme* als zweistufige Hubstruktur erfordern keine Depotsortierung. Allerdings erhöht sich durch die direkte Verbindung mehrerer regionaler Umschlagpunkte die Anzahl der Umschläge in der Lieferkette um eins. *Höherstufige Hubstrukturen*, wie z. B. das im Seeverkehr anzutreffende dreistufige Feedersystem, sind durch KEP- und Postdienste kaum wirtschaftlich betreibbar. Abbildung 3-28 zeigt schematisch Netz-, Hub & Spoke- sowie Mischstrukturen.

Ein Beispiel für ein Mehrhub-System ist die Netzstruktur des Deutschen Paketdienstes. TNT Deutschland bedient sich dagegen eines Regionalhubsystems. Diese Spezifizierung ist natürlich nicht rein. In beiden Systemen werden bei hohen Aufkommen auch Direktverkehre eingesetzt, die ein Merkmal der Rasterstruktur sind. Die Kooperation KEP AG ist als Zentralhub-System konfiguriert, wobei die eigenen Hubsysteme einiger Kooperationspartner zu einer teilweisen Feederhubstruktur führen [Maaser 2002, S. 40 ff.].

3.8.4 Automatisierung des KEP- und Postumschlags

Die Beschränkung der für den Umschlag und die Sortierung von KEP- und Postsendungen zur Verfügung stehenden Zeit auf enge Fenster macht den weitestmöglichen Einsatz automatisierter Sortiertechnik erforderlich. Während sperrige und palettierte Güter weiterhin überwiegend von Hand bzw. mit Flurfördermitteln (Staplern) sortiert werden, kommen im standardisierten Paket- und Briefbereich verschiedenste automatische Sortiersysteme, sogenannte Sorter, zum Einsatz. Die Abbildung 3-29 fasst die im Folgenden kurz erläuterten Sorterkonzepte in einer Übersicht zusammen.

Kippschalensorter stellen sich als geschlossene Rundlaufsysteme mit weitgehend beliebiger Streckenführung dar [VanDerLande 2001, Arnold 2002, Hille 2002, Klein 2002]. Der Abwurf des Gutes an der Zielrutsche erfolgt durch Kippen der Gutaufnahmeschale. Zum Einsatz kommt dieses Sorterkonzept z. B. in Hubs von TNT und der Deutschen Post AG. *Posisorter (Schuhsorter)* sind lineare Förderer, von denen das Sortiergut durch aus der Förderebene herausragende, quer verschiebbare Schuhe an der gewünschten Stelle ausgeschleust wird. Sie finden bspw. in den Hubs von UPS und von TNT Anwendung. *Quergurtsorter* werfen das Sortiergut mittels quer zur Förderrichtung angeordneter Laufbänder ab. Da dieser Vorgang auch bei unterschiedlichen Gewichten und Abmessungen eine hohe Präzision erreicht, lassen sich Quergurtsorter auch für das Zusammenstellen von Paketsendungen einsetzen, wie dies z. B. beim Klingel-Versand praktiziert wird. Ein *Ringsorter* besteht im Wesentlichen aus einer horizontalen, sich drehenden Scheibe, auf der wie Speichen eines Rades senkrecht von der Achse ausgehende Bänder das von oben zugeführte Gut in an der Scheibenperipherie befindliche Behälter sortieren. Ein beispielhafter Anwender ist German Parcel. *Drehsorter* folgen einem ähnlichen Konzept, allerdings handelt es sich um kleinere und einfachere Geräte mit geringerer Durchsatzfähigkeit. Kernelement ist hier ein sich drehender, in Fächer aufgeteilter Kegelstumpf. Eine häufig eingesetzte Hochleistungssortervariante sind *Pusher*, welche das Sortiergut an der entsprechenden Stelle seitwärts vom Band stoßen. Ihre einfache Funktionsweise bewirkt ein günstiges Preis-Leistungs-Verhältnis. Auch *Schranken-*, *Schwingarm-* und *Schrägrollensorter* leiten ihre Bezeichnung von der Art der Ausschleusung des Sortiergutes von der Förderstrecke ab.

Abb. 3-29: Sorterarten im KEP- und Postbereich

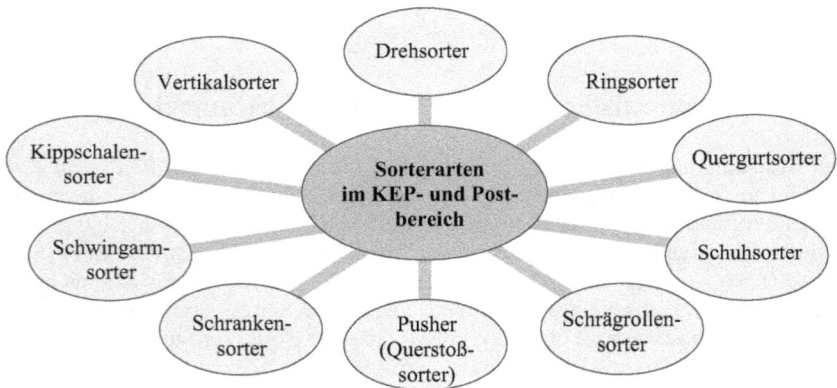

Voraussetzung für die Automatisierung des Sortiervorganges ist der Einsatz automatischer Identifikationssysteme. Vorherrschend ist hier die optoelektronische Erfassung. Neben dem bekannten, als Strichcode bezeichneten 1D-Code gibt es neuere graphische Codes, die aus unterschiedlichsten geometrischen Elementen bestehen. Diese werden als 2D-, bei zusätzlicher Farbcodierung als 3D-Codes bezeichnet [o. V. 2002b]. Auch elektronische bzw. elektromagnetische Sensoren werden zur Identifizierung eingesetzt. Ein relativ neues Konzept sind Radio Frequency Identification (RFID)-Etiketten, die kleine programmierbare Datenspeicher enthalten.

Diese können neben der Identifikationsfunktion durch ihre mehrfache Beschreibbarkeit auch der Weitergabe von Informationen von einer Logistikschnittstelle zur nächsten dienen oder Daten auf ihrem Transportweg sammeln [Barck 2002b].

3.8.5 Schienengebundene KEP- und Postleistungserstellung

a) Rahmenbedingungen und Perspektiven in Europa

Die im KEP- und Postverkehr fast ausschließlich eingesetzten Verkehrsmittel sind LKW bzw. Kleintransporter sowie Flugzeuge auf längeren Streckenverkehren zwischen Hubs. "Rail is seldom used as it does not exactly meet the technical requirements for express delivery in terms of door-to-door services, rapid overnight long-distance transport, the fullest possible integration of the various stages in the express operation, customised services, etc." [ECMT 1996, S. 107]. Dennoch lassen sich einige europäische, auf der Schiene realisierten KEP- und Postangebote nennen. So kam es in Schweden zur Bildung von Allianzen zwischen der nationalen Postgesellschaft und der schwedischen Bahn sowie zwischen dem Logistiker ASG und der Bahn, in Frankreich agiert der Bahn-Paketservice SERNAM, in Italien werden Expresssendungen auf zentralen Nord-Süd- und Ost-West-Zugverbindungen (Omniaexpress) in an Personenzüge gekoppelten Wagen transportiert und in der Schweiz werden Pakete im sogenannten rail-cargo-service in Passagierzügen befördert. Jedoch "even if railways operate parcel services in some countries, [it is] noted how unsuitable rail usually is when conventional services are upgraded to express" [ECMT 1996, S. 107].

Für die Bahngesellschaften ist es unrealistisch, als Komplettanbieter in Konkurrenz zu den etablierten Anbietern auf dem KEP- und Postmarkt zu agieren. Chancen sind vielmehr in der Tätigkeit eines qualifizierten Teilleistungsanbieters für konkrete Transportdienstleistungen und in Kooperation mit KEP- und Postdienstleistern zu sehen. Diese könnten Schienentransporte zum Ersatz teurer Frachtflüge nutzen, wenn den engen zeitlichen Bedingungen zu gleichen oder niedrigeren Kosten entsprochen werden kann. Als Katalysator wirken in diesem Zusammenhang die zunehmenden Beschränkungen des Nachtflugbetriebes. Ein weiteres Einsatzfeld schienengebundener Expressgutverkehre ist die Substitution der von den Luftfrachtunternehmen betriebenen Road-Feeder-Verkehre. Die Verlagerung wirklicher Luftfrachtkapazität ist für die Luftfrachtanbieter nur dann interessant, wenn im Luftvor- bzw. -nachlauf zu Cargo-Hubs extra Frachtflugzeuge eingesetzt werden müssten, weil die Frachtraumkapazität ohnehin fliegender Passagiermaschinen nicht ausreicht [Deutsche Bahn AG 1998a, S. 16ff.].

Um die europäischen Bahnen als schlagkräftige Teilleistungsanbieter nach dem Motto "Billiger als die Luftfracht, schneller als der LKW" auf dem KEP- und Postmarkt zu etablieren, sollen Frachthochgeschwindigkeitszüge im Rahmen eines europaweiten Hochgeschwindigkeitsnetzes am Markt platziert werden [Deutsche Bahn AG 1998a, S. 29ff.], wobei Paris, Frankfurt, Köln/Bonn und Brüssel als mögliche Hub-Standorte zur Diskussion stehen. Hochgeschwindigkeits-Schienendirektverkehre sollen die Anbindung Englands, Spaniens und Italiens gewährleisten [Eickemeier 1997, S. 234f.].

b) Beispiele schienengebundener KEP- und Postleistungen in Deutschland

Abb. 3-30: Fahrplan des Parcel Intercity auf der Nord-Süd-Achse

	Ankunft [Uhr]	Abfahrt [Uhr]	Ladeschluss / Bereitstellung [Uhr]
Süd-Nord			
München		20:16	20:00
Nürnberg		21:47	21:20
Kornwestheim		21:30	21:00
Hannover	03:04		03:20
Hamburg	04:02		04:14
Nord-Süd			
Hamburg		20:27	20:12
Hannover		22:41	21:45
Kornwestheim	03:24		03:40
Nürnberg	02:58		03:10
München	04:11		04:20

Quelle: www.regionalverbund-neckar-alb.de 2002 / Danzas

Seit dem 31.01.2002 ist mit dem Parcel Intercity der Deutschen Bahn AG ein planmäßiger Hochgeschwindigkeits-Güterzug in Betrieb. Mit einer Regelgeschwindigkeit von 160 km/h und kurzfristig möglichen 200 km/h können pro Zug vierzig Container befördert werden. Aufgenommen wurde der Betrieb auf der Nord-Süd-Achse Hamburg/Bremen - Hannover - Würzburg - München/Nürnberg, wobei in Hannover bzw. in Würzburg jeweils zwei Flügelzüge zu einem Parcel Intercity zusammengefasst werden. Aus Abbildung 3-30 lässt sich die Zeitschiene für die Nord-Süd-Achse entnehmen. Weitere Verbindungen schließen die Achsen Köln - Berlin, München - Köln und Berlin - München ein. Kunden des von der Deutschen Post AG bei der Deutschen Bahn Cargo AG gemieteten Zuges sind z. B. Ikea und der Otto-Versand [www.welt.de 2002; www.posthorn.de 2002].

Ein weiteres Beispiel für die Umsetzung von KEP- und Postangeboten auf der Schiene ist der IC-Kurierdienst der ABX Logistics Deutschland GmbH. Diese bietet die Same-Day-Zustellung, auf Wunsch desk-to-desk, von und zu 140 deutschen Bahnhöfen an. Für die Transportobjekte gelten Obergrenzen hinsichtlich der Ambaße und des Gewichtes (max. 20 kg). Seit dem 01.08.2002 ist der IC-Kurierdienst dem Verbund EURODOC, einer Partnerschaft zwischen ABX Logistics (Belgien), SERNAM (Frankreich) und Esprit (Großbritannien), angeschlossen, wodurch die Reichweite für deutsche Kunden erheblich erhöht wurde. Weitere Destinationen, z. B. in den Niederlanden und der Schweiz, sind geplant [ABX Logistics 2000, www.bvdp.de 2002].

3.9   Grundlagen der Tourenplanung

Im Rahmen der Diskussion verschiedener Lösungsverfahren der Tourenplanung ist es von Bedeutung, im Vorfeld einige Begriffe und Bezeichnungen genau zu definieren bzw. zu erläutern.

3.9.1   Definitionen und Begriffe

3.9.1.1   Graphentheorie

Ein wesentliches Instrument zur Darstellung und Beschreibung von Tourenplanungssystemen ist die als Teilgebiet der Kombinatorik bekannte Graphentheorie. Diese eignet sich in den allermeisten Fällen, Reihenfolgeprobleme formal darzustellen. Dabei bilden Graphen die Relationen einer Menge von Punkten (Knoten) durch gerichtete oder ungerichtete Linien (Kanten) ab. Die Knoten entsprechen den einzelnen Start- und/oder Zielorten, die es anzusteuern gilt. Die Kanten kennzeichnen die vorhandenen Strecken. Letztere können mit Zahlen bewertet werden, welche deren Länge räumlich und/oder zeitlich entsprechen oder deren Kapazität an maximal zulässiger Fahrzeuganzahl je Längen- und Zeiteinheit beschreiben [Hellmann 1984].

Im Folgenden werden einige wichtige Grundbegriffe der Graphentheorie erläutert. Die Ausführungen stützen sich im Allgemeinen auf Erscheinungen von Hellmann, Domschke und Weuthen [Hellmann 1984; Domschke 1989; Weuthen 1983].

Ein *Graph* $G = [V, E, \omega]$ ist eine Zusammenfassung zweier Mengen von Elementargebilden, der Menge V der Knotenpunkte v und der Menge der Kanten k, sowie einer auf E erklärten Inzidenzfunktion ω. Diese ordnet jeder Kante k ε E genau ein geordnetes oder ein ungeordnetes Paar von Knotenpunkten v_i, v_j ε V zu; dementsprechend werden *gerichtete Kanten* (Pfeile) und *ungerichtete Kanten* unterschieden [Domschke 1989].

Ist das jedem Element k ε E zugewiesene Paar von Elementen aus V nicht geordnet, so wird G als *ungerichteter Graph* bezeichnet und mit $G = [V, E]$ symbolisiert. Ist das jedem Element p ε E zugewiesene Paar von Elementen aus V geordnet, so ist G ein *gerichteter Graph* und wird mit $G = (V, E)$ symbolisiert [Domschke 1989].

Synonym zum Begriff Graph kann auch von einem Netzwerk gesprochen werden.

Die einer Kante zugeordneten Knoten i und j sind *Endknoten* von k und werden mit $\omega(k) = [i, j]$ oder vereinfacht $k = [i, j]$ beschrieben. Wenn die Kante k die Knoten i und j verbindet, dann ist diese *inzident* .

Die einem Pfeil p zugeordneten Knoten i und j sind *Anfangsknoten* (i) bzw. Endknoten (j) von p. Vereinfacht wird $p = (i, j)$ geschrieben. Der Pfeil p ist *positiv inzident* im Knoten i und *negativ inzident* im Knoten j.

Da die Funktion ω nicht eindeutig umkehrbar sein muss, kann ein Paar [i, j] mehreren Kanten zugeordnet sein, die dann *parallele Kanten* oder *Mehrfachkanten* genannt werden.

Ebenso kann ein Paar (i, j) mehreren Pfeilen zugeordnet sein. Diese werden dann *parallele Pfeile* oder *Mehrfachpfeile* genannt. Wenn die einer Kante k oder einem Pfeil p zugeordneten Knoten voneinander nicht verschieden sind, also i = j gilt, so bilden $k = [i, j]$ bzw. $p = (i, j)$ jeweils eine *Schlinge*.

Graphen ohne parallele Kanten oder Pfeile und ohne Schlingen sind *schlichte Graphen*. Bei einem *finiten Graphen* sind sowohl Knoten- als auch Kanten- bzw.

Pfeilmenge endlich. Ein gerichteter Graph, der endlich und schlicht ist, tritt in der Literatur häufig und dort mit der Bezeichnung *Digraph* auf.

Charakteristisch für ein Reihenfolgeproblem ist das Vorhandensein von *Nachbarn*. Als solche werden Knoten in einem gerichteten Graphen bezeichnet, die entweder Vorgänger oder Nachfolger eines weiteren Knotens sind. So ist i *unmittelbarer Vorgänger* von j und j *unmittelbarer Nachfolger* von i, wenn der Pfeil p = (i, j) existiert. Ebenfalls Nachbarn in einem ungerichteten Graphen sind i und j, wenn [i, j] eine Kante von G ist.

Ein Graph heißt *vollständig*, wenn jedes Paar i und j verschiedener Knoten im Falle eines ungerichteten Graphen durch eine Kante und im Falle eines gerichteten Graphen durch einen Pfeil miteinander verbunden ist.

Ein gerichteter Graph heißt *symmetrisch*, wenn die Bedingung (i, j) ε E und (j, i) ε E erfüllt bzw. *antisymmetrisch*, wenn sie nicht erfüllt ist.

Sei G = [V, E] ein ungerichteter Graph. Eine Folge k_1, k_2, ..., k_t von Kanten k_h ε E heißt *Kette* f von G, wenn eine Folge von Knoten, etwa j_0, j_1, ..., j_t existiert, so dass $k_h = [j_{h-1}, j_h]$ für alle h = 1, ..., t gilt.

Analog dazu gilt: Sei G = (V, E) ein gerichteter Graph. Eine Folge p_1, p_2, ..., p_t von Pfeilen p_h ε E heißt Kette f von G, wenn eine Folge von Knoten, etwa j_0, j_1, ..., j_t existiert, so dass $p_h = [j_{h-1}, j_h]$ oder $p_h = [j_h, j_{h-1}]$ für alle h = 1, ..., t gilt. Die Knoten j_0 und j_t werden Endknoten der Kette genannt.

Eine Kette heißt offen, falls $j_0 \neq j_1$, ansonsten geschlossen [Domschke 1989]. Eine offene Kette mit verschiedenen Knoten wird als *elementare Kette* und eine geschlossene Kette mit verschiedenen Kanten und verschiedenen Knoten (ausgenommen der identischen Endknoten) wird als *(elementarer) Kreis* bezeichnet.

Sei G = (V, E) ein gerichteter Graph. Eine Folge p_1, p_2, ..., p_t von Pfeilen p_h ε E heißt *Weg* w von G, wenn eine Folge von Knoten, etwa j_0, j_1, ..., j_t existiert, so dass $p_h = [j_{h-1}, j_h]$ für alle h = 1, ..., t gilt.

j_0 ist Anfangsknoten und j_t Endknoten des Weges.

Ein Weg gilt als offen, falls $j_0 \neq j_1$, ansonsten geschlossen [Domschke 1989].

Ein offener Weg mit verschiedenen Knoten wird *elementarer Weg* und ein geschlossener Weg mit verschiedenen Knoten (ausgenommen der identischen Anfangs- und Endknoten) wird *(elementarer) Zyklus* genannt.

Von einem *Baum* wird gesprochen, wenn ein Graph, in dem je zwei Knoten miteinander verbunden sind, keine Zyklen enthält. Existieren k Zusammenhangskomponenten, dann handelt es sich bei diesen Graphen um einen *Wald* mit k Bäumen.

Ist in einem gerichteten Graphen genau eine Quelle r mit n Knoten über n Wege verbunden, dann ist r die Wurzel von einem *Wurzelbaum*.

Gerüst von G oder auch *spannender Baum* wird ein Teilgraph bezeichnet, der dieselbe Knotenmenge wie G besitzt und einen Baum darstellt. In einem zusammenhängenden, gerichteten Graphen G wird als Bezeichnung für diesen Teilgraphen gerichtetes Gerüst von G verwendet. Ein zusammenhängender Graph besitzt mindestens ein Gerüst.

3.9.1.2 Tourenplanung

Bei der Definition von Grundbegriffen der Tourenplanung gilt es zuerst, bei dem Begriff der *Tour* zu differenzieren. So sprechen manche Autoren von einer geordneten Menge der Kunden einer Fahrt [Bergmann 1998]. Im Gegensatz dazu findet sich in der englischsprachigen Literatur dafür zumeist der Begriff Route. Domschke beschreibt daher eine Tour nur als die Angabe der Menge aller Kunden, welche beginnend und endend in einem Depot, auf einer Fahrt bedient werden. Die Reihenfolge der Bedienung ist demzufolge die *Route* [Domschke 1990]. Dieser Sichtweise folgt die vorliegende Arbeit.

Der Begriff *Depot* wird oft synonym nur für ein Lager verwendet [Gietz 1994]. Bergmann präzisiert hier, indem er mit Depot bspw. ein Fahrzeugdepot oder ein Auslieferungs- oder Sammellager als einen Ort bezeichnet, in dem Fahrten der eingesetzten Fahrzeuge beginnen oder enden [Bergmann 1998].

Das Problem der Belieferung von Depots mit Gütern oder deren Abholung löst in aller Regel die *Transportplanung*. Dabei werden die Depots auf Basis der aggregierten Transportströme und deren kosten- (bzw. wegstrecken-)minimaler Bewältigung einzelnen Produktions- oder Verarbeitungsstätten zugeordnet. Für den Fall, dass der Bedarf b_j an n Depots j genau dem Aufkommen a_i aus m Produktionsstätten i entspricht, wurde der Begriff des klassischen Transportproblems geprägt. Das entsprechende Entscheidungsmodell wird formal wie folgt beschrieben:

(5.1.1) Gleichgewichtsbedingung: $\sum a_i = \sum b_j$

(5.1.2) Zielfunktion: $Z = \sum\limits_{i=1}^{m} \sum\limits_{j=1}^{n} c_{ij} \cdot x_{ij}$

(5.1.3) Nebenbedingungen:

a) $\sum\limits_{i=1}^{m} x_{ij} = b_j \quad j = 1,2,...,n$

b) $\sum\limits_{j=1}^{n} x_{ij} = a_i \quad i = 1,2,...,m$

c) $x_{ij} \geq 0 \qquad i = 1,2,...,m; j = 1,2,...,n$

Die Zielfunktion Z stellt die minimalen Transportkosten in einer Periode dar und ergibt sich aus den Summen der Kosten für den Transport einer Mengeneinheit c_{ij} multipliziert mit den Transportmengen x_{ij} von i nach j. Der Kostenverlauf, bezogen auf die Transportmengen, wird als linear angenommen, wegabhängige Kapazitätsbeschränkungen existieren nicht und es wird nur eine Produktart betrachtet [Günther 1997].

Im Gegensatz zur eher langfristig orientierten Transportplanung ist die *Tourenplanung* kurzfristiger Natur. Zwar gibt es auch Anwendungsfälle mit Bestand, wie bspw. bei Schulbussen und der Müllabfuhr, doch die übergroße Anwendung erfolgt im Rahmen der täglichen oder wöchentlichen Planung.

Aufgabe der Tourenplanung ist, ausgehend von einem oder mehreren Depots unter Beachtung einer Reihe von *Restriktionen* zu einer festgelegten Anzahl von Kunden zu fahren und dort eine vorgegebene Menge an Gütern auszuliefern bzw. einzusammeln. Im Ergebnis entsteht ein *Tourenplan*. Häufige Einschränkungen sind die Anzahl der zur Verfügung stehenden Fahrzeuge und deren Ladekapazitäten, Barrieren im Streckenverlauf sowie Lieferzeitfenster bei den Kunden.

Barrieren können natürlichen Ursprungs wie ein Fluss oder künstlichen Ursprungs wie eine durch Bauarbeiten gesperrte Straße sein. Ein Sonderfall sind Einbahnstraßen. In Fahrtrichtung ohne Beschränkung nutzbar, wirken sie aus der Gegenrichtung als künstliche Barrieren. Ein Streckennetz, welches aus Straßen ohne Einbahnstraßen besteht, heißt *symmetrisch*, sonst *unsymmetrisch*.

Lieferzeitfenster kennzeichnen in der Logistik den Zeitrahmen zwischen frühestem und spätestem Zeitpunkt, in dem die Ware beim Kunde in Empfang genommen bzw. abgegeben werden kann.

3.9.1.3 Simulation

Zur Beschreibung eines teilweise oder völlig unbekannten Systems ist es notwendig, dessen Struktur und Verhalten genauer zu analysieren. Diese Analyse kann zum einen durch systematische Experimente oder eine theoretische Beschreibung erfolgen. Bei jedoch sehr komplexen Systemen bietet sich die *Simulation* als Analysemethode an. In ihr wird das System als Modell abgebildet. Anhand dieses Modells werden die Eigenschaften, die Einfluss- und Reaktionsgrößen des Systems bestimmt. Ziel ist es, unter Berücksichtigung des Aufwandes das System, dessen Aufbau, Zusammenhänge und Reaktionsweisen so gut wie möglich darzustellen.

Computersimulationen basieren auf „[.......] relativ einfachen mathematisch-logischen Gleichungen, die den realen Ablauf nachbilden. Simulation ist ein Werkzeug zur Beurteilung von Varianten eines Systems beim Systementwurf. Ein Simulationsmodell ist kein Optimierungsverfahren." [Ziegler 1988, S. 101]. Die Qualität der Ergebnisse einer Simulation hängt entscheidend von dem Aufwand und der Genauigkeit bei der Überführung des realen in das Modellsystem ab. Diese Überführung stellt immer eine Vereinfachung und somit Hauptfehlerquelle dar.

Hinsichtlich der zeitlichen Ausrichtung von Simulationen werden statische, dynamische, periodenorientierte, ereignisorientierte und stochastische Modelle unterschieden. Gegenüber einem statischen Modell werden in einem dynamischen Modell der zeitliche Ablauf der Realität und zeitliche Abhängigkeiten berücksichtigt. In einem periodenorientierten Modell wird die simulierte Zeit schrittweise, d.h. in konstanten Zeitintervallen, verändert. Bei ereignisorientierten Simulationen wird die nächste Aktion erst nach Abschluss der vorherigen Handlung ausgeführt. Sollen zufällige Einflüsse Berücksichtigung finden, so ist ein stochastisches Modell zu wählen.

3.9.2 Tourenplanungsproblem

3.9.2.1 Definition

Aus der einschlägigen Literatur lässt sich entnehmen, dass weniger von Tourenplanung als vielmehr von den Problemen der Tourenplanung bzw. vom Tourenproblem die Rede ist [Domschke 1989]. Während Domschke noch darauf hinweist, dass sich dahinter eine ganze Klasse von Problemen, wie Sammelproblem, Auslieferungsproblem, Mehrdepotproblem usw., verbirgt, übernimmt die große Anzahl der Autoren dieses Dogma. Schon in der ersten bekannten Arbeit zu diesem Thema,

„The Truck Dispatching Problem" von Dantzig und Ramser, ist von einem Problem die Rede. Nur wenige Autoren, wie bspw. Günther und Tempelmeier gehen auf den Wortsinn ein und sprechen dann vom Tourenplanungsproblem, wenn das zu bewältigende Transportvolumen größer ist, als die Zustellkapazität einer einzigen Auslieferungstour [Günther 1997].

Das *Tourenplanungsproblem* kennzeichnet somit eine Tourenplanungsaufgabe, welche mit Restriktionen behaftet ist.

In der Folge kann festgestellt werden, dass das allgemeine Ziel der Tourenplanung die optimale Lösung des Tourenplanungsproblems ist. Das Optimalitätskriterium ist dabei variabel, so dass wahlweise Kosten, Auslastung, Flächenabdeckung etc. im Vordergrund stehen können.

3.9.2.2 Standardproblem

Als die Verallgemeinerung eines Tourenplanungsproblems schlechthin gilt das *Standardproblem der Tourenplanung*. Dessen Formulierung geht zurück auf die schon oben erwähnte Arbeit von Dantzig und Ramser, deren Truck-Dispatching-Problem (TDP) wie folgt beschrieben werden kann.

Eine gegebene Anzahl von Kunden soll von einem Depot aus mit Waren beliefert werden. Sämtliche Strecken sind symmetrisch und bekannt und die Entfernungen in einer Distanzmatrix enthalten. Zur Befriedigung der Kundenbedarfe steht ein Fuhrpark aus einer unbegrenzten Anzahl homogener Fahrzeuge zur Verfügung. Deren Kapazitäten sind ausreichend, auch den Kunden mit dem höchsten Bedarf in nur einer Tour beliefern zu können. Ziel ist, die Routen der Fahrzeuge so zu bestimmen, dass bei Einhaltung der Fahrzeugkapazitäten alle Kundenbedarfe mit nur einer Anfahrt befriedigt werden können und die Gesamtstrecke aller Fahrzeuge minimal ist.

3.9.2.3 Restriktionen

Von entscheidender Bedeutung bei der Tourenplanung sind die Restriktionen. Sie geben die möglichen Verfahren und den Ergebnisbereich für das zu lösende Tourenplanungsproblems vor.

Von Hellmann wird eine Unterteilung in zwei Gruppen vorgenommen, zum einen in die Gruppe der *strukturbedingten* und zum anderen in die der *unternehmensbedingten Restriktionen* [Hellmann 1984].

Strukturbedingt bedeutet dabei, dass sich die Einschränkungen aus der Struktur des Bedienungsnetzes ergeben. Das schließt Depots, Touren und das Streckennetz ein.

Unternehmensbedingte Restriktionen ergeben sich aus dem Zweck der Unternehmung sowie internen dispositorischen Entscheidungen. Dieser Gruppe werden Transportmittel, Fahrpersonaleinsatz, Transportleistung, Aufträge und Kundenbedienung zugeordnet.

Abb. 3-31: Arten von Restriktionen bei der Tourenplanung

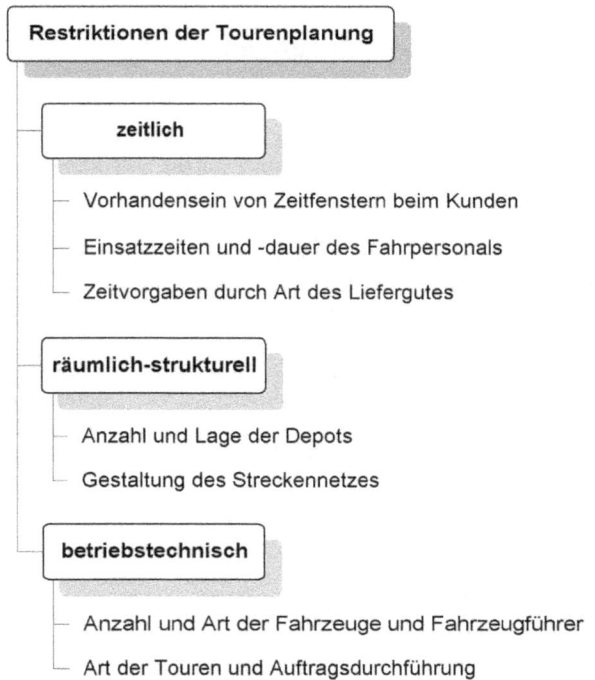

```
Restriktionen der Tourenplanung

    zeitlich

        — Vorhandensein von Zeitfenstern beim Kunden
        — Einsatzzeiten und -dauer des Fahrpersonals
        — Zeitvorgaben durch Art des Liefergutes

    räumlich-strukturell

        — Anzahl und Lage der Depots
        — Gestaltung des Streckennetzes

    betriebstechnisch

        — Anzahl und Art der Fahrzeuge und Fahrzeugführer
        — Art der Touren und Auftragsdurchführung
```

Quelle: in Anlehnung an Hellmann 1984, S. 25

In der hier vorliegenden Arbeit wird die Gruppenbildung noch etwas konkreter gefasst. Es empfiehlt sich, wie in Abbildung 3-31 zu sehen, eine Einteilung in *zeitliche, räumlich-strukturelle und betriebstechnische Restriktionen* vorzunehmen.

Die zeitlichen Restriktionen umfassen die Lieferzeitfenster beim Kunden. Diese können aufgrund seiner Marktmacht durch ihn vorgegeben sein. Sie können aber auch durch äußere Umstände entstehen. Bspw. begrenzen Einkaufszonen mit kommunal festgelegten Lieferzeiten und Brückenöffungszeiten die freie Gestaltung der Anlieferung.

Ebenso einschränkend wirken Einsatzzeiten und –dauer des Fahrpersonals. Deren Zeitfond wird maßgeblich durch gesetzliche und betriebliche Bestimmungen zu Arbeits- und Lenkzeiten geprägt.

Die Art des Liefergutes wirkt gleichfalls zeitkapazitiv. So sind beim Personentransport, z. B. von Kindern in Schulbussen oder Arbeitern und Angestellten im Werksbus, bestimmte Fahrzeiten von Bedeutung. Bei Tiertransporten sind herrschende Gesetze einzuhalten und vor allem bei Lebensmitteltransporten die Verderblichkeit der Waren.

Eine weitere Gruppe ist die der räumlich-strukturellen Restriktionen. Dort stehen Lage und Anzahl der Depots und die Gestaltung des Streckennetzes im Mittelpunkt. Grundsätzlich sollte das Depot im Zentrum des Bedienungsgebietes liegen. Denn je weiter es an der Peripherie liegt, desto ungünstiger kann die Lösung des Tourenplanungsproblems ausfallen. Nicht unüblich bei der Tourenplanung ist das Vorhandensein mehrerer Depots. In diesem Fall wird vom *Mehrdepot-Problem,* sonst vom *Eindepot-Problem,* gesprochen.

Auch das vorhandene Streckennetzes kann sich restriktiv auf die Problemlösung auswirken. Die Länge der Wegstrecken variiert und ist abhängig von unterschiedlicher Topografie, wie Gebirge oder flaches Land, und von natürlichen und künstlichen Hindernissen, wie Flüsse und Einbahnstraßen. In der Literatur existieren verschiedene Methoden, das reale Streckennetz für die Optimierungsaufgabe abzubilden. Eine Möglichkeit ist die *Straßennetz-Methode*, welche theoretisch ein genaues Abbild der Realität sein kann. Praktisch wird aber, um den Arbeits- und Rechenaufwand in Grenzen zu halten, eine Vereinfachung gewählt. In den meisten Fällen genügt es, das Straßennetz auszudünnen und bestimmte Verkehrsknoten und Straßen nicht mit aufzunehmen oder aber mehrere lokale Kunden zu Lieferbereichen oder Lieferzonen zusammenzufassen. Eine weitere häufig angewandte Möglichkeit ist die *Koordinatenmethode*. Hierbei wird ein Gitternetz über die Landkarte gelegt und Kunden und Depots Koordinaten zugeordnet. Die Streckenberechnung erfolgt über die Luftlinie, wobei vorhandene Barrieren und die Fahrzeugdichte in einzelnen Bereichen durch Korrekturwerte erfasst werden [Probol 1979].

Aus der Gruppe der betriebstechnischen Restriktionen sind die mit der Vorgabe von Anzahl und Art der Fahrzeuge und Fahrzeugführer zweifelsohne die dominantesten. Erst durch die Kapazitätsgrenze des vorhandenen Fuhrparks wird die Tourenplanung zum Problem. Selbst, wenn, wie bei der Startlösung mancher Lösungsverfahren ausreichend Fahrzeuge mit entsprechendem Personal zur Verfügung stehen, sind Ladekapazität und technische Gegebenheiten der einzelnen Fahrzeuge entscheidend. Die Kapazität kann masse-, volumen- oder personenbezogen sein. Mögliche technische Einschränkungen können sich aus dem eigentlichen Zweck des Fahrzeugs ergeben.

Bei der Art der Touren ist zum einen von Bedeutung, ob ein Depot jeweils nur einmal am Ende der Tour oder auch zwischendurch angefahren werden kann, um bspw. unterwegs umgeladene Waren oder Personen zurückzuführen. Zum anderen ist es bei einem Mehrdepotproblem möglich, dass das Startdepot und das Zieldepot nicht identisch sind bzw. wechseln. Dieser Fall eines *flexiblen Einsatzbereiches* erfordert im Gegensatz zum *festen Einsatzbereich*, bei dem Fahrzeug und Fahrer stets zum Ausgangsdepot zurückkehren, einen deutlich höheren Planungsaufwand. Dazu kommt die zu organisierende Rückführung des Fahrers an den Wohnort.

Die Art der Auftragsdurchführung schränkt die Tourenplanung dahingehend ein, dass verschiedene Lieferaufträge in derselben Tour, aber in einer bestimmten Reihenfolge abgearbeitet werden müssen. Genauso ist möglich, dass verschiedene Aufträge in keinem Fall zusammen bei einer Tour bedient werden können.

3.9.2.4   Arten von Tourenplanungsproblemen

Mit der Menge möglicher Restriktionen und deren Wirkung lassen sich abweichend vom Standardproblem eine ganze Reihe anderer Tourenplanungsprobleme beschreiben [Erkens 1998, S. 10; Ziegler 1998, S. 9 ff.]. Eine Übersicht dazu zeigt Abbildung 3-32.

a) Traveling-Salesman-Problem (TSP)

Am häufigsten behandelt wird in der Literatur das TSP. Im deutschen Sprachraum ist unisono auch vom Rundreiseproblem die Rede. Kern hierbei ist, dass eine Tour von einem Startpunkt aus eine Route umfasst, bei der jeder Ort genau einmal angefahren wird. Ziel ist es, zum Startpunkt wieder zurückzukehren und in der Summe aller Streckenabschnitte eine minimale Entfernung zurückgelegt zu haben.

Das oben angeführte TSP ist konkret ein Single-Traveling-Salesman-Problem (STSP), da es nur eine Tour einschließt. Stehen eine größere Anzahl „Handlungsreisende" zur Verfügung, ist es möglich, auch mehrere Touren gleichzeitig zu planen. Entsprechend stellt sich die Situation als Multiple-Traveling-Salesman-Problem (MTSP) dar.

Eine eher seltene Variante des TSP wird mit dem Orientiering-Problem beschrieben. Hier steht nicht allein die zurückgelegte minimale Wegstrecke im Vordergrund, sondern auch der maximal zu erwartende Gewinn durch den Kundenbesuch. Vorrausetzung dieses Problems ist eine Beschränkung für die zu liefernde Ware mit der Folge der Auswahl von Kunden, deren Bedarf befriedigt werden kann.

Abb. 3-32: Arten von Tourenplanungsproblemen

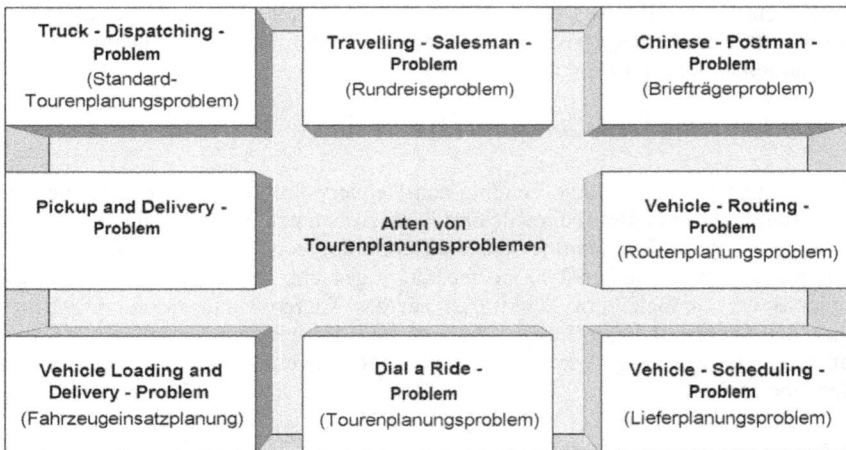

Truck - Dispatching - Problem (Standard-Tourenplanungsproblem)	Travelling - Salesman - Problem (Rundreiseproblem)	Chinese - Postman - Problem (Briefträgerproblem)
Pickup and Delivery - Problem	Arten von Tourenplanungsproblemen	Vehicle - Routing - Problem (Routenplanungsproblem)
Vehicle Loading and Delivery - Problem (Fahrzeugeinsatzplanung)	Dial a Ride - Problem (Tourenplanungsproblem)	Vehicle - Scheduling - Problem (Lieferplanungsproblem)

b) Chinese-Postman-Problem (CPP)

Ähnlich dem TSP steht beim CPP bzw. Briefträgerproblem eine Tour mit der Charakteristik einer Rundreise und der minimal zurückgelegten Entfernung im Mittelpunkt. Unterschiedlich ist jedoch, dass für eine Route nicht die Anordnung einzelner Orte, sondern die von Streckenabschnitten oder Straßen vorgenommen wird.

Zugelassen ist hier die mehrfache Durchquerung von Straßen, wenn diese besonders breit sind oder zu mehreren nächstfolgenden Abschnitten führen.

Weitere Beispiele zum CPP sind die Tourenplanungsprobleme der Müllabfuhr oder der Straßenreinigung.

c) Vehicle-Routing-Problem (VRP)

Vor allem in der angelsächsischen Literatur ist oft vom VRP die Rede. Inhalt ist die Suche nach der Zuordnung von Kunden zu Fahrzeugen und deren Routen, bei der wieder die Gesamtfahrdistanz minimal wird. Die Ähnlichkeit zum TSP ist somit gegeben.

d) Vehicle-Scheduling-Problem (VSP)

Während beim VRP die zeitliche Eintaktung der Kunden in die Touren keine Rolle spielen, beachten die VSR genau die diesbezüglichen Restriktionen. Die Kunden werden entsprechend ihrer Lieferzeitfenster in die Routen eingeführt. Der Minimierungsaspekt für die insgesamt zurückzulegende Entfernung bleibt nur im Rahmen der zeitlichen Beschränkung unangetastet.

e) Vehicle-Loading-and-Delivery-Problem

Ziel der Lösung von Vehicle-Loading-and-Delivery-Problemen ist primär die Minimierung der benötigten Fahrzeuganzahl. Dazu benutzt es die Möglichkeiten des Loading Problems. Hier wird jeweils die Zuordnung von Waren mit deren notwendigem Kapazitätsbedarf zu Transportbehältern gesucht. Das Ergebnis ist ein minimaler Bedarf an Behältern. Übertragen auf das Tourenplanungsproblem entsprechen die Touren und ihre Länge Objekten und deren Kapazitätsbedarf. Die Distanzwerte der Fahrzeuge wie Einsatzzeit oder Reichweite stellen die Kapazität der Behälter dar.

f) Pickup and Delivery-Problem

In Pickup and Delivery-Problemen werden Auslieferungs- und Sammelprobleme vereint. Im Unterschied zu Auslieferungsproblemen mit Rücktransporten (Backhauls) werden die eingesammelten Waren nicht mit zum Depot zurückgenommen. Stattdessen erfolgt eine Auslieferung noch auf derselben Tour. Typische Anwendungsfälle sind der Einsatz von Schulbussen oder der Warentrampverkehr.

g) Dial a Ride-Problem

Dial a Ride-Probleme stellen einen Spezialfall des Pickup and Delivery-Problems dar. Der Unterschied ist darin begründet, dass alle Kundenbedarfe die gleiche Größe haben wie im Personenverkehr bzw. die Kapazität nicht mehr von Bedeutung ist, z. B. bei Kurierfahrten.

3.9.2.5 Klassifizierungsmerkmale

Ein wichtiger Aspekt zur Lösungsfindung in der Tourenplanung ist die vorhergehende Einordnung des Tourenplanungsproblems in Klassen. Manche Autoren systematisieren nach der Problemstruktur. Domschke präferiert eine Klassifizierung im Hinblick auf mögliche Lösungsansätze [Domschke 1990]. Vielfach ist in der Literatur jedoch eine Orientierung auf die Merkmale realistischer Tourenplanungsprobleme zu finden [Gietz 1994, S.13; Erkens 1998, S.14 ff.; Bergmann 1998, S.8]. Diese lassen sich, wie in Anhang I erkennbar, strukturieren.

a) Aufträge

Jede Tourenplanung basiert auf einem Netzwerk, welches die räumliche Struktur für die Problemlösung darstellt. Sind die Kunden wie bei einem TSP darin als Knoten enthalten, handelt es sich um ein *knotenorientiertes Problem*. Dies gilt für die große Anzahl der Auslieferungsfälle. Sind dagegen nicht die Knoten, sondern die Kanten Ziel der Aufträge, wie z. B. bei einem CPP, dann stellt sich damit ein *kantenorientiertes Problem* dar.

Die Daten zu den einzelnen Aufträgen müssen nicht zwingend schon vor der Planung der Tour bekannt sein. Zwar ist dies der häufigste und in der Literatur vielfach dargestellte Fall, doch ist es möglich, dass der Kundenbedarf und andere Informationen erst vor Ort erfahren werden. Entsprechend wird dann die Tourenplanung *stochastisch* anstatt *deterministisch* vorgenommen. Das Auftreten eines *dynamischen* Planungsfalles wird noch seltener beschrieben. Dabei werden die Tourdaten bekannt, wenn die Fahrzeuge bereits unterwegs sind.

Wie weiter oben erwähnt, treten Tourenplanungsprobleme für Auslieferungs- oder Sammelfahrten in Erscheinung. Genauso gut kann dies *kombiniert* auftreten, was eine Verkomplizierung des Standardproblems mit sich bringt. Dieser Fall mit Hin- und Rücklieferungen ist oft bei KEP-Touren anzutreffen.

Die Art der Auftragsdurchführung und das Vorhandensein von Lieferzeitfenstern wurden im Rahmen der Restriktionen ebenfalls schon diskutiert. Im Fall der Unverträglichkeit verschiedener Waren untereinander bzw. mit dem Transportmittel wird es erforderlich, den Auftrag zu teilen und diesen mit unterschiedlichen Fahrzeugen oder auf verschiedenen Touren abzuarbeiten.

Die Güter, die es bei den Aufträgen zu transportieren gilt, können nach Art und Anzahl unterschieden werden. So heißen gleiche oder in Gestalt und Eigenschaft ähnliche Güter *homogen*, andernfalls *heterogen*. Deren Anzahl kann über mehrere Perioden konstant oder schwankend sein.

b) Fuhrpark

Die Zusammensetzung eines Fuhrparks kann auch *homogen* sein, nämlich dann, wenn alle seine Fahrzeuge nach Art, Ladekapazität und Zusatzeinrichtungen gleich sind. In der Praxis ist aus Gründen der Flexibilität allerdings der verschiedenartige (*heterogene*) Fuhrpark die Regel.

Anzahl und Kapazität der Fahrzeuge können *beschränkt* oder *unbeschränkt* sein. In der Realität werden sich im Allgemeinen aber Beschränkungen feststellen lassen. Sollte nach dem Einplanen ein Fahrzeug noch Zeitreserven haben, kann anstatt eines *Einfach-Einsatzes* auch ein *Mehrfach-Einsatz* vorgenommen werden. Es startet in der betrachteten Periode erneut, um einen weiteren Auftrag auszuführen.

Eine übliche Unterscheidung von Fahrzeugen ist die nach ihrer Art. Stellvertretend für die Vielzahl seien LKW, Kleintransporter, Zug oder Tanklastwagen, Pritschenwagen, Güterschnellzug, Güterzug genannt. Daraus resultierten auch typische Einschränkungen durch Verkehrsregeln wie Fahrverbote und erlaubte Höchstgeschwindigkeiten.

c) Personal

In Bezug auf das Fahrpersonal lassen sich drei Merkmale festhalten. So beinhaltet der Besatzungstyp die Möglichkeiten der Einfach- und der Doppelbesatzung sowie variabler Fahrerzahl. Der Schichttyp enthält das Ein- und das Mehrschichtsystem. Die Arbeitszeitrestriktionen als ein Teil der Zeitrestriktionen umfassen maximale Lenkzeit, Länge der Tagesarbeitszeit, Lenkzeitunterbrechungen etc..

d) Touren

Ein gängiges Merkmal ist die Art der Touren. Im Fall *offener Touren* fahren die Fahrer nach der Abarbeitung ihrer Aufträge in das nächste Depot. Ihr Einsatzbereich ist flexibel. Vorraussetzung ist das Vorhandensein mehrerer Depots. Bei *geschlossenen Touren* kehren die Fahrer, unabhängig von der Anzahl der Depots, stets wieder zum Tourende an ihren Ausgangspunkt zurück.

Maximale Tourdauer, Auftragszahl, Fahrstrecke und Kundenzahl sind spezielle Ausprägungen von Tourbeschränkungen.

Die Unterscheidung nach der Art der Transportkette erfolgt mit *Direktverkehr* und *kombiniertem* Verkehr. Direktverkehr oder ungebrochener Verkehr wird der Transport ohne Wechsel des Transportmittels von der Quelle zur Senke genannt. Findet wenigstens einmal ein Wechsel statt, handelt es sich um gebrochenen Verkehr. Wenn bei diesem Wechsel der Transportbehälter beibehalten wird, kann dies als kombinierter Verkehr bezeichnet werden.

e) Netzwerk

Die Knotenabstände in einem Netzwerk können euklidisch nach der Koordinatenmethode oder fahrwegbezogen wie bei der Straßennetzmethode bestimmt werden. Dabei besteht bei letzterer die Wahl, die Weglänge entsprechend der Fahrtzeit oder der zu bewältigenden Fahrstrecke zu bewerten und dabei Streckensymmetrien und –asymmetrien zu beachten. Die Dauer der Fahrt muss nicht zwingend als Konstante angesehen werden. Denkbar ist eine Verknüpfung mit weiteren Einflussfaktoren. Zum Beispiel sind verschiedene Fahrzeiten für denselben Weg zu verschiedenen Tageszeiten oder mit verschiedenen Fahrzeugen möglich.

Die Art des Netzwerkes richtet sich nach der Art der Streckenbestimmung. So entsteht durch Nutzung der Koordinatenmethode ein Koordinatennetz, bei einer strecken- oder schienennetzbezogenen Methode ein Straßen- oder Schienennetz.

f) Kosten

Im Kostenbereich ist die Einteilung nach einem fixen und einem variablen Anteil möglich. Fixe Kosten entstehen unabhängig von den zu absolvierenden Touren. Sie beinhalten z. B. Lohnkosten für Festangestellte und Kosten für die Unterhaltung des Fuhrparks wie Fahrzeugsteuern und -versicherungen. Variable Kosten fallen überwiegend durch Verbrauch während der Transportleistung, bspw. von Kraft-

und Schmierstoffen, an. Sie können auch fahrstreckenbezogene Abschreibungen beinhalten.

Kosten für externe Frachtführer können je nach Vertragssituation pauschal je Tag oder Monat, also fix, oder variabel nach der Kilometerleistung anfallen.

g) Planungshorizont

Im Rahmen der Tourenplanung wird allgemein vom einperiodischen Planungsfall ausgegangen. Häufig liegt der Zeithorizont dort bei einem Tag. Dennoch ist Mehrperiodenplanung möglich. Dabei werden dann nicht nur die Kunden den Touren zugeordnet und deren Reihenfolgeposition festgelegt, sondern auch die entsprechende Periode für diese Tour.

3.9.3 Ziele der Tourenplanung

Wenn bei dem allgemeinen Ziel der Tourenplanung von der Findung einer Optimallösung für ein Tourenplanungsproblem die Rede ist, dann drängt sich die Frage nach der Art der Lösung auf. Es gilt, die Optimalitätskriterien zu definieren, nach denen die Unternehmen Tourenplanung im Sinne ihrer Zielvorstellungen vornehmen können. Bislang war von Kosten, Auslastung oder Flächenabdeckung die Rede. Hieraus lässt sich ableiten, dass sehr unterschiedliche Zielausrichtungen denkbar sind.

Im Allgemeinen kann eine Einteilung nach geldwerter und nach zeitlicher Ausrichtung vorgenommen werden. Wesentlich für monetäre Ziele ist die Kostensenkung. Sie sorgt dafür, dass bei gleichbleibenden Umsätzen wachsende Gewinne realisiert werden können oder die Kosten die Gewinnspanne nicht zu sehr drücken, wie z. B. im Fall der für die Kunden von Zulieferern „kostenfreien" Serviceleistung Transport.

Eine weitere Unterteilung lässt sich in Bezug auf den vorgesehenen Umsetzungszeitraum. „Mit der Tourenplanung werden vielfältige Ziele verfolgt, die aufgrund ihres Planungshorizontes in strategische, taktische und operative Ziele zu untergliedern sind."[Erkens 1998, S.20]. Eine Darstellung dazu findet sich im Anhang II.

Strategische Ziele gelten für Tourenplanungsprobleme, die in größeren und unregelmäßigen Zeitabständen zu lösen sind. Dabei gilt es, die Wirkungen grundlegender situativer Veränderungen im Umfeld der Tourenplanung zu erkennen und entsprechend Maßnahmen für eine positive wirtschaftliche Entwicklung des eigenen Unternehmens zu ergreifen. Im Kern dessen kristallisiert sich langfristig die Optimierung von so entscheidenden Parametern wie Lageranzahl, Liefergebiet oder Logistiktiefe heraus.

Das Wirkungsfeld *taktischer Ziele* ist auf mittelfristige und regelmäßige Tourenplanungsprobleme gerichtet. Üblicherweise gelten Jahres- oder Saisonfristen als Zeitrahmen dieser Zielplanung. So sind z. B. Festlegungen von Rahmentouren, Anpassungen der Fuhrparkgröße und der Personalstärke an die zu erwartende Auftragslage typische Planungsinhalte.

Die *operativen Ziele* finden im Rahmen der kleinsten Planungsperiode ihre Beachtung. Die günstige Gestaltung der Kosten ist als entscheidender Planungsinhalt direkt erkennbar. So geht eine Optimierung in diesem Kurzfristbereich vor allem über die Minimierung von Aufwand vonstatten. Davon betroffen sind bspw. die Streckensummen der Touren, deren Gesamtdauer oder die Anzahl benötigter Fahrzeuge. Für Planungsaufgaben im Sinne der operativen Ziele existiert eine Fülle von Lösungsverfahren, welche weiter unten beschrieben werden.

Die Erfüllung der verschiedenen nicht–monetären Ziele unterliegt notwendigerweise keiner zeitlichen Zielausrichtung. Stattdessen kann bei Zielen wie der Erreichung eines besseren Lieferservices oder einer gleichmäßigen Auslastung der Fahrerarbeitszeit von einer Allgemeingültigkeit für jede Planungsperiode ausgegangen werden.

3.9.4 Lösungsverfahren der Tourenplanung

Für die Lösung des Standardproblems der Tourenplanung ist die Betrachtung von zwei Teilproblemen notwendig. Einerseits muss die Zuordnung der Kunden zu einer Tour vorgenommen werden. Andererseits gilt es, die Reihenfolge der Kunden innerhalb der jeweiligen Tour zu bestimmen. Zuordnungsproblem, Reihenfolgeproblem und damit auch das Standardtourenplanungsproblem stellen kombinatorische Optimierungsprobleme dar.

Theoretisch ist die exakte Lösung durch explizite vollständige Enumeration zu erhalten. Jede mögliche Kombination der Verbindungen zwischen den Kunden wird zu einer Rundreise zusammengestellt, um schlussendlich aus diesen die günstigste bzw. kürzeste Variante auszuwählen. Diese Vorgehensweise ist nur eingeschränkt möglich. Mit zunehmender Kundenzahl steigt die Anzahl an Zuordnungs- und Anordnungsmöglichkeiten exponentiell. In einer Arbeit von Lenstra wurden Tourenplanungsprobleme wie hier beschrieben als NP-vollständige Probleme erkannt. Die Wahrscheinlichkeit, dass exakte und in der täglichen Praxis anwendbare Optimierungsverfahren für eine große Anzahl von Kunden und Restriktionen entwickelt werden können, ist somit äußerst gering.

Die zu langen Rechenzeiten haben vor allem in der Vergangenheit dafür gesorgt, dass alternativ zu den exakten Verfahren heuristische Verfahren entwickelt wurden. Diese erzeugen in praktikablen Zeiten suboptimale und damit hinreichend gute Lösungen. Im Folgenden soll ein Überblick über in der Literatur erschienene exakte und heuristische Verfahren gegeben werden. In graphischer Form findet sich dieser Überblick in Anhang III wieder.

3.9.4.1 Exakte Verfahren

„Exakte Verfahren haben bislang im Rahmen der Lösung von Tourenproblemen in der Praxis keine Bedeutung erlangt." [Domschke 1990, S.136]. Aufsetzend auf dem Standardproblem der Tourenplanung wurden in den 50er und 60er Jahren diverse Lösungsverfahren der ganzzahligen linearen Optimierung entwickelt. So stammt bspw. von Garvin u. a. ein Lösungsverfahren für Tourenplanungsprobleme mit Fahrzeugen unterschiedlicher Ladekapazität [Probol 1979]. Von größerer Bedeutung ist die implizite vollständige Enumeration als das eigentliche entscheidungsbaumbasierte Verfahren. Der Lösungsalgorithmus ähnelt einer aufgefächerten Baumstruktur. Allerdings werden nicht alle Zweige des Lösungsbaumes weiterverfolgt, sondern nur jene, welche mit Sicherheit auf die optimale Lösung führen können. Im frühzeitigen Erkennen der zum Ziel führenden Zweige liegt die Schwierigkeit solcher Verfahren. Ein wesentlicher Vertreter der Lösungsfindung unter Zuhilfenahme von Entscheidungsbäumen ist das *Branch-and-Bound-Verfahren*. Es folgt der Grundidee des Verzweigens von Problemen in Teilprobleme (Branching). Über deren Zielfunktionswerte werden Schranken ermittelt, durch welche dann ein weiteres Ausloten dieser Teilprobleme (Bounding) möglich wird [Domschke 1990]. Eine bekannte Anwendung ist das Verfahren nach Little et al.

Zur Bestimmung einer optimalen Rundreise wird eine Entfernungsmatrix aufgestellt, aus deren Zeilen- und Spaltenwerten die theoretisch kürzeste Tour ermittelt wird. Anschließend werden die Zeilen und Spalten um die jeweiligen Minima reduziert, so dass sich je Zeile und Spalte mindestens ein Wertepaar mit einer „0"-Distanz ergibt. Danach folgt ein Vergleich mit den Distanzen der anderen Wertepaare, um jenes Paar herauszufinden, welches bei Nicht-Auswahl die größte Mehrdistanz aufweisen würde. Im nächsten Schritt schließt sich die Zerlegung in die Teilprobleme mit und ohne gewähltem Wertepaar und die Addition der möglichen Mehrdistanzen an. Bei der Weiterverfolgung des Zweiges mit dem gewähltem Paar werden dann die betreffende Zeile und Spalte gestrichen bzw. die Gegenrichtung zur Vermeidung von Kurzzyklen gesperrt. Im anderen Zweig ist das nicht gewählte Wertepaar zu sperren. Die erneute Zeilen- und Spaltenreduktion schließt sich in allen Zweigen an, in denen noch eine Auswahl aus Wertepaaren möglich ist [Domschke 1990].

Dank seines Algorithmus gelang es Little et al., den Entscheidungsbaum relativ schlank zu halten und so den Rechenaufwand zu reduzieren. Bei der Übertragung auf andere Tourenplanungsprobleme und der damit verbundenen Aufnahme neuer Restriktionen wuchs der Aufwand dennoch stark an. Von Christofides und Eilon wie auch von Pierce existieren Verfahren, die auf dem von Little et al. beschriebenem aufbauen. Sie verwenden dabei anstatt eines mehrere virtuelle Depots mit unendlicher Entfernung zueinander, um eine Verbindung zwischen diesen auszuschließen. Pierce unterscheidet außerdem noch zwischen Start- und Zieldepots.

Weitere Branch-and-Bound-Verfahren sind das Subtour-Eliminationsverfahren zur Lösung eines Zuordnungsproblems und das des minimalen 1-Baumes. Bei beiden wird eine Relaxation des eigentlichen TSP ermittelt und darauf aufbauend die Optimallösung gefunden.

Eine andere Möglichkeit der vollständigen Enumeration bietet das Schnittebenenverfahren. Durch seine begrenzte Anwendbarkeit auf eher weniger komplexe Tourenplanungsprobleme erlangte es aber bisher keine Bedeutung [Bergmann 1998].

Einige Verfahren erreichen trotz eines exakten Ansatzes keine Optimallösung. Die Ursache dafür ist in der Komplexität der Probleme zu suchen. In diesem Zusammenhang wurde der Begriff der *unvollständigen exakten Verfahren* geprägt. Beispiel dafür sind der Set-Partitioning-Ansatz für knotenorientierte und der Set-Covering-Ansatz für kantenorientierte Tourenplanungsprobleme. Zur Lösung eines Standardproblems wird in zwei Schritten vorgegangen. Zuerst erfolgt die Ermittlung aller zulässigen Touren und der dazugehörigen aufwandsminimalen Routen mit Hilfe eines exakten oder heuristischen Verfahrens. Danach wird die Tour gewählt, in der jeder Kunde nur einmal vorhanden und der Gesamtaufwand minimal ist. Schon im ersten Schritt wird es bei den meisten Tourenplanungsproblemen kaum möglich sein, alle Touren zu bestimmen. Ist der Lösungsraum jedoch durch Restriktionen stark eingeschränkt, kann die optimale Lösung gefunden werden [Bergmann 1998].

Ähnlich verhält es sich bei den Dekompositionsverfahren. In der General-Assignment-Heuristik, die auf Fisher und Jaikumar zurückgeht, wird das Tourenplanungsproblem in die beiden Teilprobleme Tourenbildung und Routenbildung zerlegt. Auch hier wird die zügige Erreichung einer Optimallösung durch die kombinatorische Vielzahl der Möglichkeiten bei der Zuordnung der Kunden zu den Touren behindert.

3.9.4.2 Heuristische Verfahren

Als Lösungsmethode in der Tourenplanung mit häufig guten Ergebnissen haben sich vor allem heuristische Verfahren bewährt. Durch sie ist es möglich, mit vertretbarem Aufwand zu einer hinreichenden suboptimalen Lösung zu gelangen. Eine übersichtliche Einteilung der Vielzahl von Verfahren hat Domschke vorgenommen [Domschke 1990, S.138]. Danach lässt sich zwischen Sukzessiv- und Parallelverfahren sowie diversen Kombinationen aus diesen unterscheiden.

In der Gruppe der *Sukzessiv-Verfahren* wird die weitere Unterteilung der Tourenplanungsprobleme anhand der Lösungsreihenfolge der beiden bekannten Teilprobleme vorgenommen. Wird zuerst das Reihenfolgeproblem und anschließend das Zuordnungsproblem gelöst, handelt es sich um ein *Route first-cluster Second-Verfahren*. Ein Beispiel dazu ist das Giant Tour-Verfahren.

a) Giant Tour-Verfahren

Bei diesen Verfahren wird zuerst eine kürzeste Rundreise, die giant tour, bestimmt. In ihr sind alle Kunden vertreten. Die Kapazitäts- und Zeitrestriktionen finden dabei noch keine Beachtung. Erst im nächsten Schritt, wenn durch Zerlegung der giant tour in kleinere Touren eine Zuordnung erfolgt, gilt es, alle Beschränkungen zu beachten.

Vorwiegend bei kantenorientierten Problemen finden Giant Tour-Verfahren ihre Anwendung, denn für knotenorientierte Probleme liefern sie im Vergleich zu anderen Verfahren eher unbefriedigende Lösungen. Begründen lässt sich dies dadurch, dass jeder Euler-Graph im Allgemeinen eine ganze Reihe Euler-Touren besitzt und deren Bestimmung wie auch die Zerlegung der Euler-Touren mit wenig Aufwand realisierbar ist [Domschke 1990, S.138 ff.].

Wird bei der Tourenplanung zunächst das Zuordnungsproblem und dann das Reihenfolgeproblem sukzessiv gelöst, handelt es sich um ein *Cluster first-Route se-*

cond-Verfahren. Dies kommt vor allem für knotenorientierte Probleme zum Einsatz. Als bekanntester Vertreter sei der Sweep-Algorithmus genannt, welcher, wie im Folgenden beschrieben, auf Gillett und Miller zurückgeht.

b) Sweep-Verfahren

Ausgehend von der sinnvollen Vorraussetzung, dass sich ein Depot im Zentrum des von ihm aus zu bedienenden Zielgebietes befindet, wird dort hinein der Ursprung eines Koordinatensystems gelegt. Zur allgemeinen Entfernungsbestimmung folgt nun für jeden Kunden die Bestimmung des Polarwinkels φ und deren aufsteigende Sortierung. Angefangen mit dem ersten Kunden werden dann solange weitere Kunden in die Tour mit einbezogen, bis eine Beschränkung durch Kapazität, Strecke oder Tourzeit greift und eine neue Tour beginnt. Nach Aufstellung der zweiten Tour wird versucht, durch den Austausch von Kunden zwischen den Touren die Gesamtstrecke beider Touren zu verringern. Anschließend wird eine dritte Tour aufgestellt, deren Kunden ihrerseits wieder gegen Kunden der Vorgängertour bei daraus folgender Streckenminimierung ausgetauscht werden können usw.. Für den nächsten Tourenplan beginnt mit dem zweiten Kunden der Sortierung die Tourenbildung. Im Ergebnis entstehen doppelt so viele Tourenpläne wie Kunden, da diese Prozedur in gleichfalls positiver wie negativer Drehrichtung von φ durchlaufen wird. Die von allen kürzeste Variante wird als suboptimaler Tourenplan gewählt. Eine Modifizierung des Sweep-Verfahrens für Mehr-Depot-Planungsfälle wurde von Gillett und Johnson vorgenommen.

Domschke verzichtet in seinem Sweep-Algorithmus auf den Verbesserungsschritt des Kundenaustausches nach jeder Tourbildung [Domschke 1990, S.140 ff.]. Dafür sucht er jeweils eine kürzeste Route innerhalb der Tour mit Hilfe der von ihm beschriebenen 2-opt- und 3-opt-Verfahren. Beim Sweep-Verfahren nach Probol wird der Kundenaustausch zwischen zwei Touren beibehalten [Probol 1979]. Zur Verringerung der Rechenzeiten und damit zur Verbesserung der Alltagstauglichkeit entwickelte der Autor jedoch Regeln, welche den Austausch auf ein sinnvolles Maß einschränken. Aus demselben Grund wurde auch die Anzahl möglicher Tourenpläne reduziert, indem Kunden mit relativ großen Polarwinkelabständen zueinander automatisch verschiedenen Touren zugeordnet werden.

Beide letztgenannte Verfahren werden auch als *Eröffnungsverfahren* bezeichnet, da die Lösungsfindung über die Erzeugung einer üblicherweise nicht-optimalen Anfangslösung erfolgt [Gietz 1994]. Selbiges gilt für die *Konstruktionsverfahren*. Im Unterschied zu den Sukzessivverfahren werden hier Tour und Route parallel entwickelt, weshalb Domschke sie auch als *Parallelverfahren* klassifizierte [Domschke

1990]. Das bekannteste ist das Savings-Verfahren nach Clarke und Wright aus dem Jahre 1964.

c) Savings-Verfahren

Als Basis für dieses Verfahren dient das Standardproblem der Tourenplanung. Zur Bestimmung einer Anfangslösung werden alle Kunden jeweils einer Pendeltour zugeordnet. Infolgedessen ist jeder Kunde Randkunde, nämlich gleichzeitig Anfangs- und Endkunde, seiner Tour. „Die Grundoperation des Savingverfahrens besteht darin, zwei Touren zu einer Tour zusammenzufassen." [Gietz 1994, S.39]. Das Savings-Prinzip reduziert iterativ die Touren. Dazu wird in jedem Durchlauf für alle Randkunden die Wegersparnis bei einer Tourenzusammenlegung ermittelt. Diese setzt sich zusammen aus der Summe der Entfernungen der Randkunden zum Depot, vermindert um deren Abstand zueinander. Werden mögliche Kapazitätsbeschränkungen nicht überschritten, vereinen sich die beiden Touren der Randkunden mit der größten Ersparnis zu einer Tour mit den Randkunden als Vorgänger bzw. Nachfolger voneinander. Die suboptimale Lösung ist gefunden, wenn aufgrund von Restriktionen eine weitere Zusammenlegung nicht möglich ist.

Da das Savings-Verfahren häufig angewandt und oft auch Grundlage von Tourenplanungssoftware ist, haben sich eine ganze Reihe Modifikationen dazu entwickelt [Domschke 1990, S.143]]. Von Gaskell und von Yellow stammt der Vorschlag, bei der Berechnung des Abstandes der Randkunden zueinander einen Faktor (zwischen 0 und 3) einzufügen. So entstehen proportional veränderte Savings, aus denen sich verschiedene Tourenpläne bilden lassen und eine Auswahl des besten ermöglichen. Die Erzeugung mehrerer unterschiedlicher Tourenpläne im Sinn hatten auch Holmes und Parker, als sie das Savings-Prinzip mit dem Branch-and-Bound-Verfahren kombinierten. Die Vielzahl der Möglichkeiten sorgt allerdings für eine enge Schrankenbildung, so dass die Optimallösung (wahrscheinlich) nicht zu erreichen ist.

Ebenfalls zu den Parallelverfahren zu zählen sind die Verbesserungsverfahren. Ihr Ziel ist es, einen vorhandenen Tourenplan zu verbessern, indem sie bei den Inter-Tour-Verfahren die Touren oder beim Intra-Tour-Verfahren die Routen verändern. Domschke stellt dazu u. a. die Kanten- und Knotenaustauschverfahren „2-opt" und „3-opt" vor [Domschke 1990].

Durch die Entwicklung der Rechentechnik haben sich in der neueren Zeit Metaheuristiken für Tourenplanungsprobleme entwickelt. So sind Tabu Search und Simulated Annealing Nachbarschaftssuchverfahren, bei denen die aktuelle Lösung mit weiteren Nachbarlösungen verglichen und dank Auswahlregeln als neue akzeptiert oder abgewiesen wird [Bergmann 1998].

Mit einem biologischen Hintergrund seien hier auch genetische Algorithmen zur Lösungsfindung genannt. Genetische Vorgänge wie Selektion, Vererbung, Reproduktion und Mutation werden mittels stochastischer Verfahren mathematisch formuliert und eine Menge von Lösungen als sozusagen „generative" Abfolge erzeugt [Bergmann 1998].

Aus der Gruppe der Kombinationsverfahren treten vor allem Konstruktionsverfahren mit Nachoptimierung in den Vordergrund, wobei die Optimierung im Wesentlichen durch ein Verbesserungsverfahren erfolgt. Möglich ist auch, verschiedene Verfahrensideen integriert in einem Verfahren zu verweben. Solche Kombinationen werden als Hybridverfahren bezeichnet. Die Anwendung künstlicher Intelligenz hat durch die Verfahren künstlicher neuronaler Netze Einzug in die Tourenplanung gefunden. Aktivitätszustände der Neuronen bilden nach einer Überlegung von Mundigl Nachbarschaftsbeziehungen der Kunden auf der Route ab. Die Lösungsfindung erfolgt durch das Erreichen stabiler Energiezustände [Bergmann 1998].

4 Auswahl und Spezifizierung von Teilaspekten eines Post- und KEP-Hauptlaufes

In Kapitel 3 wurden verschiedene innovative Lösungen und Konzepte erwähnt. Besonders der Kombinierte Verkehr ähnelt von den Abläufen der typischen Transportkette im Post- und KEP-Bereich. Allein die Art und Größe der Sendungen, das Sendungsaufkommen sowie die höheren zeitlichen Anforderungen kennzeichnen die wesentlichen Unterschiede zum KV. Daraus ergeben sich zwangsläufig anderen Technologien und Techniken. So werden zum Beispiel im Bereich des KV das Rangieren und das Train-Coupling-and-Sharing-Konzept als gängige Verfahren zum zielorientierten Zusammenstellen der Wagenladungen genutzt. Zusammen mit den Umschlagprozessen in den KV-Terminals wird das erreicht, was im Post- und KEP-Bereich „Sortieren" genannt wird. Die automatisierten Sortieranlagen in den Brief- und Pakettransportketten sind kapazitiv an den maximalen Sendungsaufkommen orientiert.

Die besondere politische Förderung des KV durch fiskalische Vergünstigungen wie Mineralölsteuer, Straßenbenutzungsgebühren, Kraftfahrzeugsteuer oder einer möglichen Energie- bzw. CO_2-Steuer sowie durch Sozialvorschriften wie Lenk- und Ruhezeiten widerspiegeln die Notwendigkeit, im Bereich der Post- und KEP-Transporte ebenfalls umweltfreundlichere Verkehrsträger oder -mittel zu nutzen. Wenn es gelingt, durch neue Organisationsstrukturen und -abläufe sowie durch innovative Technologien Lösungen zu erzielen, die sogar Vorteile besitzen, zumindest aber wettbewerbsfähig gegenüber dem Straßentransport sind, dann ist damit die Möglichkeit gegeben, einen Beitrag zur Verhinderung des Verkehrsinfarktes und zur Schadstoffreduzierung in der Luft zu leisten. Kriterien, an denen diese Lösungen allerdings in erster Linie gemessen werden, sind Lieferzeit, -treue, -service und -qualität sowie die anfallenden Kosten bzw. die Angebotspreise. Durch die Ähnlichkeiten der Teilprozesse in den Transportketten des Kombinierten Verkehres und Post- bzw. KEP-Verkehres sind innovative organisatorische und technische Konzepte des KV in angepasster Form in der Post- und KEP-Branche anwendbar.

Um neben den bereits vorhandenen Lösungen aus dem KV-Bereich weitere geeignete Ideen zu finden, wurde als systematische Kreativitätstechnik die morphologische Methode ausgewählt [Zwicky 1989; Schlicksupp 1992]. Dabei wird ein zu lösendes Problem in typische Elemente bzw. Teilaspekte zergliedert, alle bekannten und möglichen Lösungen zusammengestellt und miteinander kombiniert [Hering 1996]. Die Ausprägungen der Teilaspekte stellen die Teillösungen dar. Der morphologische Kasten ist das Gesamtlösungsfeld für das Problem. Besonders für komplexe Problemstellungen, wie sie in diesem Fall vorliegt, ist dieses Verfahren geeignet [Seibert 1998].

Zu den wichtigsten Teilaspekten, die das Gesamtmodell einer alternativen Lösung für den Hauptlauf des Post- und KEP-Verkehrs kennzeichnen, sind:

- das Verkehrsmittel im Vor- und Nachlauf

- das Verkehrsmittel im Hauptlauf

- der Transportbehälter

- die Netzstruktur im Hauptlauf

- die Produktionsform im Hauptlauf

- die Umschlagtechnologie für die dezentralen Haltepunkte

- die Umschlagtechnologie für den zentralen Haltepunkt sowie

- die Sortiertechnik

zu zählen.

In Anhang IV sind diese Teilaspekte mit ihren Ausprägungen dargestellt. Auf technisch oder ökonomisch nicht realisierbare Lösungen wurde bei der Zusammenstellung bewusst verzichtet. Eigenentwicklungen, die erst im Verlauf der Untersuchungen entstanden, sind durch die leeren, dunkel hervorgehoben Felder in die Übersicht einbezogen worden. Auf die einzelnen Lösungen wird in den nachfolgenden Abschnitten genauer eingegangen. Die Zahl der möglichen Lösungskombinationen ergibt sich aus dem Produkt der Anzahl der Teilaspektlösungen, in diesem Fall:

$$5 \times 8 \times 5 \times 4 \times 4 \times 9 \times 10 \times 11 = 3.168.000$$

Um die Menge an Lösungskombinationen einzuschränken, wurden die einzelnen Lösungen bzw. Ausprägungen der Teilaspekte hinsichtlich verschiedener Kriterien untersucht und bewertet. Als Methode wurde dabei das sogenannte Scoring-Verfahren in Form einer Punktebewertung eingesetzt [Vojdani 2003]. Dabei wird durch die Vergabe oder den Entzug von Punkten der Erfüllungsgrad der Lösungen, in diesem Fall niedrig, mittel oder hoch, beurteilt. Auf eine Wichtung der Kriterien wurde aufgrund des zusätzlichen Subjektivitätsfaktors verzichtet.

In den Fällen, in denen die gefundenen Teillösungen trotz höchster Punktzahl nur einen ungenügenden Anteil zur Zielerreichung (Kapitel 2) beitragen, ist vom Autor eine Alternativlösung erarbeitet worden. Für diese wurden anschließend ebenfalls die Erfüllungsgrade aller Kriterien ermittelt und mit denen der anderen Teillösungen verglichen. Die farbliche Hervorhebung kennzeichnet solche im Verlauf der Untersuchungen entstandenen Eigenentwicklungen bei den Scoring-Vergleichen.

4.1 Verkehrsmittel im Vor- und Nachlauf

Die Wahl des Verkehrsmittel im Vor- und Nachlauf bildet den Ausgangspunkt für die weitere Betrachtung des Gesamtmodells. Als mögliche Verkehrsmittel für den Vor- und Nachlauf im Post- und KEP-Bereich kommen:

- PKW

- Kleintransporter

- LKW und

- Nahverkehrszug

in Betracht. Auf eine genauere Spezifizierung von z. B. Produkten oder technischen Parametern wurde aufgrund der kurzen Produktlebenszyklen verzichtet.

Die Bewertungskriterien für die Verkehrsmittel beim Scoring-Verfahren sind:

- Transportgeschwindigkeit

- Transportkapazität

- operative Flexibilität

- Transportkosten

- Transportreichweite

- Flächenbedienung

- Eignung für den Sammel- bzw. Verteilvorgang (Funktionalität)

- Abhängigkeit von Fahrverboten

- Abhängigkeit von Geschwindigkeitsbegrenzungen

- zeitliche Zuverlässigkeit   *Abb. 4-1: KEP-Car*

- Energieverbrauch

- Schadstoffemissionen

- Lärmemissionen

- Unfallhäufigkeit und

- sofortige Einsatzbereitschaft.

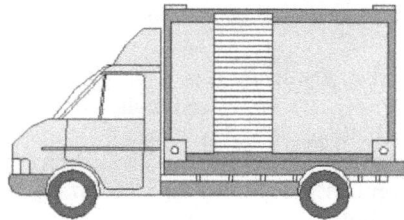

Der Nahverkehrszug, ob als Güterzug oder als Personenzug mit separatem Güterabteil, ist durch seine Gebundenheit an das Schienennetz hinsichtlich Abhol- und Lieferservice zu stark eingeschränkt. Der Vorteil dieses Verkehrsmittels, Elektrifizierung des Schienennetzes und elektrische Traktion vorausgesetzt, ist in den geringeren Umweltbeeinflussungen zu sehen.

Die geringe Kapazität und der damit verbundene Mehrverkehr wirken sich negativ auf die Bewertung des Personenkraftwagens aus. Seine Stärken wie Flexibilität und Transportgeschwindigkeit kann der Kleintransporter auf ähnlich hohem Niveau garantieren, das aber bei bedeutend höherer Transportkapazität.

Auch wenn heute aufgrund des Wettbewerbs der LKW das bevorzugte Transportmittel in der Praxis ist, in diesem Vergleich sind andere Kriterien für die Positionierung des Lastkraftwagens entscheidend. Dazu zählen vor allem seine negativen Wirkungen auf die Umwelt sowie die Gebundenheit an Fahrverbote und Geschwindigkeitsbegrenzungen. Durchschnittlich verbraucht ein LKW etwa 40 Liter Diesel pro 100 Kilometer, eine Diesellokomotive mit einer vielfach höheren Transportkapazität 120 Liter [Pällmann 1990]. Bei der elektrischen Traktion ist aufgrund des höheren Wirkungsgrades von einem noch günstigeren Verhältnis auszugehen. „Am energiesparendsten ist immer noch das Binnenschiff. Die Eisenbahn verbraucht bei gleicher Leistung etwa 20 Prozent mehr Energie, der LKW sogar das 2,5-fache." [Adler 2001, S. 14]. Das Schiff ist allerdings aufgrund des geringen infrastrukturellen und technischen Potenzials keine wirkliche Alternative, um den Anforderungen an einen Post- und KEP-Verkehr gerecht zu werden.

Eine großflächige Anbindung des Vor- und Nachlaufes an den Hauptlauf unter Einhaltung der Zeitfenster setzt schnelle und flexibel einsetzbare Fahrzeuge voraus. Aus diesem Grund dominieren die Kleintransporter in diesen Bereich. Verschiedene Dienstleister wie UPS und die DP AG gehen noch einen Schritt weiter, um die Effizienz im Vor- und Nachlauf zu steigern. Mit Sonderaufbauten versehene Kleintransporter werden eingesetzt, um Zeitvorteile im Vor- und Nachlaufprozess zu erlangen [Riesenegger 2000, S. 105 ff.].

Einen ähnlichen Ansatz verfolgt der vom Autor im Anschluß an die erste Scoring-Bewertung entwickelte, als *KEP-Car* bezeichnete Kleintransporter, dargestellt im Abbildung 4-1. Zusammen mit der wechselbaren *KEP-Box*, welche in Abschnitt 4.3 vorgestellt wird, bildet das Fahrzeug ein System, das speziell auf die steigenden zeitlichen Anforderungen beim Einsammeln und Verteilen der Sendungen sowie bei den Umschlagprozessen ausgerichtet ist. Das *KEP-Car* besteht aus einem Kleintransporterfahrzeug mit Fahrerkabine und Fahrzeugrahmen ohne Aufbau, an welchem eine mechanische (z. B. Spindel- oder Scherenhub) oder hydraulische Hubeinrichtung mit daran befestigter Hubplattform angebracht ist. Mit Hilfe des aus dem KV-Bereich bekannten Spreader-Verriegelungsmechanismus können die *KEP-Boxen* von der Hubplattform aufgenommen werden. Die dahinterstehende, *KEP-Mobiler* genannte horizontale Umschlagtechnologie wird in Abschnitt 4.6 detaillierter erläutert. Um einen direkten Zugang des Fahrers zum Wechselbehälter zu gewährleisten, ist in der Kabinenrückwand des Fahrerhauses eine verschließbare Tür vorgesehen.

In Anhang V ist der detaillierte Vergleich der möglichen Vor- und Nachlaufverkehrsmittel für dieses Modell dargestellt.

4.2 Verkehrsmittel im Hauptlauf

Die stärker in den Vordergrund tretenden Anforderungen wie Transportgeschwindigkeit und -kapazität für den Hauptlauf bedingen eine Einbeziehung weiterer Verkehrsmittel in die Untersuchung. Dazu gehören:

- das Güterfrachtschiff

- das Frachtflugzeug und

- das Passagierflugzeug mit Frachtzuladung.

Aufgrund seiner begrenzten Kapazität ist auf der anderen Seite der Einsatz von Personenkraftwagen im Hauptlauf auszuschließen. Anstelle des Nahverkehrszuges treten in diesem Vergleich der Güterschnellzug sowie der Personenschnellzug mit separatem Güterabteil bzw. -waggon.

Im Unterschied zur Vor- und Nachlaufbetrachtung sind die Eignung für Sammelbzw. Verteilvorgänge und die Eignung zur Flächenbedienung im Vor- und Nachlauf von untergeordnetem Interesse. Um Güterströme bündeln zu können, muss das Hauptlauftransportmittel ohne Probleme in Transportnetzwerke integrierbar sein.

Der Verkehrsträger Wasser ist hervorragend zum Transport von Massengütern geeignet, wird aber grundlegenden Anforderungen an einen Post- und KEP-Verkehr nicht gerecht. Die Ursachen liegen in der geringen Transportgeschwindigkeit und der starken Abhängigkeit von den vorhandenen Wasserwegen. Für einen Lieferservice mit netzartiger Grundstruktur und engen Lieferzeitfenstern fehlen damit die entscheidenden Voraussetzungen.

Anhang VI zeigt die einzelnen Erfüllungsgrade der möglichen Verkehrsmittel bezogen auf die Bewertungskriterien sowie die Gesamtbewertung.

Fracht- oder Passagierflugzeuge mit Zuladung sind infolge der hohen Investitions- und Betriebskosten (z. B. für Treibstoff, Pilotenausbildung, Landegebühren) nur für höherwertige Gütertransporte geeignet. Die Deutsche Post AG nutzt in ihrem Nachtluftpostnetz Passagierflugzeuge der Lufthansa AG, um Postsäcke und -kleinbehälter mit sortierten Briefen aus entfernten Regionen wie Hamburg und Rostock nach Frankfurt am Main zu bringen [Baron 2002, S. 35]. Weder die Ausstattung der Flugzeuge noch die manuell durchgeführten Umschlagsprozesse sind den Besonderheiten der Post- und KEP-Transportketten angepasst. Einzig die hohe Transportgeschwindigkeit und damit die Einhaltung der Zeitfenster sind ausschlaggebend für diese Wahl. Negativ auf das Nachtluftpostnetz könnte sich die geplante Ausweitung des nächtlichen Start- und Landverbots für Flughäfen in Ballungsräumen, wie z. B. Frankfurt/Main, auswirken. Neben der Lärmbelastung sind der hohe Verbrauch an fossilen Brennstoffen sowie die enormen Schadstoffemissionen als kritisch anzusehen.

Der Grossteil der Post- und KEP-Sendungen wird auf der Straße transportiert. Diese Monopolstellung von LKW und Kleintransporter ist in deren Flexibilität und deren einzigartiger Infrastruktur begründet. Diese Fahrzeuge können in Deutschland ein überörtliches Straßennetz von 230.700 Kilometern Länge nutzen, was einer

Flächendichte von 0,646 km/km^2 entspricht. Im Vergleich dazu stehen nur 7.500 km Wasserweg (0,021 km/km^2) und 44.400 Kilometer Schiene (0,124 km/km^2) zur Verfügung [www.destatis.de 2003]. Im Jahr 2000 waren in Deutschland etwa 19.100 Kilometer des Schienennetzes elektrifiziert [BMV 2001b].

Die große Anzahl an Unternehmen in dieser Branche und der damit vorhandene Wettbewerbsdruck spiegeln sich in den Angebotspreisen wider. Dass Flexibilität und Lieferzeit wesentliche Entscheidungskriterien für die Kunden sind, ist unter anderem an dem stetig wachsenden Anteil von Kleintransportern und kleinen LKW bis 12 t zu erkennen. Kleintransporter unterliegen nicht wie LKW dem Zwang von Geschwindigkeitsbegrenzungen und Fahrverboten (z. B. am Wochenende oder an Feiertagen). Die kommende, entfernungsabhängige Autobahnmaut von durchschnittlich 15 Cent wird nur für schwere LKW ab 12 t erhoben [Doll 2002]. Negativ sind für beide Verkehrsmittel allerdings die Kapazität und die Umweltbeeinflussung zu sehen. Das begrenzte Transportvolumen ist Hauptursache für den geringen Bündelungseffekt, der sich mit diesen Verkehrsmitteln erzielen lässt. Ergebnis ist bei gleicher Transportmenge ein im Verhältnis zu den anderen Verkehrsmitteln wesentlich höheres Verkehrsaufkommen.

Eine wirkliche Alternative zur Straße bietet im Post- und KEP-Hauptlauf über mittlere Entfernungen nur der Verkehrsträger Schiene bei entsprechender Ausgestaltung des Gesamtmodells. Allerdings müssen dafür die entsprechenden Rahmenbedingungen geschaffen werden, auf die in den folgenden Abschnitten näher eingegangen wird. Diese Rahmenbedingungen sind in Deutschland zur Zeit beim Monopolisten Deutsche Bahn AG nicht vorhanden. Grundsätzlich sind neben dem Güterschnellzug auch der Personenzug mit separatem Güterabteil oder -waggon als Lösungen vorstellbar. Die notwendigen technischen Parameter der Züge, z. B. Höchstgeschwindigkeit, müssen sich an den vorgegebenen Zeitfenstern und der geplanten Tourenlänge orientieren, wobei aber in jedem Fall auf das vorhandene Schienennetz zurückgegriffen wird. Lösungen wie der Transrapid mit eigener, neuzuschaffender Infrastruktur sind aufgrund der hohen Investitionskosten letztendlich keine Alternative zur Straße. Der Bau der als Referenzobjekt anvisierten, 264 Kilometer langen Stecke von Berlin nach Hamburg sollte nach der letzten Kostenanalyse beispielsweise ca. 10 Milliarden DM kosten [www.hochgeschwindigkeitszuege.com 2002]. Konzepte von Hochgeschwindigkeitsgüterzügen, die auf dem herkömmlichen Schienennetz verkehren können wie der ICE-G oder der FEX-Zug [Deutsche Bahn AG 1998a], sind dem eindeutig vorzuziehen. Die Vorteile des Verkehrsträgers Schiene allgemein sind in der zeitlichen Zuverlässigkeit, der Unabhängigkeit von Fahrverboten sowie in der geringeren Umweltbeeinflussung zu sehen. Zeitliche Zuverlässigkeit bedeutet Unabhängigkeit von Wetter, Staus bzw. Verkehrsaufkommen. Der Reibbeiwert der Stahlrad-/Schiene-Paarung beträgt 1/6 des Reibbeiwertes der Gummirad-/Straße-Paarung, was einen entsprechend geringeren Energieverbrauch zur Folge hat. Unterscheiden tun sich die beiden schienengebundenen Verkehrsmittel hinsichtlich des kapazitiven Erfüllungsgrades, der Netzbildungsfähigkeit und der Einsatzbereitschaft. Für Personenzüge existieren bereits Routen mit Fahrplänen, allerdings steht durch den gemeinsamen Transport von Personen und Gütern nur ein begrenztes Transportvolumen zur Verfügung. Darüber hinaus ist zu befürchten, dass bei einem gemeinsamen Transport eine Präferierung des Personentransportes wie heute üblich stattfindet. Schwierig dürfte sich ebenfalls die Angleichung der Zeitfenster der beiden Transportketten gestalten. Dabei spielen solche Faktoren wie die Anzahl und Standorte der Haltebahnhöfe sowie die Haltedauer eine entscheidende Rolle.

4.3 Transportbehälter

Im Bereich des Transports, des Umschlags und der Lagerung stehen eine Vielzahl verschiedener Transport-, Lager- und Ladehilfsmittel wie Paletten, Kleinbehälter, Boxen und Container zur Verfügung. Die Aufmerksamkeit ist bei dieser Betrachtung auf Post- und KEP- affine Behälterarten gerichtet. Dazu gehören in diesem Fall:

- der Rollwagen

- die Luftfrachtbehälter

- die Logistikbox und

- die Großcontainer.

Von den großen Postgesellschaften sind eigene Transporttechnologien erarbeitet worden, wozu auch eigene Ladehilfsmittel gehören. So hat z. B. die Deutsche Post AG ein modulares Behältersystem für Briefe und Päckchen entwickelt. Diese sind notwendig, um einen geordneten Transport und Umschlag der Postsendungen zu ermöglichen. Der kleinste Behälter z. B. misst 470 mm x 267 mm x 150 mm und kann problemlos von Hand umgeschlagen werden. Die Notwendigkeit des Einsatzes dieses Behältersystems zum Zusammenfassen von Briefen soll in dem Gesamtmodell nicht in Frage gestellt werden. Zum Transport werden in der Praxis mehrere dieser Postbehälter oder auch Postsäcke in Rollwagen zusammengefasst.

Container sind genormte Grossbehälter, die von Straße, Schiene und Schiff gleichermaßen genutzt werden können. Durch die genormten Abmaße wird der Umschlag vereinfacht. Die Container wie ISO-Container, DB-Binnencontainer oder Wechselcontainer sind mit dem Stapler befahrbar und bieten dem Transportgut Witterungsschutz. In Abwandlung der Großcontainer entstand die Logistikbox. Aufgrund der geringeren Abmaße und den beidseitig angeordneten Rolltoren ist damit ein flexiblerer Sendungstransport und -umschlag möglich. Die „Logistikbox 4" der Deutschen Bahn AG misst 2500 mm x 1700 mm x 2470 mm und ist ein 4-Paletten-Behälter. Die „Logistikbox 6" ist ein 6-Paletten-Behälter und weist äußere Abmaße von 2500 mm x 2500 mm x 2470 mm auf. Die Nutzlast der kleineren Logistikbox beträgt 3000 kg bei einem Eigengewicht von 800 kg. Die große Logistikbox kann 4500 kg Nutzlast bei einem Eigengewicht von 1200 kg aufnehmen.

Abb. 4-2: Vergleich der Transportbehälter

Vehrkehrsmittel	Rollwagen	Luftfracht-behälter	Logistik-box	Groß-container	KEP-Box
Eignung für Transport auf dem KEP-Car	-	-	o	-	+
Aufwand beim Umschlag	+	o	o	o	o
Aufnahmekapazität	-	o	o	+	o
Möglichkeit des Einsortierens von Sendungen	-	-	-	-	+
Zutrittsmöglich-keiten / Öffnungen	+	o	o	o	+
∑ Punkte	-1	-2	-1	-1	3

Erfüllungsgrad: - ... niedrig (≙ -1 Punkt)   o ... mittel (≙ 0 Punkten)
+... hoch   (≙ +1 Punkt)

Speziell für den Luftfrachtverkehr wurden der Flugzeugkontur angepasste, geschlossene Container konzipiert. Oftmals sind diese aus Leichtmetall gefertigt.

Aufgrund der Größe und des Gewichtes sowie der vorhandenen, fest installierten Räder ist mit dem Rollwagen ein problemloser Umschlag ohne großen technischen Aufwand wie bei den anderen Ladehilfsmitteln möglich. Der Umschlagsprozess selber ist bei allen zumindest teilautomatisierbar. Die Größe der Behälter steht in unmittelbarem Zusammenhang mit der Aufnahmekapazität. Darin ist der Vorteil der Container gegenüber den kleineren Ladehilfsmitteln zu sehen. Im Ergebnis ist aber die anwendungsorientierte Gestaltung der eigenentwickelten *KEP-Box* entscheidend, was in der abschließenden Bewertung in Abbildung 4-2 deutlich wird.

Die *KEP-Box*, dargestellt in Abbildung 4-3, ist ein Behälter, der eine Vielzahl von Anforderungen der Post- und KEP-Dienstleister an Ladeeinheiten abdeckt. Die Außenabmessungen 3,2 m x 2,0 m x 2,2 m wurden der Fahrzeuggröße eines mittleren Kleintransporters ohne Aufbau angepasst. Eine Öffnung mit Rolltor in einer der beiden kleineren Seitenwände ermöglicht den Zugang zur *KEP-Box*. Durch die Berücksichtigung einer entsprechenden Tür in der Rückwand der Fahrerkabine vom Kleintransporter kann der Fahrer ohne Verlassen des Fahrzeuges die Box betreten. Im *KEP-Train* (Abschnitt 4.9) wird dieser Zugang vom mitfahrenden Sortierpersonal genutzt. Eine weitere Öffnung mit Rolltor in einer der beiden großen Seitenwände dient vor allem als Schnittstelle zwischen Sortieranlage und *KEP-Box*. Darüber hinaus kann über diese Öffnung die *KEP-Box* ebenfalls betreten und verlassen werden, was speziell für den Fahrer im Vor- und Nachlauf eine Laufwegverkürzung beim Einsammeln und Verteilen bedeutet. Angepasst

Abb. 4-3: KEP-Box

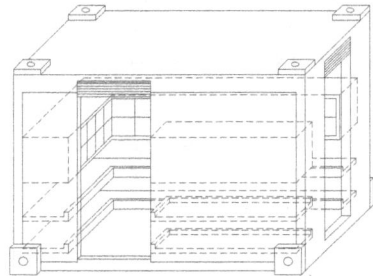

auf die möglichen Brief-, Briefbehälter-, Päckchen- und Paketgrößen sind in der Box an den Wänden offene Fächer und Regale vorgesehen, die ein Herausfallen der Ladung während des Transportes und Umschlages verhindern. Die Begrenzung des Paketgewichtes auf übliche 31,5 kg ermöglicht eine Ausführung der *KEP-Box* in Leichtbauweise. Für den Umschlag im zentralen Hub (Abschnitt 4.8) wird die von den Containern bekannte Spreadertechnologie genutzt. Das Eigengewicht ist mit zirka 1.000 kg bei einer maximalen Nutzlast von etwa 2.500 kg kalkuliert.

Darüber hinaus sind wie heute üblich weiterhin die Postbehälter für Postkarten und Briefsendungen zu nutzen, welche ohne Probleme in die Regale der *KEP-Box* eingeordnet werden können. Pakete und Päckchen werden direkt ohne weiteres Ladehilfsmittel in den Regalen der *KEP-Box* abgelegt.

4.4 Netzstruktur im Hauptlauf

Neben den technischen Lösungen für den Umschlag und Transport bildet die Strukturierung des Hauptlaufnetzwerkes den wesentlichen innovativen Aspekt in dem Gesamtmodell.

Zur Auswahl stehen dabei die bekannten Netzstrukturen wie Rasternetz, Mehrhub-, Regionalhub- und Feederhubnetz. Letztere können zusammenfassend als Varianten des Hub & Spoke-Netzes betrachtet werden.

Im Laufe der Untersuchungen und Scoring-Bewertungen entstand darüber hinaus die Idee, weitere Varianten der Hub & Spoke-Struktur zu entwickeln, welche die Eignung bestimmter Verkehrsmittel zur Linienbildung stärker berücksichtigen. Im Ergebnis dieser Überlegungen ergaben sich die *Hub & Line-*, die *Hub & Ring-*Struktur sowie die kombinierte *Hub & Line/Ring-*Struktur. Neben den in Abbildungen 4-4 und 4-5 dargestellten Grundformen *Hub & Line* und *Hub & Ring* mit einem zentralen Hub sind auch Mehrhub-, Regionalhub- und Feederhub-Struktur mit Linien- bzw. Ringverkehren denkbar. Das kennzeichnende Merkmal beider Varianten sind die zusätzlichen Zwischenhalte auf den Hauptlaufrelationen zur Sendungsaufnahme und -abgabe. Vergleichbar mit der Depot-Kundenstandorte-Zuordnungs- und Reihenfolgeproblematik kann die Relationsplanung für diese Netze als Tourenplanungsproblem verstanden werden. Solange die Hauptlaufzeitfenster eingehalten und die Transportmengen bewältigt werden, bewirken dieser Netzstrukturen gegenüber den Netzen mit direktem Verkehr zwischen den Hubs und den verschiedenen Rubs eine Reduzierung der Verkehre und somit eine Entlastung der Umwelt.

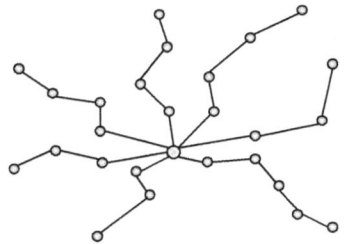

Abb. 4-4: Hub & Line-Netz

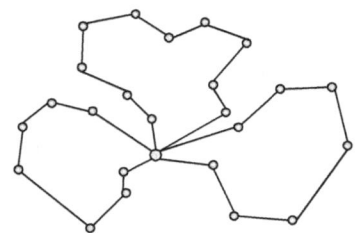

Abb. 4-5: Hub & Ring-Netz

In der in Abbildung 4-6 gezeigten Tabelle werden das Rasternetz, das konventionelle Hub & Spoke-Netz sowie die eigenentwickelten *Hub & Line-* und *Hub & Ring-Netze* miteinander verglichen. Kriterien dieses Vergleichs sind:

- die Transportentfernung in den Netzen (gleiches Sendungsaufkommen und gleiche Depotstandorte/Haltepunkte vorausgesetzt)

- die Anzahl der notwendigen Zwischenhalte auf den Relationen

- die notwendige Anzahl an Hauptlaufverkehren bzw.- relationen

- das Auslastungsrisiko für die einzelnen Relationen

- die Umweltfreundlichkeit der Strukturen aufgrund der notwendigen Anzahl an Hauptlaufverkehren sowie

- die notwendigen Investitions- und Betriebskosten zum Aufbau und zum Betrieb der Strukturen.

Zu den Vorteilen des Rasternetzes zählen die Ausrichtung auf die kürzesten Transportentfernungen sowie der Verzicht auf Umwege und Zwischenhalte. Die sich daraus ergebende starke Verkehrs- und Umweltbelastung und die hohen Investitions- und Betriebskosten für die Umschlagbasen, die Fahrzeugtechnik und das Personal sind nur dann gerechtfertigt, wenn ein der Kapazität der Fahrzeuge angepasstes, nahezu konstantes Sendungsaufkommen garantiert werden kann.

Das Hub & Spoke-Netz bewirkt eine Bündelung und damit eine Reduzierung der Hauptlaufverkehre. Das Auslastungsrisiko, die Kosten und die Umweltbelastungen sinken.

Die Weiterführung der Verkehrsbündelung in den *Hub & Line-* und *Hub & Ring-Netzen* verstärkt die Effekte von konventionellen Hub & Spoke-Netzen weiter. Durch die zusätzliche Einführung von Zwischenhalten auf den Relationen erhöht sich die Transportentfernung zwischen den Quellen und Zielen. Doch je unkalkulierbarer das Sendungsaufkommen und damit die Auslastung der Technik und des Personals ist, desto stärker ist die Notwendigkeit einer Bündelung der Ressourcen. Die positiven Auswirkungen auf den Verkehr und die Umwelt sind entscheidende Gründe für eine Bevorzugung dieser Netzstrukturen.

Abb. 4-6: Vergleich der Netzstrukturen für den KEP- und Posthauptlauf

Netzstruktur	Rasternetz	Hub & Spoke-Netz	Hub & Line-Netz	Hub & Ring-Netz
Transportentfernung	+	o	-	-
Anzahl der Zwischenhalte	+	o	-	-
Anzahl der Verkehre	-	o	+	+
Auslastungsrisiko	-	o	+	+
Umweltfreundlichkeit (Schadstoff- / Lärmemissionen)	-	o	+	+
Investitions- und Betriebskosten	-	o	+	+
∑ Punkte	-2	0	2	2

Erfüllungsgrad: - ... niedrig ($\triangleq$ -1 Punkt)   o ... mittel ($\triangleq$ 0 Punkten)
                 + ... hoch   ($\triangleq$ +1 Punkt)

Um die Wirkung der Verkehrsreduzierung deutlich zu machen, soll die Anzahl der Fahrten zwischen den Haltepunkten in den einzelnen Netzen bei einer definierten Menge n an Haltepunkten, einschließlich des Hubs, beschrieben werden. Dabei soll zur Vereinfachung die Menge n als Teilmenge eines Netzes verstanden werden, so dass beim *Hub & Line-* und beim *Hub & Ring*-System jeweils nur eine Tour entsteht. Im Rasternetz fallen bei Berücksichtigung beider Richtungen n x (n-1) Fahrten zwischen den Haltepunkten an. Im einstufigen Hub & Spoke-Netz mit einem zentralen Hub und beim Linienverkehr als Teilmenge des *Hub & Line-Netzes* sind es 2 x (n-1), bei allerdings unterschiedlichen Fahrstrecken und einer unterschiedlichen Anzahl an Fahrzeugen bzw. Touren. In einer Ringverbindung ohne Gegenrichtung als Teil eines *Hub & Ring-Netzes* müssen n Fahrten zwischen den Haltepunkten durchgeführt werden.

4.5 Produktionsform im Hauptlauf

In engem Zusammenhang mit der Netzstruktur ist die Produktionsform im Hauptlauf zu betrachten. Von allen Verkehrsträgern, außer der Pipeline, anwendbare Produktionsformen sind der Direkt-, der Linien- und der Ringverkehr. Als Verkehrsmittel für den Hauptlauf wurde in Abschnitt 4.2 der Güterschnellzug, *KEP-Train* genannt, ausgewählt, so dass als zusätzliche mögliche Produktionsform das Train-Coupling- & Sharing-Verfahren zur Verfügung steht. Die Produktionsformen werden in Anhang VII für gleiche Ausgangsbedingungen in Bezug auf:

- Durchschnittsgeschwindigkeit

- Flächenbedingung / -abdeckung

- Anzahl der Haltepunkte

- Empfindlichkeit gegenüber regionalen Aufkommensschwankungen

- zeitliche Entzerrung der Vor- und Nachläufe

- Rangieraufwand

- Aufwand für Fahrtrichtungswechsel

- Aufwand zur Koordinierung und Trassierung sowie

- Investitions- und Betriebskosten für Haltepunkte und Umschlagtechnik

bewertet.

Den Vorzügen des Direktverkehrs, keine Verlustzeiten und keine zusätzlichen Kosten durch Zwischenhaltepunkte und dazugehörige Umschlagsprozesse, stehen Nachteile wie eine geringe Flächenabdeckung und eine starke Empfindlichkeit gegenüber Aufkommensschwankungen entgegen. Ohne Zwischenhaltepunkte finden alle Vor- und Nachläufe in annähernd gleichen Zeitfenstern statt.

Beim Train-Coupling- & Sharing-Verfahren wird im überwiegenden Teil des Hauptlaufes eine Sendungsbündelung erreicht. Der damit verbundene Aufwand zum Zusammenstellen bzw. Trennen der Zugeinheiten in den Coupling- bzw. Sharing-Punkten lässt zugleich die Kosten steigen. Durch das Teilen der Züge in den

Sharing-Punkten in mehrere selbstständige Zugeinheiten ergibt sich darüber hinaus ein erhöhter Aufwand für Fahrtrichtungswechsel an den Zielpunkten, um anschließende Hauptläufe in der Gegenrichtung durchführen zu können. Die Anzahl aller Haltepunkte ist bei annähernd gleichen Voraussetzungen mit der im Ring- und Linienverkehr vergleichbar.

Durch die Einführung von Linien- und Ringverkehren werden die Vor- und Nachläufe des Gesamtsystems zeitlich entzerrt. Das bedeutet, dass für jeden Haltepunkt eigene Zeitfenster für Vor- und Nachlauf definiert werden können. Ohne Rangieraufwand wie beim Train-Coupling- & Sharing-Verfahren werden die Sendungen gebündelt. Regionale Aufkommensschwankungen werden durch das konzeptspezifische Anfahren mehrerer Haltepunkte abgeschwächt, was gleichzeitig eine bessere Flächenabdeckung als bei den anderen Verfahren bewirkt. Durch den Umlauf der Transporttechnik im Ringverkehr ist ein systembedingter Fahrtrichtungswechsel wie bei den anderen Produktionsformen nicht notwendig. Während beim Direktverkehr, beim Train-Coupling- & Sharing und beim Linienverkehr auf jeder Seite des Zuges Steuereinheiten benötigt werden, wenn ein Rangieren in den Ziel- bzw. Startbahnhöfen ausgeschlossen wird, ist beim Ringverkehr eine Traktionseinheit mit Steuerstand ausreichend.

4.6 Umschlagstechnologie für die dezentralen Haltepunkte

Um eine optimale Anbindung des Vor- und Nachlaufes an den Post- bzw. KEP-Hauptlauf zu erreichen, verzichtet das Gesamtmodell auf die heute in den Netzwerken vorherrschenden Regionalumschlagbasen (RUB) bzw. Brief- oder Frachtpostzentren. In der Literatur wird in diesem Zusammenhang oft von regionalen Hubs oder Depots gesprochen. Der Umschlag vom Vor- zum Hauptlauf bzw. vom Hauptlauf zum Nachlauf wird von den RUB an die in der schienengebundenen Tourenplanung (Kapitel 5) ausgewählten Haltepunkte eines Güterschnellzuges verlegt. Das spart zum einen Investitions- und Betriebskosten für RUB, verlangt aber auf der anderen Seite die entsprechende maschinenlesbare, zielorientierte Kennzeichnung der Sendungen durch den Fahrer im Vorlauf sowie die tourenoptimierte Einordnung der sortierten Sendungen für den Nachlauf in die *KEP-Box* während des Hauptlaufes. Diese optimierte Einordnung soll dem Fahrer die Verteilung im Nachlauf erleichtern. Die Wahl der Touren, der Anzahl und Lage der Haltepunkte im Hauptlauf bestimmt neben der Festlegung der Vor- und Nachlaufzeitfenster entscheidend die Fläche der Einzugsgebiete um die Haltepunkte mit. Grundsätzlich ist auch ein kombiniertes Einsammeln und Verteilen von Sendungen möglich. In der heutigen Praxis wird üblicherweise Vor- und Nachlauf getrennt. Durch einen kombinierten Vor- und Nachlauf ließen sich zum einen die Einzugsgebiete des Vor- und Nachlaufes vergrößern, zum anderen ist damit eine Ausdehnung des Hauptlaufzeitfensters vorstellbar.

Kritische Stellen in jedem gebrochenem Verkehr sind die zusätzlichen Umschlagsvorgänge beim Übergang von einem Verkehrsmittel zum nächsten. Die bei den Umschlagsprozessen angewandte Technologie bestimmt maßgeblich die Wettbewerbschancen des gebrochenen Verfahrens. Wichtige Vergleichskriterien dabei sind die Umschlagsdauer, die Umschlagskosten sowie sonstige ablaufbedingte Standzeiten.

Für die unterschiedlichen Kombinationen im gebrochenen Verkehr existieren unterschiedliche Umschlagslösungen. So ist zum Beispiel an der Schnittstelle von der Straße zum Wasser und umgekehrt die Roll-on-Roll-off-Methode ein weitverbreitetes Verfahren. Wird die Zeit zu einem maßgeblichen Erfolgskriterium, müssen in Abhängigkeit von der Sendungsgröße und dem Sendungsaufkommen „maßgeschneiderte" Umschlagstechnologien erarbeitet werden. Durch die Verwendung standardisierter Transportbehälter lässt sich der Aufwand in gewissem Maß begrenzen.

Abschnitt 3.7 zeigte unter anderem eine Reihe möglicher Umschlagskonzepte für den Bereich des Kombinierten Verkehrs und damit letztendlich für den gesamten Umschlag von standardisierten Transportbehältern zwischen der Straße und der Schiene. Diese sollen neben dem manuellen Umschlag und dem eigenentwickelten Konzept *KEP-Mobiler* als Möglichkeit für einen Umschlag der *KEP-Boxen* in Betracht gezogen werden. Als Lösungsvarianten kommen somit folgende in Frage:

- manueller Umschlag

- Mobilgeräte (z. B. Reachstacker oder Straddle Carrier)

- Krananlagen (z. B. Portal- oder Brückenkrane)

- Schnellumschlaganlagen (z. B. KSU oder Transmann)

- ACTS / Flexiwaggon

- ALS / Cargo Roo Trailer System

- Trailerzug und

- WB Mobiler / CCT.

Zur Bewertung der verschiedenen Lösungsvarianten in Abbildung 4-8 werden folgende Merkmale untersucht:

- die Umschlagsleistung

- die Investitionskosten

- die Betriebskosten

- die Automatisierbarkeit

- der Bedarf an Umschlagsfläche

- die Standortflexibilität

Abb. 4-7: KEP-Mobiler

- die Unabhängigkeit von der Umschlagsreihenfolge sowie

- die Eignung zum KEP-Box-Umschlag.

Im Verlauf der Untersuchungen wurde zusätzlich die KEP-Mobiler-Technologie entwickelt. Die ursprüngliche Vorstellung eines Heranfahrens des *KEP-Car* quer zur Schiene beim *KEP-Mobiler*-Konzept lässt sich aufgrund der Größe der *KEP-Box* nicht realisieren. Deshalb wird wie beim WB Mobiler das Fahrzeug parallel neben dem Zug positioniert. Zur Erleichterung dieser Positionierung ist in die Fahrbahn eine Anfahrleiste mit dem notwendigen Abstand parallel zur Schiene eingelassen. Über die Hubeinrichtung am *KEP-Car* wird beim Umschlagprozess die Hubplattform dem Höhenniveau des Schienentragwagens angeglichen. Die horizontale Bewegung der *KEP-Box* auf bzw. vom Tragwagen herunter erfolgt mechanisiert mit einer Seitenverschiebeinrichtung, die Teil des Tragwagens ist, oder manuell über eine im Boden des Tragwagens und auf der Hubplattform des KEP-Fahrzeugs installierte Rollenbahn. Ein Spreader-Verriegelungsmechanismus gewährleistet während des Transportes auf der Straße oder der Schiene die feste Fixierung der *KEP-Box* am jeweiligen Fahrzeug. Bei Berücksichtigung genügender Bewegungsfreiheit der *KEP-Cars* in einem dezentralen Haltepunkte ist es möglich, dass alle *KEP-Boxen* eines Haltepunktes gleichzeitig und selbstständig von den Fahrern der *KEP-Cars* in maximal 5 Minuten umgeschlagen werden. Diese Umschlagszeit, hier gleichzeitig Standzeit des Güterschnellzuges in den dezentralen

Haltepunkten, ist von der Größenordnung mit den von Krichler genannten 180 Sekunden für den KV-Vertikalumschlag mit überlappendem Ent- und Verriegelungsnachlauf vergleichbar [Krichler 1997]. Die Abbildung 4-7 zeigt die *KEP-Mobiler*-Technologie.

Die hohe Umschlagsleistung, die Möglichkeit eines automatisierten Ablaufes und der geringe Bedarf an Umschlagsfläche kennzeichnen die Vorteile der Schnellumschlaganlagen. Diese stellen im Prinzip weiterentwickelte, auf Containerdurchsatz fokussierte Krananlagen dar. Aufgrund des hohen Investitionsaufwandes und der unzureichenden Flexibilität hinsichtlich des Einsatzortes haben sich diese Anlagen im KV gegenüber den Krananlagen und Mobilgeräten bis heute nicht durchsetzen können.

Mobilgeräte wie Front Lift Trucks, Reachstacker oder Straddle Carrier besitzen neben dem manuellen Umschlag den großen Vorteil an Standortflexibilität. Allerdings sind die notwendige Umschlagsfläche aufgrund der Fahrbewegungen und des vom Fahrer gesteuerten Ablaufes Merkmale der Mobilgeräte, die einen Einsatz beim Umschlag der *KEP-Box* unwahrscheinlich erscheinen lassen. Ein Einsatz von Mobilgeräten lohnt in Terminals mit geringem bis durchschnittlichem Aufkommen oder zum Abfangen von Lastspitzen bei stark schwankendem Aufkommen.

Trotz kaum vorhandener Investitionskosten für den Umschlagsprozess, uneingeschränkter Flexibilität hinsichtlich der Umschlagsreihenfolge muss der manuelle Umschlag von einzelnen Paketen, Briefbehältern oder -säcken wegen des unzureichenden Durchsatzes ausgeschlossen werden.

Sowohl die WB Mobiler- / CCT-Lösung als auch das *KEP-Mobiler*-Konzept bieten wesentliche Vorteile gegenüber den anderen Lösungen. Zum einen kann der Umschlagvorgang selbstständig vom Fahrer des Straßenfahrzeuges durchgeführt werden. Zum anderen müssen an den Zughaltepunkten keine besonderen Investitionsmaßnahmen in die Infrastruktur vorgenommen werden. Ein entsprechend langes Umschlaggleis, welches beidseitig direkt an die Bahnstrecke angebunden ist, sowie eine betonierte Zufahrt- und Umschlagfläche stellen die Voraussetzungen dar. Entscheidendes Kriterium bei der Wahl der Technologie ist letztendlich die Eignung der Technologie zum *KEP-Box*-Umschlag. Sowohl die Abmessungen der *KEP-Cars*, der Tragwagen, der Hub- und Verschiebeeinrichtung sowie die Leistungskennwerte sind beim *KEP-Mobiler* speziell auf die *KEP-Box* abgestimmt. Die anderen KV-Lösungen besitzen keine herausragenden Eigenschaften. In Bezug auf die Standortflexibilität sind diese Konzepte im Nachteil gegenüber dem WB Mobiler bzw. CCT und dem *KEP-Mobiler*.

Abb. 4-8: Vergleich der Umschlagtechnologien für die dezentralen Haltepunkte

Umschlags-technologie	manueller Umschlag	Mobilgeräte	Krananlagen	Schnellum-schlaganlagen	ACTS, Flexiwagen	ALS	Trailerzug	WB Mobiler, CCT	KEP-Mobiler
Umschlagsleistung	-	o	+	+	-	-	-	o	o
Standortflexibilität	+	+	-	-	o	o	o	+	+
Automatisierbarkeitt	-	-	o	+	o	+	o	+	+
Bedarf an Umschlagsfläche	+	-	+	+	o	o	o	o	o
Unabhängigkeit von der Umschlag-reihenfolge	+	o	o	o	-	o	-	o	o
Investitionskosten	+	o	-	-	o	o	o	o	o
Betriebskosten	o	o	-	-	o	o	o	+	+
Eignung für KEP-Box-Umschlag	-	o	o	o	o	o	o	o	+
∑ Punkte	1	-1	-1	0	-2	0	-2	3	4

Erfüllungsgrad: - ... niedrig ($\triangleq$ -1 Punkt) o ... mittel ($\triangleq$ 0 Punkten)
+ ... hoch ($\triangleq$ +1 Punkt)

Als Anhaltswerte für die Umschlagszeit einer Einheit werden für Mobilgeräte etwa 5 Minuten, für Krananlagen zirka 2 Minuten, für das Cargo Roo Trailer-Konzept etwa 20 Minuten, für die Flexiwaggon-Lösung zirka 15 Minuten und für den WB Mobiler knapp 5 Minuten angegeben [Fränkle 2001, S. 62-67, S. 82/83, S. 170]. In Anlehnung an die Zeit des WB Mobilers wird beim *KEP-Mobiler* ebenfalls von einer 5minütigen Umschlagszeit ausgegangen.

4.7 Umschlagtechnologie für den zentralen Haltepunkt

Um eine Bedienung in der Fläche zu erreichen, ist es notwendig, dass zwischen allen zum Netzwerk gehörenden Güterschnellzügen gleichzeitig die Brief- bzw. Paketsendungen im zentralen Knotenpunkt (Hub) ausgetauscht werden. Während der Fahrt zum Hub werden die Sendungen im Zug nacheinander in der Reihenfolge der Aufnahmehaltepunkte entsprechend der Zielbahnhöfe des Hauptlaufes in die *KEP-Boxen* bei der zweistufigen Variante vorsortiert, bei der einstufigen Variante fertigsortiert. Das Grossteil dieser *KEP-Boxen* muss im zentralen Knotenpunkt zwischen den Zügen getauscht werden. Nach dem Verlassen des Hubs durchlaufen die Sendungen bei der zweistufigen Sortierung nochmals die Sortieranlage im Zug. Im Ergebnis dieser Sortierprozesse sind die Sendungen in die für den jeweiligen Abgabehaltepunkt bestimmten *KEP-Boxen*, welche wiederum entsprechend der Nachlauftour unterschieden werden, eingeordnet. Eine detailliertere Beschreibung des vom Autor als *KEP-Train* bezeichneten Zugssystems erfolgt in Abschnitt 4.8.

Bedingt durch das annähernd gleichzeitige Eintreffen der Güterschnellzüge im zentralen Knotenpunkt werden an das Umschlagsystem erhöhte Anforderungen gestellt. Um die Standzeit der Züge im Hub zu minimieren, ist eine hohe Umschlagsleistung an *KEP-Boxen* in sehr kurzer Zeit zu erbringen. Ziel ist es, die Stand- und Umschlagzeit der Züge auf 20 Minuten zu begrenzen. Zwischen der Aufnahme und Abgabe der Boxen ist von dem System ein Sortiervorgang durchzuführen. Die *KEP-Boxen* müssen entsprechend den Zielbahnhöfen und den festgelegten Touren auf die Züge verteilt werden. Ein Umschlag der Boxen einzeln nacheinander würde schon bei einer kleinen Anzahl von *KEP-Boxen* ein Überschreiten des Zielzeitfensters bedeuten. Als Schlussfolgerung aus dieser Erkenntnis ergibt sich, dass der Umschlag und die Sortierung der Boxen zwischen den Zügen parallel stattfinden muss. Bei gleichzeitigem Umschlag aller zwischen den Zügen auszutauschenden Boxen bestimmt sich die Anzahl der notwendigen Umschlagmittel letztendlich aus der Anzahl aller Nachlauftouren des Netzwerkes, wenn davon ausgegangen wird, dass für jede Nachlauftour eine separate *KEP-Box* zur Verfügung steht. Die Anzahl der Nachlauftouren steht zum einen in direkter Abhängigkeit zu der Anzahl an Haltepunkten des gesamten Hauptlaufnetzes. Auf der anderen Seite haben das im Nachlauf zur Verfügung stehende Zeitfenster sowie die Verteiltechnologie, die Anzahl der zu verteilenden Sendungen und die Standorte der Empfänger entscheidenden Einfluss auf die Anzahl der Nachlauftouren.

Als Umschlagtechnologien stehen die aus Abschnitt 4.6 bekannten Lösungen zur Verfügung. Aufgrund der unzureichenden Eigenschaften dieser Lösungen ist ein weiterentwickeltes Concar-System in den Vergleich einbezogen worden. Dieses vom Autor *KEP-EHB* genannte Konzept basiert auf der Idee der Concar-EHB.

Durch die Nutzung mehrerer unabhängiger Katzen auf der Einschienenbahn, auch Shuttles genannt, ist es über eine getrennte Ansteuerung dieser möglich, parallel mehrere Umschlagsprozesse durchzuführen. Die Anzahl der gleichzeitig durchführbaren Umschlagsprozesse ist unmittelbar von der Anzahl der Katzen auf der EHB abhängig. Die aus Arnold bekannte Concar-EHB ist als Schwerlastumschlagssystem für den Einsatz in KV-Terminals konzipiert [Arnold 2003]. Für das Anheben einer Ladeeinheit, z. B. eines Standardcontainers, werden zwei Hängekatzen benötigt. Arnold verwendet in seiner Lösung pro Laufkatze wiederum zwei Hubwerke. Die Problematik, die sich daraus ergibt, besteht in der aufwendigen und teuren Kopplung aller vier Hubwerke, um ein Schiefstellen der Lastaufnahmeeinrichtung mit den Spreader und der Ladeeinheit zu verhindern.

Das *KEP-EHB*-Konzept, welches Abbildung 4-9 zeigt, ist speziell den Anforderungen an ein Hochleistungsumschlagssystem mit Sortierfunktion für das zentrale Hub angepasst. Das Lastaufnahmemittel mit der Ent- und Verriegelungsfunktion ist mit dem des Concar-Systems vergleichbar, allerdings von den Abmaßen und der Konstruktion der *KEP-Box* angeglichen. Für eine *KEP-Box* wird nur eine Katze bzw. ein Shuttle mit je einem Hubwerk und einer Lastaufnahmeeinrichtung benötigt. Um ein Schiefstellen der Lastaufnahmeeinrichtung mit und ohne *KEP-Box* zu vermeiden, wird eine 4/1-Einscherung oder eine 2/2-Einscherung mit Seillängenausgleich, z. B. über eine Wippe, empfohlen. Für einen automatisierten Umschlag sind Lastpendeldämpfungs- und Positioniereinrichtungen zu berücksichtigen.

Abb. 4-9: KEP-EHB

Abbildung 4-10 zeigt beispielhaft das Gesamtlayout eines zentralen Hubs. In diesem Beispiel wird davon ausgegangen, dass die *KEP-Boxen* von 6 *KEP-Train*-Zügen gleichzeitig umgeschlagen werden. Dem entsprechend sind 6 parallel zueinander verlegte Gleise und ein ebenfalls parallel dazu angeordneter Straßenanschluss vorgesehen. Die maximale Zuglänge für Güterzüge ohne Lok wird von Grübl und Pastorini mit 600 Metern angegeben [Grübl 1990, Pastorini 1995], mit Lok beträgt diese nach Krichler und Talke 620 Meter [Krichler 1997, Talke 1996]. Das entspricht bei einer Wagenlänge von ca. 17,6 Metern einer Anzahl von 34 Waggons.

Etwa 28 Waggons davon sind zur Aufnahme von jeweils 3 *KEP-Boxen* bestimmt, so dass sich bei einer geschätzten *KEP-Box*-Kapazität von ca. 2,5 Tonnen eine Transportkapazität von etwa 210 Tonnen pro Zug ergibt. Allerdings ist dabei in Abhängigkeit vom Sendungsaufkommen und der Sortierleistung im Zug eine entsprechende Anzahl an leeren *KEP-Boxen* vorzusehen. In Frankreich werden auf der HGV-Strecke Paris-Lyon zwei aus 2 Triebköpfen und 8 Wagen bestehende Post-TGVs mit einer Kapazität von je 60 Tonnen und einer fahrplanmäßigen Höchstgeschwindigkeit von 270 km/h eingesetzt [www.hochgeschwindigkeitszuege.com 2003]. Mit einem *KEP-Train* ist es bei einer durchschnittlichen LKW-Auslastung im Post- und KEP-Verkehr von 3 Tonnen pro Fahrt [Maaser 2002, S. 72] theoretisch möglich, zirka 70 dieser LKW-Verkehre im Post- und KEP-Hauptlauf auf die Schiene zu verlagern. Kommen anstelle der LKW schnelle Kleintransporter mit einer durchschnittlichen Kapazität von etwa 1,8 Tonnen zum Einsatz, dann liegt das Verlagerungspotenzial von der Straße auf die Schiene je Zug bei zirka 117 Hautlauftransporten. Bei täglich 6 *KEP-Train*-Zügen, die 6 Tage die Woche verkehren, einer mittleren Transportweite von etwa 350 Kilometern [Sonnabend 2003], für beide Richtungen von 700 Kilometern, ergibt sich ein jährliches Verlagerungspotenzial von etwa 276 Millionen Tonnenkilometer gegenüber den straßengebundenen Transporten. Allein aufgrund der mittleren spezifischen CO_2-Emissionen von LKW (198 g/tkm) und Eisenbahn (36 g/tkm) wird die Umweltbelastung dadurch jährlich um zirka 44.700 Tonnen CO_2-Gase reduziert. Bei einer Ausweitung des Systems auf 2x 8 *KEP-Train-Züge* täglich, 6 Tage die Woche und einer mittleren Transportweite von ca. 1.225 Kilometern beträgt das Verlagerungspotenzial etwa 1.288 Millionen Tonnenkilometer und die CO_2-Reduzierung knapp 208.000 Tonnen pro Jahr. Bei anderen Schadstoffen wie Stick- und Schwefeloxiden verhält es sich ähnlich.

Abb. 4-10: Hublayout

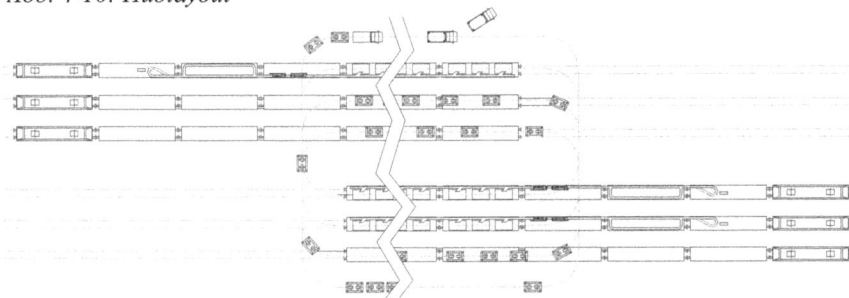

Abb. 4-11: Vergleich der Umschlagtechnologien für den zentralen Haltepunkt

Umschlags-technologie	manueller Umschlag	Mobilgeräte	Krananlagen	Schnellum-schlaganlage	ACTS, Flexiwagen	ALS	Trailerzug	WB Mobiler, CCT	KEP-Mobiler	KEP-EHB
Umschlags-leistung	-	o	+	+	-	-	-	o	o	+
Automatisier-barkeit	-	-	o	+	o	+	o	+	+	+
Bedarf an Umschlagsfläche	+	-	+	+	o	o	o	o	o	+
Bedarf an Zwischenlager-fläche	o	o	-	-	-	-	-	o	o	+
Unabhängigkeit von der Umschlags-reihenfolge	+	o	o	o	-	o	-	o	o	+
Investitionskosten	+	o	-	-	o	o	o	o	o	-
Betriebskosten	o	o	-	-	o	o	o	+	+	o
Eignung für KEP-Box-Umschlag	-	o	o	o	o	o	o	o	+	+
∑ Punkte	0	-2	-1	0	-3	-1	-3	2	3	5

Erfüllungsgrad: - ... niedrig ($\triangleq$ -1 Punkt)   o ... mittel ($\triangleq$ 0 Punkten)
+... hoch   ($\triangleq$ +1 Punkt)

Wenn von 6 Zügen pro Umlauf mit jeweils 84 zu sortierenden *KEP-Boxen* im Bei-spiel ausgegangen wird, so sind zum gleichzeitigen Umschlag aller *KEP-Boxen* im zentralen Hub 504 Shuttles zuzüglich Reserveshuttles notwendig, beim Umschlag nur eines Teils der Boxen entsprechend weniger. Der Straßenanschluss im zentralen Hub wird für den Vor- und Nachlaufverkehr genutzt, der dem zentralen Hub als Haltepunkt zugeordnet ist. Wie beim Concar-Modell ist über den 6 Gleisen und der Straßenspur die aufgeständerte Einschienenbahn angeordnet. Ausgebildet als endloses, geschlossenes Kreissystem mit 8 parallelen Strecken (6 Gleise + 1 Straßenspur + 1 Puffer- und Reparaturstrecke) und dazugehörigen Weichen erlaubt die KEP-EHB-Anlage beim Vorhandensein einer ausreichenden Anzahl an Shuttles einen parallelen Umschlag für alle 6 Züge.

Das Sortieren der *KEP-Boxen* wird über Identifikation und Weichenstellung mit Hilfe einer Steuerung erreicht. Zusätzliche Zwischenlagerplätze sind weder im zentralen Hub noch an den anderen Haltepunkten vorgesehen. Die Kosten für einen vom Investitionsaufwand vergleichbaren KV-Terminal mit 6 Gleisen, 6 halbautomatischen Portalkranen und einer 700 Meter langen Längsförderanlage mit 28 Rollwagen sowie der Steuerung werden von der Deutschen Bahn mit 200,8 Millionen DM angegeben [Deutsche Bahn AG 1998b]. Fonger beziffert die Investitionskosten für das KV-Terminal München mit 230,5 Millionen DM [Fonger 1993].

Gegenüber den in Abschnitt 4.6 betrachteten Lösungen besitzt das *KEP-EHB-Konzept* entscheidende Vorteile, so dass dieses Umschlagssystem bei der Errichtung eines zentralen Knotenpunktes mit Austauschfunktion eindeutig zu präferieren ist. Dazu gehören neben der Umschlagsleistung und der möglichen Automatisierbarkeit der Umschlagprozesse der geringe Bedarf an Nutzflächen. Als kritisch sind die voraussichtlich hohen Investitionskosten zu sehen. Allerdings ist dabei zu berücksichtigen, dass bei der Umsetzung des Gesamtmodells für das Beispiel Deutschland lediglich ein zentraler Hub vorgesehen ist. Die verwendeten Vergleichskriterien und damit auch die Scoringbewertung sind bis auf die Standortflexibilität identisch mit dem Vergleich in Abschnitt 4.6. Anstelle der Standortflexibilität wurde in diesem Vergleich, welcher in Abbildung 4-11 dargestellt ist, der Bedarf an Zwischenlagerfläche bewertet.

4.8 Sortiertechnik

Ein bedeutender Aspekt des Gesamtmodells ist die Sortiertechnik und deren Einsatz. Die Problematik des Sortieren der *KEP-Boxen* ist durch die Auswahl und Spezifikation der Umschlagtechnologie für das zentrale Hub gelöst. Die *KEP-EHB* erfüllt diese Sortieraufgabe während des Umschlagprozesses im Hub.

Für das Sortieren der Sendungen ist eine Sortieranlage im Güterschnellzug vorgesehen. Güterschnellzug und Sortieranlage zusammen bilden den *KEP-Train*. Dazu sind sowohl spezielle Tragwagen als auch eine auf die Abmaße des Zuges angepasste Sortieranlage notwendig. Die Tragwagen sind so gestaltet, dass sie die Sortieranlage und die *KEP-Boxen* aufnehmen, den Umschlag der *KEP-Boxen* an den Haltepunkten gewährleisten und die hohen Fahrgeschwindigkeiten des Zuges ermöglichen. Die *KEP-Boxen* werden durch Verschiebewände bzw. –planen oder durch Rolltore auf einer Seite der Waggons aus- und eingeladen. Zwischen den Waggons sind überdachte, vollständig geschlossene Übergänge ohne Türen oder Tore vorhanden. In Abbildung 4-12 ist der prinzipielle Aufbau und die Anordnung einer Sortieranlage für Pakete oder Briefblätter im Zug in Form von mehreren Schnitten dargestellt.

Abb. 4-12: KEP-Train

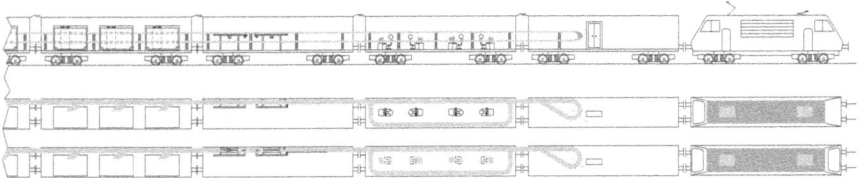

Im seitlichen Schnitt wird deutlich, dass die Sortieranlage über 2 Ebenen verläuft. In der unteren Ebene werden die Sendungen aus den *KEP-Boxen* über das Förderband zur Identifizierungsstrecke und bei Nichterkennen der Zieladresse zu einer Videocodierstrecke transportiert. Über einen Wendelkurvenförderer gelangen die Briefbehälter oder Pakete in die obere Ebene, von wo aus sie über den Hochleistungssorter wieder entsprechend dem Zielort auf die *KEP-Boxen* verteilt werden. Für die Sortierung der einzelnen Briefe muss in den Prozessabläufen zusätzlich eine Briefsortiermaschine integriert werden. Durch die zum Teil unterschiedlichen Funktionen der Waggons mit Einrichtung ist bei der Zusammenstellung des Güterschnellzuges *KEP-Train* die Anzahl der einzelnen Waggontypen in Abhängigkeit von der maximalen notwendigen Sortierkapazität festzulegen.

Der gesamte Sortierprozess teilt sich in drei Teile, in die Vor- bzw. Grobsortierung der Sendungen, in die *KEP-Box*-Sortierung und in die Nach- bzw. Feinsortierung der Sendungen. Die Vor- bzw. Grobsortierung wird während der Fahrt zum zentralen Hub in der Reihenfolge der *KEP-Box*-Aufnahme an den Haltepunkten durchgeführt. Aufgabe dieser Sortierstufe ist das zugorientierte Zusammenstellen der *KEP-Boxen*, die im zentralen Hub zum größten Teil zwischen den Zügen ausgetauscht werden. Werden mehrere Boxen zwischen 2 Zügen ausgetauscht, ist es sinnvoll, die Sendungen beim Vorsortieren entsprechend der Reihenfolge der Abgabehaltepunkte auf die jeweiligen Boxen aufzuteilen. Nach dem Verlassen des zentralen Hubs werden die Boxen mit höherer Priorität, d.h. die Sendungen, die zuerst den Zug verlassen, auch zuerst bei der Feinsortierung berücksichtigt. Die Nach- bzw. Feinsortierung beginnt unmittelbar nach Beendigung des Umschlages im zentralen Hub. Die Sendungen werden entsprechend der Zielorte und Nachlauftouren auf die einzelnen *KEP-Boxen* verteilt. Ziel dabei ist es, die Sendungen in die Regale so einzusortieren, dass der Fahrer sie auf der Nachlauftour ohne zusätzlichen Aufwand ausliefern kann.

Vorausgesetzt eine dem maximal möglichen Sendungsaufkommen angepasste kapazitive Auslegung der Sortieranlage im Zug sowie der Boxenanzahl ist erfolgt, so werden durch die Parallelisierung der ursprünglich nacheinander ablaufenden Prozesse Hauptlauftransport und Sortierung die heute üblichen regionalen Umschlagsbasen (RUB) bzw. Sortier- und Briefzentren hinfällig. Allein im Unternehmensbereich „Brief" der Deutschen Post AG sind über Deutschland 83 Briefzentren verteilt, die mit einem Investitionsvolumen von 4 Milliarden DM errichtet wurden [www.verkehrsforum.de 2002c; Ostkamp 1999]. Der Unternehmensbereich „Express" unterhält 33 Frachtpostzentren und 476 Zustellbasen [Mayer 1999, S. 4]. Für die Errichtung der Frachtpostzentren entstanden Kosten in Höhe von 4 Milliarden DM, d.h. für jedes Frachtpostzentrum durchschnittlich über 120 Millionen DM [Deutsche Post AG 1995]. Die Investitionskosten für ein Sortierzentrum mit einen Durchsatz von 32.000 Briefen und 6.000 Paketen pro Stunde werden bei der Österreichischen Post für den Standort Salzburg mit zirka 272 Millionen Euro [o. V. 2002c], bei TNT für den Standort Wiesbaden mit einer Sortierleistung von 30.000 Paketen pro Nacht mit 165 Millionen DM [o. V. 2001b] angegeben. In Bezug auf Einsatzzeit und -ort besteht bei den auf der Schiene beweglichen Sortiermaschinen gegenüber den ortsgebundenen Sortierzentren die Möglichkeit der flexiblen Nutzung, auch wenn grundsätzlich ein regelmäßiger Routenverkehr nach Fahrplan aus Kostengründen anzustreben ist. Weiterer Vorteil, der sich aus der Prozessparallelisierung ergibt, ist die gleichmäßigere Auslastung der Sortieranlagen und des dazu notwendigen Personals. Die extremen Auslastungsschwankungen innerhalb eines Tages, wie sie in heutigen Sortierzentren auftreten, sind bei diesem neuen Modell in dieser Form nicht vorhanden.

Abb. 4-13: Prozesskette und Zeitfenster des Gesamtmodells

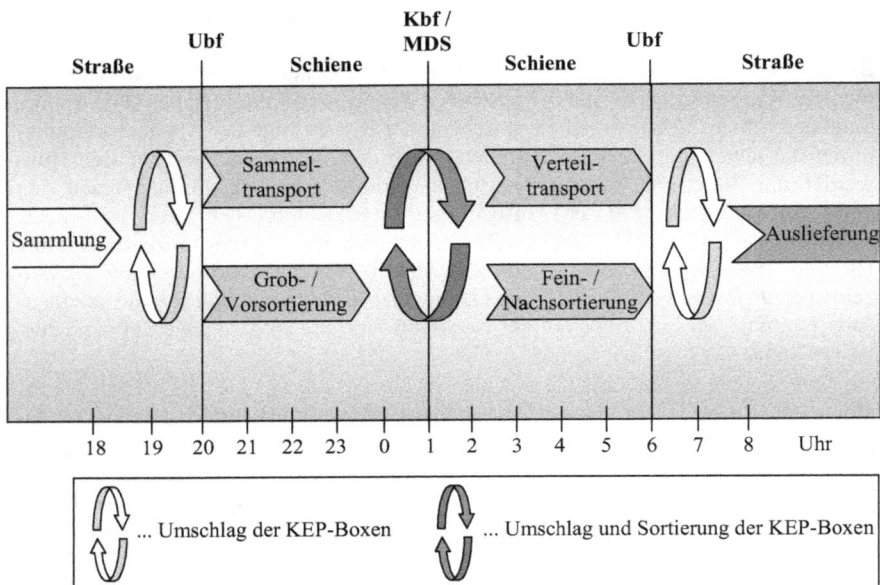

Abbildung 4-13 zeigt die Prozesskette sowie beispielhaft die zeitliche Anordnung der Teilprozesse für die Sortierung in den Zügen. Ausgegangen wird dabei von einem spätesten Startzeitpunkt des jeweiligen Zuges im Hauptlauf am Startbahnhof von 20^{00} Uhr im Hauptlauf und von einem frühesten Ankunftszeitpunkt von 6^{00} Uhr am Endhaltepunkt. Bei einer angenommenen Verlustzeit von 120 Minuten durch die Verzögerungs- und Beschleunigungsvorgänge sowie den Umschlag in den Haltepunkten und im zentralen Hub auf einer Tour ergibt sich bei einer angenommenen Durchschnittsgeschwindigkeit von 160 km/h in der restlichen Zeit eine mögliche Tourenlänge von über 1.280 Kilometer. Eine entscheidende Voraussetzung für die Umsetzung des Modells ist die Schaffung einer entsprechenden Schieneninfrastruktur. Nach Jänsch kann in Deutschland zur Zeit etwa auf 1.300 Kilometern Schiene schneller als 160 Kilometer pro Stunde gefahren werden [Jänsch 2001]. Zielstellung der großen europäischen Bahngesellschaften ist der Ausbau des kontinentalen Hochgeschwindigkeitsschienennetzes bis 2020 auf etwa 10.000 Kilometer Länge [Krohn 2003]. Die reine Umschlagszeit für die *KEP-Boxen* ist für die dezentralen Haltepunkte mit 5 Minuten und für das zentrale Hub mit 20 Minuten kalkuliert. Die

Firma TNT gibt das für die Sendungssortierung maximal zur Verfügung stehende Zeitfenster in ihren Hubs mit 30 Minuten an [www.logistik-heute.de 2002].

Bei der Auswahl der Sortiertechnik sollen folgende Optionen näher betrachtet werden:

- Handsortierung

- Ringsorter

- Drehsorter

- Vertikalsorter

- Kippschalensorter

- Pusher

- Schrägrollensorter

- Schuhsorter und

- Quergurtsorter.

Die dabei angewendeten Bewertungskriterien sind:

- Eignung für Briefe und Pakete

- Sortierleistung

- Platzbedarf / Linienbildung

- Personalaufwand und

- Investitionskosten.

Die manuelle Sortierung von Hand ist aufgrund der geringen Sortierleistung von maximal 1.000 Stück pro Stunde und dem daraus resultierenden hohen Personalaufwand ungeeignet. Entsprechend dem Automatisierungsgrad ist bei den Sortern meist nur an den Zu- bzw. Abgängen der Anlagen sowie im Bereich der manuellen

Zielcodierung Personal notwendig. Dieser Automatisierungsgrad wird für die Briefzentren der DP AG 2001 mit 87 % beziffert.

Abb. 4-14: Vergleich der Sortiertechnologien

Sortiertechnik	Handsortierung	Ringsorter	Drehsorter	Vertikalsorter	Kippschalensorter	Schwingarmsorter	Schrankensorter	Pusher	Schrägrollensorter	Schuhsorter	Quergurtsorter
Eignung für Briefe und	o	-	-	o	o	o	o	o	o	+	+
Sortierleistung	-	o	o	o	+	+	o	o	o	+	+
Platzbedarf / Linienbildung	+	-	-	o	-	+	+	+	o	+	-
Personalaufwand	-	+	+	+	+	+	+	+	+	+	+
Investitions- kosten	+	o	o	-	-	-	-	-	-	-	-
∑ Punkte	0	-1	-1	0	0	2	1	1	0	3	1

Erfüllungsgrad: - ... niedrig ($\triangleq$ -1 Punkt)   o ... mittel ($\triangleq$ 0 Punkten)

+... hoch   ($\triangleq$ +1 Punkt)

Ring- und Drehsorter sind für die Sortierung von Briefen und für die Sortierung von Paketen mit stoßempfindlichen Gütern nur bedingt einsetzbar. Die kreisförmigen Grundflächen mit Durchmessern um die 6 Meter schließen eine Montage dieser Anlagen auf Tragwagen mit einer Breite von ca. 2,7 Metern aus. Übliche Nennbreiten für Förderbänder oder Rollenbahnen bei linearem Transport sind 400, 500, 600, 800 und 1.000 mm. Zudem sind Ring- und Drehsorter für eine maximale Sortierleistung von 4.000 bis 6.000 Stück pro Stunde konzipiert [Arnold 2002; Klein 2002] und zählen damit ebenso wenig wie Puscher, Vertikal-, Schranken- und Schrägrollensorter zu den Hochleistungssortern. Hochleistungssorter für kleine Sendungen können abhängig von der Teilegröße einen Durchsatz von bis zu ca. 30.000 Stück pro Stunde erreichen [VanDerLande 2002].

Für einen Einsatz im *KEP-Train* kommen nur Linearsorter in Frage. Das bedeutet, dass Kippschalen- und Quergurtsorter ausscheiden. Entscheidend bei der Auswahl aus den verbleibenden Sortiertypen ist letztendlich das Kriterium, in wie weit die Technologie für das Sortieren von kleinen Paketen und Behältern geeignet ist. Aus diesem Grund kommt für das Gesamtmodell der Schuhsorter in Betracht, was in Abbildung 4-14 deutlich wird.

4.9 Zusammenstellung des Gesamtmodells

Die sich aus der Morphologie ergebenden zwei Lösungskombinationen sind in An-hang VIII zusammenfassend dargestellt.

Zielobjekt und Ausgangspunkt aller Betrachtungen sind die Post- und KEP-Sendungen. Da selbst zwischen den verschiedenen Anbietern keine einheitlichen Grenzwerte hinsichtlich Abmessungen und Gewicht existieren, scheint es sinnvoll, den fokussierten Bereich an Sendungen zu definieren. Die Grenzen werden letztendlich durch die ausgewählten Ladehilfsmittel und die ausgewählte Sortiertechnik bestimmt. In Anlehnung an die Produkteinteilung der Deutschen Post AG kommen als Post- und KEP-Sendungen für dieses Gesamtmodell:

- Postkarten

- Standardbriefe

- Kompaktbriefe

- Großbriefe

- Maxibriefe

- Päckchen und Pakete in Quaderform:

  o maximale Länge: 350 mm

  o maximale Breite: 350 mm

  o maximale Höhe: 150 mm

o   maximales Gewicht:31,5 kg und

- Päckchen und Pakete in Rollenform:

o   max. Durchmesser:150 mm

o   maximale Länge: 350 mm

o   maximales Gewicht:31,5 kg

in Betracht. Eine Berücksichtigung der Päckchen und Pakete in Rollenform ist allerdings nur möglich, wenn die Schuhsorteranlage ein sicheres Ein- und Ausschleu-
sen sowie einen sicheren Transport in der Anlage gewährleisten kann. Bei den Ex-
pressdiensten in Deutschland sind ca. 23 % der Sendungen nicht schwerer als 1 kg.
Der überwiegende Teil (72 %) liegt im Bereich von 5 kg bis 31,5 kg, der Rest darüber [Pfohl 1994]. Geliefert werden die zeitkritischen Sendungen innerhalb von 24
Stunden, meist in einer kürzeren Zeitspanne. Damit kann den Kunden ein Next-
Day-Service, in Abhängigkeit von der Größe des Liefernetzes und der Lage der
Kunden zum großen Teil auch ein Overnight-Service, angeboten werden. Die Deutsche Post AG garantiert für mindestens 80 % aller Briefe in Deutschland die Auslieferung am nächstem Werktag (E+1) und für mindestens 95 % aller Briefe sowie
für mindestens 80 % aller Pakete eine Auslieferung spätestens am übernächsten
Werktag (E+2) [Kirchner 2001]. Um eine Kostenexplosion für die „letzte Meile" zu
vermeiden und dem Kunden auch außerhalb der üblichen Sammel- und Lieferzeitfenster entgegenzukommen, bieten sich Lösungen wie Tower24, Packstation oder
Pickpoint an. Bei der in Kapitel 5 anschließenden Betrachtung wird als Grundlage
für den Aufbau eines am Gesamtmodell orientierten Liefernetzes Deutschland als
Beispiel gewählt.

Für den Transport der zeitkritischen Sendungen im Vor- und Nachlauf wird das in
Abschnitt 4.1 beschriebene *KEP-Car* verwendet, im Hauptlauf der in Abschnitt 4.2
und Abschnitt 4.8 dargestellte Güterschnellzug *KEP-Train*. Als Ladehilfsmittel der
betrachteten Transportkette wird für alle Sendungen die *KEP-Box*, beschrieben in
Abschnitt 4.3 eingesetzt. Postkarten und Briefe werden zusätzlich in Kleinpostbe-
hältern gesammelt und transportiert. Für die Haltepunkte, die als erste den Hauptlauf bedienen und an denen als letzte Sendungen aus dem Hauptlauf an den Nachlauf übergeben werden, ist ein Zeitfenster für Vor- und Nachlauf von 14 Stunden
beginnend um 6^{00} Uhr am Morgen kalkuliert. Für dichter am zentralen Hub gelegene Haltepunkte vergrößert sich dieses Zeitfenster entsprechend. Durch eine heute
übliche Tourenplanung für den Vor- und Nachlauf sind die *KEP-Cars* in einem
Gebiet von bis zu 250 Kilometern im Durchmesser um den Haltepunkt einsetzbar.

Dabei wird von einer Durchschnittsgeschwindigkeit von 30 bis 40 km/h und von einer Pausen- bzw. Schichtwechselzeit von 2 Stunden innerhalb dieser 14 Stunden ausgegangen. Die Anzahl der jedem Haltepunkt des Hauptlaufes zugeordneten *KEP-Cars* orientiert sich am Sendungsaufkommen und an den Standorten der Kunden.

An den Schnittstellen zwischen Vor- und Hauptlauf bzw. zwischen Haupt- und Nachlauf, den dezentralen Haltepunkten, werden die *KEP-Boxen* zwischen den *KEP-Cars* und dem *KEP-Train* mit Hilfe der in Abschnitt 4.4 erläuterten *KEP-Mobiler*-Technologie umgeschlagen. Der Umschlag aller einem Haltepunkt zugeordneten *KEP-Boxen* erfolgt sowohl vom Vor- zum Hauptlauf als auch vom Haupt- zum Nachlauf parallel in einer Zeitspanne von 5 Minuten. Zusammen mit dem eventuell notwendigen Aus- und Einfädeln sowie dem Verzögern und Beschleunigen des Zuges im Bereich eines Haltepunktes wird eine geschätzte „Verlustzeit" von 15 Minuten für jeden dezentralen Haltepunkt berücksichtigt. Eine genaue Ausrichtung der Fahrzeuge zueinander ist durch ein zum Gleis paralleles Verfahren der *KEP-Cars* oder mit Hilfe eines Systems aus Anfahrmarken für die *KEP-Cars* und einer Positioniersteuerung des *KEP-Trains* realisierbar. Während des Hauptlaufes besteht die Möglichkeit, die *KEP-Cars* für andere Transportaufgaben zu nutzen. Bei einer Verkürzung des Vor- und Nachlaufzeitfensters um die Pausen- bzw. Schichtwechselzeit ist grundsätzlich auch der Aufbau eines 12 Stunden-Lieferservice-Konzeptes vorstellbar. Die gesamte Transportkette würde in diesem Fall zweimal pro Tag durchlaufen werden. Dies würde für eine bessere Auslastung der Technik und damit für eine schnellere Armortisierung der Investitionskosten sprechen. Im Weiteren soll diese Möglichkeit aber nicht betrachtet werden.

Aus den Überlegungen für den Vor- und Nachlauf resultiert letztendlich ein Hauptlaufzeitfenster von 10 Stunden für den garantierten 24 Stunden-Lieferservice, beginnend um $20^{\underline{00}}$ Uhr. Die maximale „Verlustzeit" des gesamten Hauptlaufes, welche durch die Halte- und Umschlagvorgänge im Hub und in den dezentralen Haltepunkten entsteht, ist auf 2 Stunden begrenzt. Bei einer geplanten Durchschnittsgeschwindigkeit von 160 km/h für die *KEP-Trains* ergibt sich eine erreichbare Tourenlänge für jeden Güterschnellzug von über 1.280 Kilometern. Dabei wird von einem umfassenden HGV-Schienennetz und dem Einsatz moderner Züge mit z. B. Neigetechnik ausgegangen. Geschwindigkeitsbegrenzungen aufgrund der Infrastruktur oder Topographie, welche im überwiegenden Teil des heutigen Schienennetzes vorhanden sind, sollen unberücksichtigt bleiben. Das von Clausen vorgestellte Konzept für den Hauptlauf zwischen Briefzentren der Deutschen Post AG, in dem 26 Linienzüge über Deutschland verteilt eingesetzt werden, scheitert auf den ersten Blick am zu geringen, über die Schiene transportierbaren Sendungsaufkommen [Clausen 1996]. Bei genauerer Betrachtung muss allerdings festgestellt werden, dass das zur Verfügung stehende Hauptlaufzeitfenster mit 2,5 bis 4,5 Stunden zu klein für eine effektive Einbindung der Schiene ist. Ein Austausch von Sendungen zwischen den Zügen sowie ein Sortieren zeitgleich zum Transport ist nicht vorgesehen. Der Grund für das enge Hauptlaufzeitfenster ist in den Ein- und Abgangszeiten der Briefzentren zu suchen. Der terminierte Abfahrtzeitpunkt für die Briefzentren ist 21^{15} Uhr, der späteste Anlieferungszeitpunkt zum Ende des Hauptlaufes wird mit 4^{15} Uhr angegeben [Fränkle 2001].

Die Entscheidung, ob ein im Abschnitt 4.4 beschriebenes *Hub & Line-Netz*, ein *Hub & Ring-Netz* oder eine Kombination aus beiden als Netzstruktur für den Hauptlauf zum Tragen kommt, soll in Kapitel 5 der Arbeit nach einer Sensitivitätsanalyse getroffen werden. Damit wird gleichzeitig die zu präferierende Produktionsform, Linien- oder Ringverkehr nach Abschnitt 4.5, bestimmt.

Die in Abschnitt 4.7 erläuterte KEP-Einschienenhängebahn *(KEP-EHB)* ist die geeignete Umschlagtechnologie für den zentralen Haltepunkt im Hauptlaufnetz. Der parallele Umschlag der *KEP-Boxen* zwischen den Güterschnellzügen im Hub ermöglicht eine Umschlagszeit von maximal 20 Minuten, welche der Standzeit der Züge im Hub entspricht. Die maximale „Verlustzeit", die sich aus den Zeiten für das Abbremsen, Ausfädeln, Positionieren, Umschlagen, Beschleunigen und Einfädeln des jeweiligen *KEP-Trains* im Bereich des Hubs ergibt, ist auf 30 Minuten begrenzt.

Die Sendungen werden wie in Abschnitt 4.8 beschrieben während des Hauptlauftransportes auf der Schiene einer im Zug installierten Linearsortieranlage zugeführt. Die Zielinformationen der bereits im Vorlauf beim Einsammeln mit Bar- oder Matrixcode versehenden Sendungen werden über eine Identifizierungsstrecke bestehend aus 6-Seiten-Leseeinheiten ermittelt. Ist eine automatische Erkennung der Daten einzelner Sendungen nicht möglich, durchlaufen die Sendungen zusätzlich eine manuelle Videodecodierstrecke bis sie anschließend zum eigentlichen Sortierabschnitt gelangen. Als Hochleistungssorter empfiehlt sich in diesem Fall der Schuhsorter.

Anhang IX zeigt in Kurzform die wichtigsten Merkmale des Gesamtmodells *KEP-Train*.

5 Netzmodellierung und Tourenplanung

Die Vorgehensweise und die Struktur in diesem Kapitel zeigt Abbildung 5-1.

Abb. 5-1: Ablauf der Netzmodellierung und Tourenplanung

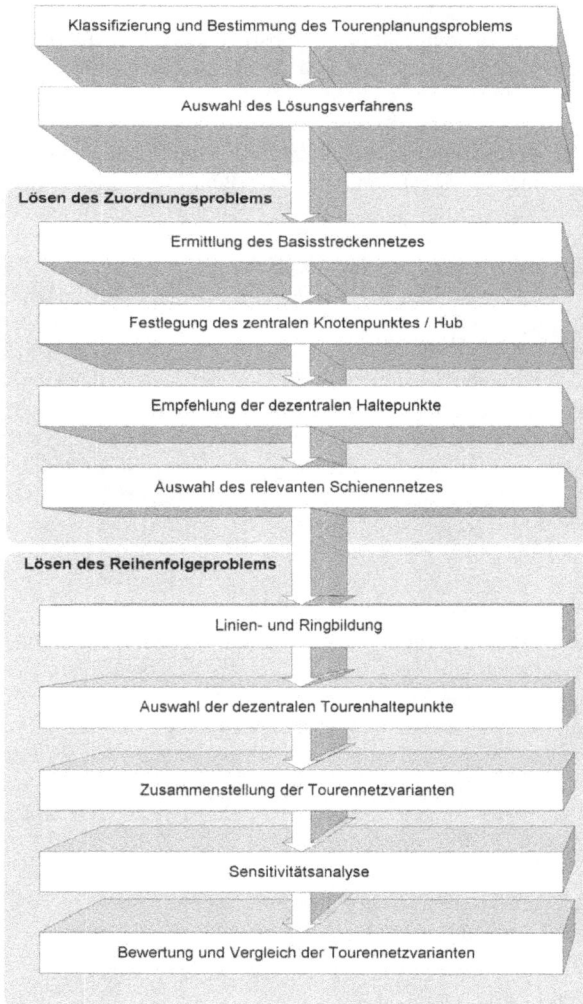

Klassifizierung und Bestimmung des Tourenplanungsproblems

Auswahl des Lösungsverfahrens

Lösen des Zuordnungsproblems

Ermittlung des Basisstreckennetzes

Festlegung des zentralen Knotenpunktes / Hub

Empfehlung der dezentralen Haltepunkte

Auswahl des relevanten Schienennetzes

Lösen des Reihenfolgeproblems

Linien- und Ringbildung

Auswahl der dezentralen Tourenhaltepunkte

Zusammenstellung der Tourennetzvarianten

Sensitivitätsanalyse

Bewertung und Vergleich der Tourennetzvarianten

5.1 Tourenplanungsproblem

Das vorliegende Tourenplanungsproblem ist bezogen auf den Ringverkehr den Multiple-Traveling-Salesman-Problemen (MTSP) zuzuordnen. Es stehen mehrere „Handlungsreisende", in diesem Fall *KEP-Train*-Züge, zur Verfügung, um jeden Haltepunkt bis auf das zentrale Hub genau einmal anzufahren. Start- und Endpunkte der Ringtouren sind identisch. Entscheidende Restriktionen sind in dem einzuhaltenden Zeitfenster für den Hauptlauftransport (20^{00} Uhr bis $6^{\,00}$ Uhr) und dem Schienennetz mit Haltepunkten zu sehen. Hinsichtlich Technik und Personal wird bei der Tourenplanung von ausreichender Leistung und Kapazität ausgegangen.

Die Ausrichtung der Sendungen auf Aufnahme- und Abgabehaltepunkte im Schienennetz kennzeichnet die Orientierung auf Knoten. Die eingeschränkte Flexibilität des Schienenverkehrs gegenüber dem LKW wird durch den regelmäßigen Verkehr auf vordefinierten Routen kompensiert. Feste Routen und Fahrpläne bieten unabhängigen Transportunternehmen die Möglichkeit, als Sub- oder Generalauftragnehmer im Vor- und Nachlauf die Anbindung an die schienengebundene Hauptlaufstruktur zu nutzen. Sich ständig verändernde Routen ausgerichtet an den Aufträgen sind grundsätzlich realisierbar, aber für die Akzeptanz des Systems nicht förderlich. Die Sendungen werden im Hauptlauf auf dem Teilabschnitt zum Hub an den Haltepunkten eingesammelt und auf dem Teilabschnitt nach dem Hub auf die Haltepunkte verteilt. Gleichzeitiges Aufnehmen und Abgeben von Sendungen an den Haltepunkten ist nicht vorgesehen, mit geänderten Sortierabläufen aber realisierbar. Durch die Definition von maximalen Sendungsgrößen in Abschnitt 4.9 ist die Auftragsart und –gestalt eingegrenzt. Die Anzahl der Sendungen wird als schwankende Einflussgröße betrachtet.

Als Verkehrsmittel im Hauptlauf kommen die bereits näher beschriebenen *KEP-Train*-Züge zum Einsatz, welche alle bezüglich der Struktur identisch aufgebaut sind und über vergleichbare Technik verfügen. Allein in Abhängigkeit vom maximalen Sendungsaufkommen auf den jeweiligen Routen sind Unterschiede hinsichtlich der Anzahl der Waggons, welche zur Aufnahme der *KEP-Boxen* bestimmt sind, möglich. Die Länge der Touren, die Fahrparameter, das angestrebte Serviceangebot und wiederum das Sendungsaufkommen bestimmen die Anzahl der Umläufe pro Tag sowie die Einsatztage. In der Anfangsphase wird von einem Umlauf zwischen 20^{00} und $6^{\,00}$ Uhr ausgegangen.

Angestrebt wird eine Tourenplanung, bei der eine Zugbesatzung inkl. Sortierpersonal einen Umlauf realisiert. Das bedeutet, dass auch nur maximal ein Zugführer eingesetzt wird.

Alle Touren sind als geschlossene Touren konzipiert. Die Knotenabstände sind fix und in einer Entfernungsmatrix hinterlegt.

5.2 Lösungsverfahren

Als Lösungsverfahren für Ringverbindungen bietet sich unter den gegebenen Voraussetzungen das zu den heuristischen Algorithmen zählende Sweep-Verfahren nach Probol an. Das Sweep-Verfahren erzielt gute Lösungen, „[...] wenn das Depot zentral liegt, die Kunden sich etwa gleich verteilen über das Gebiet (eher ländliche Region) und ein Tourenplan aus relativ wenigen Touren mit jeweils relativ vielen Kunden besteht [...]" [Ziegler 1988, S. 76]. Als Auswahlhilfe wird ein Parameter angegeben, der das Verhältnis der Anzahl der Touren, hier etwa 4, zur durchschnittlichen Anzahl der Kunden pro Tour wiederspiegelt. Im vorliegenden Fall beträgt die durchschnittliche Anzahl an Haltepunkten pro Tour, die mit der durchschnittlichen Anzahl an Kunden pro Tour gleichgesetzt werden kann, etwa 9. Daraus resultiert ein Parameter von deutlich unter 2, was für die Anwendung des Sweep-Verfahrens spricht. Bei einem Parameter über 2 wird dagegen eher das Saving-Verfahren empfohlen, bei dem Tourenpläne in peripherer Bogenstruktur entstehen. Ergebnis des Sweep-Algorithmus sind Tourenpläne in Blütenblattstruktur [Domschke 1990, S.150].

Die Touren in Linienform werden unter Berücksichtigung des Sweep-Verfahrens intuitiv zusammengestellt.

5.3 Zuordnungsproblem

5.3.1 Basisstreckennetz

Ausgangspunkt aller Betrachtungen und Modelle in Kapitel 5 ist die vorhandene Infrastruktur. Ziel dabei ist es, auf kostspielige Neubaustrecken, z. B. für Transrapid-Technik, oder auf zusätzliche kostspielige, außer den von der DB Netz geplanten Streckenertüchtigungen zu verzichten. Um trotzdem die anvisierten 160 km/h Durchschnittsgeschwindigkeit zu erreichen, ist der Einsatz moderner Fahrzeugtechnik notwendig. Dazu gehört in erster Linie die Neigetechnik, um in topographisch ungünstig gestalteten Gebieten, wie z. B. in den Mittelgebirgen, am Rand der Alpen oder am Rheinufer, eine höhere Fahrgeschwindigkeit zu ermöglichen.

Als Basisstreckennetz soll das Hauptstreckennetz der Deutschen Bahn AG (Stand: 12/2002) dienen, dargestellt in Anhang X. Dieses Hauptstreckennetz spiegelt nur einen Teil des Gesamtnetzes wieder. Nach Bahnangaben liegt die derzeitige Betriebslänge des DB-Gesamtnetzes für die Normalspur bei 36.538 Kilometern, wovon 19.079 Kilometer elektrisch betrieben werden [www.bahn.de 2003]. Die Anzahl der Haltepunkte wird mit 3.031 beziffert, die der Bahnhöfe mit 4.528. Der in Anhang X dargestellte Ausschnitt aus dem Gesamtstreckennetz kennzeichnet die vom Verkehrsaufkommen bedeutensten Strecken, unabhängig von der zulässigen Geschwindigkeit oder dem Zustand der Strecke. Die DB AG erbringt auf nur 39 % ihres Schienennetzes in Deutschland 85 % ihrer Verkehrsleistung [Drude 1985]. Aus diesem Grund ist es trotz aller Kritik umso verständlicher, dass die DB auf unrentable Strecken und Gleisanschlüsse verzichtet hat und weiterhin verzichten wird. In der Karte sind zum Teil auch eingleisige Verbindungen ausgewiesen, z. B. zwischen Rostock und Stralsund oder Angermünde und Tantow. Diese Karte wurde am 23.01.2003 mit Genehmigung der DB Netz AG, NJ D1 (K) zur Verfügung gestellt.

Anhang XI zeigt den aktuellen Stand des ICE-Schienennetzes der DB Netz AG [www.hochgeschwindigkeitszuege.com 2002]. Deutlich wird, dass schwach besiedelte Gebiete wie Mecklenburg-Vorpommern kaum Berücksichtigung im ICE-Schienennetz finden, während große Ballungsgebiete traditionell über bessere Anbindungen verfügen. Speziell für den ICE-Verkehr errichtete Fahrwege sind nur auf ausgewählten Relationen mit entsprechendem Aufkommen realisierbar. Allein die teuerste Neubaustrecke Deutschlands von 216 Kilometern Länge zwischen der Mainmetropole Frankfurt und Köln am Rhein kostete 6 Milliarden Euro. In Beton gegossene Betonschwellen mit Gleisen, Absorptionsblöcke zur Schalldämpfung, über Funk gesteuerte Sicherungs- und Betriebsleittechnik und das gewählte Streckenprofil mit Steigungen und Gefälle bis zu 40 Promille (Weltrekord), 30 Tunneln und 18 Talbrücken ließen diese Summe zu Stande kommen. Ähnlich sind die 2,6 Milliarden Euro für die Strecke Hannover-Berlin (264 km) oder die 6,14 Milliarden Euro für die Strecke Würzburg-Hannover (327 km) zu bewerten [www.hochgeschwindigkeitszuege.com 2002]. Nachteilig wirkt sich dabei in Deutschland die Gesetzgebung für den Bau neuer Verkehrswege aus. Durch die Möglichkeit jedes einzelnen Einspruch bzw. Gerichtsverfahren zu erwirken, wird eine schnelle Umsetzung verhindert, was zu zusätzlichen Kosten führt. Vorreiter in dieser Hinsicht ist Frankreich, wo die schnellsten Züge der Welt verkehren. Einzelpersonen können in Frankreich nicht gegen den Bau einer Schnellstraße klagen, wenn diese „[.....] im Parlament als von öffentlichem Interesse bestätigt wurde .....". Selbst wenn die Strecke „[.....] durch oder in der Nähe [ihres] Grundstücks verlaufen soll [.....]" [www.hochgeschwindigkeitszuege.com 2002]. Durch die Neubaustrecken sollen Zeiteinsparungen erreicht und der Komfort gesteigert werden, um dem Luftverkehr ein attraktives Angebot entgegenzusetzen. Dass dies auch ökologisch sinnvoll erscheint, widerspiegelt der Fakt, dass durch Verspätungen im Flugverkehr zusätzlich im Jahr 1,9 Milliarden Liter Treibstoff verbraucht wird, was ca. 6 % des Gesamtverbrauches im Flugverkehr entspricht [www. transrapid.de 2003].

5.3.2 Standort des zentralen Hubs

Das Hub bildet die Verbindungsstelle zwischen allen Hauptlaufverkehren. Die Standortwahl beeinflusst die zur Verfügung stehenden Zeitfenster in den Transportketten.

Bei der Auswahl sind verschiedene Kriterien zu beachten. Allein die notwendige Bindung an das Schienennetz verändert die Anforderungen gegenüber einem straßenorientierten Hub. Die wichtigsten Auswahlkriterien für ein schienennetzorientierten Knotenpunkt sind:

- die Nähe zum geographischen Mittelpunkt des betrachteten Gebietes

- die Lage im Schienennetz

- die Anzahl der Zu- und Abgangsgleise zu den Hauptstrecken

- sonstige infrastrukturelle Bedingungen (z. B. Straßenanschluss) und

- sonstige ökonomische Bedingungen (z. B. Flächenpreis).

Vergleichbar mit einem Hub in einem einstufigen Hub & Spoke-Netz, welches über die Straße bedient wird, ist ein Standort im Schienennetz zu wählen, welcher in der Nähe des geographischen Mittelpunktes des betrachteten Gebietes, in diesem Fall Deutschland, liegt. Dabei müssen Gebietsgröße und angestrebte Laufzeitfenster zueinander kompatibel sein.

Um das gleichzeitige Ein- und Ausfahren der Züge zu ermöglichen, ist ein Knotenpunkt, d.h. eine Stelle an der sich mehrere Verbindungen treffen, zu wählen. Idealerweise besitzt dieser Schienenknotenpunkt eine große Anzahl an Zu- und Abgangsstrecken zu den Hauptverbindungen bzw. stellt selber einen Schnittpunkt für eine Vielzahl von Hauptverbindungen dar. Dadurch kann ein schnelles Ein- und Ausfädeln und damit eine hohe Durchschnittsgeschwindigkeit gewährleistet werden. Wie in Abbildung 4-10 bereits beispielhaft dargestellt, ist ein Hub mit durchlaufenden Gleisen gegenüber einem „Sackbahnhof" zu bevorzugen, um im Linien- und Ringverkehr auf zusätzliche Fahrtrichtungswechsel verzichten zu können.

Weitere Kriterien bei der Standortwahl sind in der Qualität des Straßenanschlusses sowie den Investitionskosten zu sehen.

Der von vielen Logistikdienstleistern und Versandhäusern, z. B. Amazon, bevorzugte Standort um Bad Hersfeld kann den Anforderungen an ein schienengebundenes Hub nicht gerecht werden. Letztendlich bieten sich für diesen Zweck das in der Nähe von Bad Hersfeld gelegene Bebra und das nördlich gelegenere Kassel / Braunatal-Guntershausen an. Bei allen anderen Schienenknotenpunkten in der Nähe, z. B. Fulda, besteht die Gefahr, dass sich mehrere Züge durch das notwendige Benutzen einer Zu- bzw. Abgangsstrecke gegenseitig behindern. Dieses Kriterium und letztendlich auch die günstige Anbindung an Hauptstrecken, z. B. Würzburg-Hannover oder Hannover-Frankfurt, sind ausschlaggebend für die Wahl von Kassel / Braunatal-Guntershausen als zentralen Knotenpunkt. Allein in der Hauptstreckenkarte der DB Netz AG (Anhang X) sind 6 Zu- und Abgangsstrecken verzeichnet, die durch ihre sternenförmige Anforderung eine gute Flächenanbindung versprechen. Parallele Hauptgleise in diesem betrachteten Knotenpunkt ermöglichen zudem ein gleichzeitiges Ein- und Ausfahren mehrerer Züge ohne gegenseitiges Behindern.

5.3.3   Schwerpunktstandorte für dezentrale Haltepunkte

Um die große Anzahl an aktuellen Bahnhöfen (4.528) bzw. an Haltepunkten (3.031) der DB Netz AG auf ein sinnvolles Maß (unter 100) zu beschränken, sind in Abbildung 5-2 die wichtigsten Auswahlkriterien für dezentrale Haltepunkte bzw. zu präferierende Gebiete definiert.

Abb. 5-2: Auswahlkriterien für dezentrale Haltepunkte

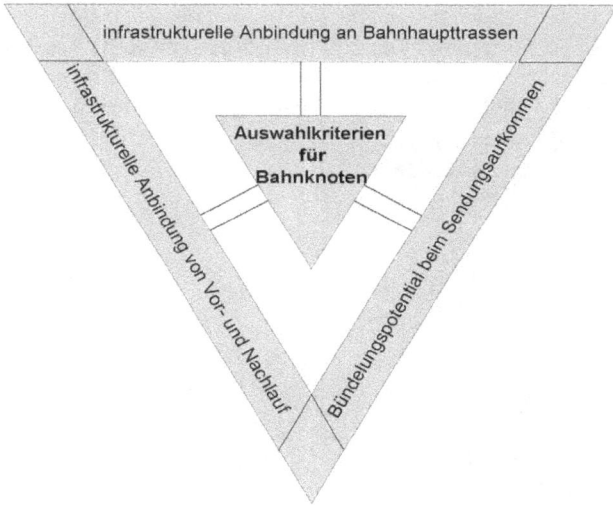

Um der Forderung nach einem großen Bündelungspotenzial und einer guten infrastrukturellen Anbindung von Vor- und Nachlauf gerecht zu werden, ist bei der Auswahl eine Fokussierung auf an DB-Hauptstrecken liegende größere Orte vorgenommen worden. Zur Umsetzung des Gesamtmodells sind die infrastrukturellen Rahmenbedingungen der potentiellen Haltepunkte detailliert vor Ort zu analysieren. Bei dicht beieinander liegenden Standorten, wie z. B. im Ruhrgebiet oder Berlin, wurde eine Präferierung von Haltepunkten vorgenommen.

Zur Untersuchung des Bündelungspotenzials beim Sendungsaufkommen sind zwei Ansätze verwendet worden. Zum einen wurden die Standorte der 83 Brief- (weiß) und 33 Postfrachtzentren (hellgrau) der Deutschen Post AG sowie der Hubs und Umschlagsbasen der KEP-Dienstleister TNT (dunkelgrau) und DPD (schwarz) in Deutschland graphisch in Abbildung 5-3 dargestellt. Trotz unterschiedlicher Netzstrukturen lässt das Überführen der

Abb. 5-3: Standorte von Post- und KEP-Dienstleistern

einzelnen Karten mit Standorten in eine Karte Schwerpunktregionen beim Aufkommen sowie bevorzugte Gebiete bei der Standortwahl in Deutschland erkennen.

In einer zweiten Karte (Abbildung 5-4) wird der von Reitz beschriebene Zusammenhang zwischen Sendungsaufkommen und Bruttoinlandsprodukt dargestellt [Reitz 1974]. Beispielhaft für das Sendungsaufkommen sind zum einen die Abgangsmengen an Kleinbehältern aus den DP-Briefzentren (weiß) für einen Normtag aufgeführt [Clausen 1996, S. 205/206]. Das wöchentliche Sendungsaufkommen (Kalenderwoche 05/2003) im Abgang der einzelnen Postfrachtzentren (grau) wurde einer Mitteilung der DP AG entnommen [Sonnabend 2003]. In diesen Abgängen sind die Direktanlieferungen der Großkunden, z. B. Quelle, mit eigenen Direktverfahren zu den Eingangspaketzentren sowie die im eigenen Versorgungsbereich, d.h. Abholung und Zustellung im selben PZ-Gebiet, verbleibenden Sendungen nicht enthalten. Die BIP-Balken (schwarz) widerspiegeln die Höhe des Bruttoinlandsprodukt von den einzelnen Bundesländer 2001 in jeweiligen Prei-

Abb. 5-4: DP-Sendungsaufkommen und BIP-Werte der Bundesländer

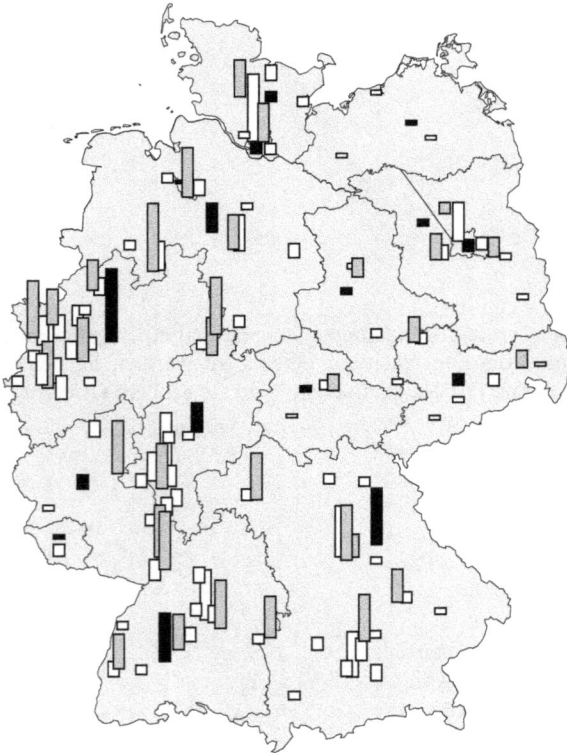

sen [www.statistik-bw.de 2003]. Trotz der unterschiedlichen Betrachtungszeiträume, der Zusammenhang zwischen Sendungsaufkommen und Wirtschaftskraft der jeweiligen Region bleibt erhalten, so dass die Schwerpunktgebiete deutlich erkennbar sind.

5.3.4 Relevantes Schienennetz

Durch die Begrenzung der Anzahl an dezentralen Haltepunkten in Abschnitt 5.3.3 ist gleichzeitig das Streckennetz ausgedünnt worden. Die verbleibenden möglichen Strecken sind vor einer Überführung des Gesamtmodells in die Praxis einer genauen Analyse hinsichtlich der in Abbildung 5-5 genannten Kriterien zu unterziehen.

Abb. 5-5: Auswahlkriterien für Bahnstrecken

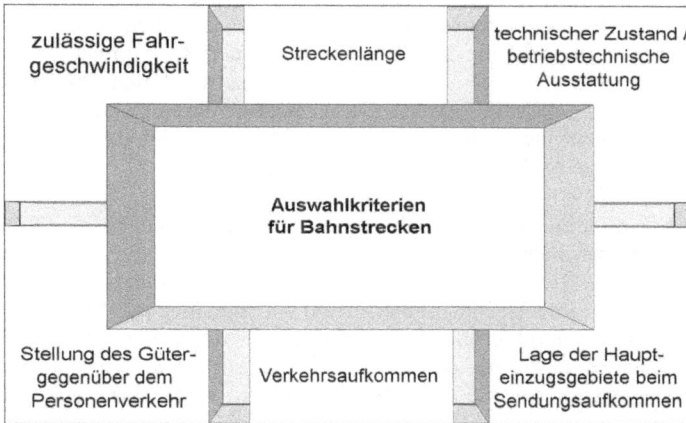

Das in dieser Arbeit verwendete Schienennetz ist in Anlehnung an das Hauptstreckennetz der DB Netz AG (Anhang X), das ICE-Streckennetz Deutschlands (Anhang XI), den Analysen zum Sendungsaufkommen (Abschnitt 5.3.3) sowie den Auswahlkriterien für dezentrale Haltepunkte (Abbildung 5-2) und Bahnenstrecken (Abbildung 5-5) entstanden. Die Entfernungen zwischen den Haltepunkten wurden für die alten Bundesländer zum Teil von Pastorini übernommen [Pastorini 1985, S. 30]. Der größere Teil einschließlich der neuen Bundesländer ist vom Autor aus den Angaben im Eisenbahnatlas Deutschland berechnet worden [Schweers + Wall 2002]. Insgesamt sind in diesem Schienennetz von etwa 13.568 Kilometern Länge, dargestellt in Anhang XII, 86 Haltepunkte berücksichtigt. Unter dem Gesichtspunkt der Vermeidung eines Güterschnellzugverkehres durch die Hauptstadt wurde auf Haltepunkte im unmittelbaren Stadtgebiet Berlins verzichtet. An diese Stelle ist der Schienenaußenring mit den wichtigsten Abzweigungspunkten getreten.

5.4 Reihenfolgeproblem

5.4.1 Linien- und Ringbildung

Mit dem in Abschnitt 5.2 ausgewählten Lösungsverfahren und der in Abschnitt 5.3.4 ermittelten Streckenkarte sind die grundsätzlichen Voraussetzungen für eine Tourenplanung gegeben. Zu beachten sind dabei einige Randbedingungen. Zum einen liegt die Streckenkarte nicht in digitalisierter Form vor, so dass kein auf Koordinaten basierendes Softwaretool zur Tourenplanung genutzt werden kann. Die daraus resultierende, mehr oder weniger intuitive Tourenplanung kann mit der Arbeit eines erfahrenen Dispatchers in einer Spedition verglichen werden. Ohne softwaretechnische Unterstützung ist die Qualität von den Kenntnissen dieser Person über Fahrzeugpark, Personal, Strecken und Kundenstandorten abhängig. Dieser Grund und der Fakt, dass die gewählte Streckenkarte nur einen Ausschnitt aus dem vorhandenen Streckennetz darstellt, sind ausschlagend dafür, dass die bestimmten Linien und Ringe nur suboptimalen Charakter tragen.

Neben den Aufkommensschwerpunkten gilt es weitere Regel bei der Linien- und Ringbildung zu beachten. Für den Vor- und Nachlauf wird aufgrund des zur Verfügung stehenden Zeitfensters von 6^{00} bis 20^{00} Uhr von einem maximalen Einzugsgebiet von ca. 250 Kilometern Durchmesser um einem Haltepunkt ausgegangen. Das bedeutet, dass im Hauptlauf die Haltepunkte idealerweise etwa 150 bis 200 Kilometer auseinander liegen, um das Hauptlaufzeitfenster optimal ausnutzen zu können. Im Ballungsräumen wie dem Ruhrgebiet wird sich diese Regel nur eingeschränkt umsetzen lassen.

Eine Besonderheit bei der Routenbildung stellt Berlin als einer der Aufkommensschwerpunkte dar. Bei der Auswahl des relevanten Schienennetzes (Abschnitt 5.3.4) ist bewusst auf die Möglichkeit eines Zugverkehrs durch die Stadt verzichtet worden. Der Gütertransport im Raum Berlin wird auf den Schienenring um Berlin verlagert. Aufgrund des Aufkommens werden bei der Linien- bzw. Ringbildung an dieser Stelle der Eintritts- sowie der Austrittspunkt am Berliner Schienenring als Haltestellen definiert. Die Lage und Anzahl der Haltepunkte kann innerhalb des Programms *KEP-Train* (Kapitel 6) jederzeit verändert werden.

Weiterhin sind bei zeitkritischen Touren grenzfernere Haltepunkte grenznahen Haltepunkten vorzuziehen. Grenznahe Haltepunkte innerhalb eines nationalen Liefernetzes haben den Nachteil eines beschränkten Einzugsgebietes für den Vor- und Nachlauf. Darüber hinaus gestaltet sich die Einbindung grenzfernerer Haltepunkte in den Hauptlauf einfacher, da daraus meist geringere Hauptlaufentfernungen resultieren. Die Gebietsgrenzen, in diesem Fall Deutschland, stellen gleichzeitig die

Grenzen des Einzugsgebietes dar. Grenzüberschreitende, internationale Sendungen werden über international orientierte Air-, Road- oder Schienenhubs im Direkttransport zwischen den Ländern ausgetauscht. Ein „Trichtersystem" für benachbarte Länder mit auf beiden Seiten der Grenze gelegenen Hubs [Maaser 2002, S. 55 ff.] ist für international operierende Post- und KEP-Dienstleister aufgrund des hohen Koordinationsaufwandes für grenzferne Transporte wenig sinnvoll.

Als weitere Regel für die Linien- bzw. Ringbildung im vorgegebenen Schienennetz gilt es, bei der Anwendung des Winkelverfahrens von Probol darauf zu achten, dass tangential um den Mittelpunkt verlaufende Strecken mit großen Entfernungen soweit wie möglich zu vermeiden sind.

Als Restriktion bzw. Orientierungswert für die maximale Länge der Routen werden bei der Zusammenstellung die in Abschnitt 4.8 ermittelten 1.280 Kilometern verwendet.

5.4.2 Dezentrale Haltepunkte

Nachdem mit Hilfe des Winkelverfahrens nach Probol verschiedene Ringe und intuitiv verschiedene Linien im relevanten Schienennetz bestimmt wurden, sind die Anzahl und die Standorte der dezentralen Haltepunkte festzulegen.

Die Anzahl der möglichen Haltepunkte ist durch das relevante Schienenetz mit Entfernungen eingeschränkt worden. Bei jeder Fahrt zum Hub und vom Hub weg sollen zur Begrenzung der „Verlustzeit" nach Abschnitt 5.4.1 nicht mehr als 6 Zwischenhalte eingeplant werden, wobei die in Abschnitt 5.3.3 ermittelten Aufkommensschwerpunkte wie Berlin, Hamburg, das Ruhrgebiet, Frankfurt am Main, Stuttgart und München bei der Auswahl zu präferieren sind. In aufkommensstarken Regionen sind mehrere Haltepunkte vorzusehen. Ziel ist es, zwischen den Haltepunkten Entfernungen von 150 bis 200 Kilometern zu erreichen. Als zentraler Knotenpunkt wurde in Abschnitt 5.3.2 Kassel / Baunatal-Guntershausen festgelegt.

5.4.3 Tourennetzvarianten

Durch die Anwendung des Sweep-Verfahrens nach Probol und durch die Beachtung der in Abschnitt 5.4.1 aufgestellten Regel haben sich bei den Ringnetzen einige Varianten herauskristallisiert. Bei den Liniennetzen wurde in Anlehnung an

Probol eine intuitive Zusammenstellung gewählt, da beim Sweep-Algorithmus ablaufbedingt eher blütenartige, d.h. der Ringform angenäherte Strukturen entstehen. Darüber hinaus sind Linien und Ringe in Zusammenstellungen kombiniert worden.

Anhang XIII zeigt die 10 ausgewählten Netzstrukturen mit insgesamt 35 Touren. Das dazugehörige Städteverzeichnis dient als Hilfe zur näheren Bestimmung der Haltepunkte und der Routenführung. Die durchschnittliche Länge einer Tour beträgt 1.226 Kilometer, wobei auf jeder Tour durchschnittlich 9,2 Halte inkl. des Start- und Endpunktes eingeschlossen sind. Die 3 „reinen" Liniennetze unterscheiden sich neben der Linienführung hinsichtlich der Anzahl der Linien. Betrachtet werden ein 3-Liniennetz (Variante 1), ein 4-Liniennetz (Variante 2) und ein 5-Liniennetz (Variante 3). Ebenso wie die Liniennetze wurde auch bei den Ringnetzen die Ringführung und die Anzahl der Ringe variiert. Ein 2-Ringnetz (Variante 4), ein 3-Ringnetz (Variante 5) sowie ein 4-Ringnetz (Variante 6) bilden bei den Hub & Ring-Strukturen die optimierten Varianten. In den 4 restlichen Netzvarianten sind Linien und Ringe kombiniert. Variante 7 besteht aus einer Linie und zwei Ringen, Variante 8 aus drei Linien und einem Ring, Variante 9 aus zwei Linien und zwei Ringen und Variante 10 aus einer Linie und drei Ringen.

In den Abbildungen und Tabellen sind darüber hinaus Haltepunkte sowie kennzeichnende Daten wie Tourenlänge, Gesamtfahrzeit und die Durchschnittsgeschwindigkeit dargestellt. Aus Gründen der Übersichtlichkeit berücksichtigen die Tabellen im Anhang hinsichtlich der Touren jeweils nur eine Richtung. Zur Vereinfachung wird bei allen Varianten von gleichen technisch und infrastrukturell bestimmten Kenngrößen ausgegangen:

- geplante Fahrgeschwindigkeit der KEP-Train-Züge: 160 km/h

- durchschnittliche Beschleunigung der KEP-Train-Züge: 0,15 m/s²

- durchschnittliche Verzögerung der KEP-Train-Züge: 0,3 m/s²

- Umschlagzeit im zentralen Hub: 20 min

- Umschlagzeit in den dezentralen Haltepunkten: jeweils 5 min

Die Werte für Beschleunigung und Verzögerung orientieren sich an den von Krichler für einen 620 Meter langen Güterzug getroffenen Angaben [Krichler 1997, S. 118]. Im Vergleich dazu sind bei schienengebundenen Hochgeschwindigkeitszügen Beschleunigungswerte von 0,44 m/s² und mehr keine Seltenheit. Die 160 km/h als geplante Fahrgeschwindigkeit sind an der Höchstgeschwindigkeit des Parcel InterCity (PIC) ausgerichtet [www.regionalverbund-neckar-alb.de 2002 / Danzas]. Die Durchschnittsgeschwindigkeit einschließlich der Haltezeiten für die gewählten Touren liegt im Bereich von 130 bis 140 Kilometer pro Stunde. Innerhalb des Programms *KEPTrain* (Kapitel 7) verhindert eine Restriktion, dass die Beschleunigungs- und Verzögerungsbewegungen zwischen zwei Streckenpunkten nicht abgeschlossen werden. Das bedeutet, dass entsprechende Mindestwerte für die Beschleunigung und Verzögerung bezogen auf die jeweilige Streckenlänge zwischen den beiden Punkten eingehalten werden müssen. Aus diesem Grund besteht bei sehr kurzen Strecken zum Beispiel die Notwendigkeit, von den vorgegebenen Werten für Beschleunigung ($0,15 \text{ m/s}^2$) bzw. Verzögerung ($0,3 \text{ m/s}^2$) abzuweichen.

Ein Überblick über existierende bzw. entwickelte Hochgeschwindigkeitszüge mit wichtigen technischen Daten gibt Anhang XVII wieder. Bis auf den Post-TGV zwischen Paris und Lyon, der von der Ausführung identisch mit dem TGV-PSE ist, handelt es sich um für den Personenverkehr bestimmte Züge.

5.4.4   Sensitivitätsanalyse

Wichtiges Service- und Qualitätskriterium ist neben der Flächenbedienung der zeitliche Aspekt. Lieferzuverlässigkeit und -treue sind Grundanforderungen der Kunden im Post- und KEP-Dienstleistungsmarkt. Die Auswirkungen von Verzögerungen, von technischen Grenzen oder von topographischen Behinderungen in den geplanten Netzwerken bzw. von Gegenmaßnahmen zur Vermeidung dieser stellen den Untersuchungsinhalt des folgenden Kapitals dar. Darüber hinaus soll die Sensitivitätsanalyse als Entscheidungshilfe für Investitionen im Bereich der Schieneninfrastruktur sowie der Umschlags- und Transporttechnik dienen.

Neben dem bereits in Abschnitt 5.3.4 beschriebenen Standardfall (Fall A) werden für alle 10 Netzvarianten 8 weitere Fälle B bis I untersucht. Im Vergleich zu Fall A ist entweder:

- die geplante Fahrgeschwindigkeit auf den Strecken (Fall B und C)

- die mittlere Beschleunigung und Verzögerung auf den Strecken (Fall D und E)

- die Haltezeiten in den dezentralen Haltepunkten und im zentralen Hub (Fall F und G) oder

- die Anzahl der Haltepunkte auf jeder Tour (Fall H und I)

variiert worden. In Abbildung 5-6 sind die verschiedenen Fälle und die veränderten Parameter angegeben.

Abb. 5-6: Untersuchungsfälle

	Fall								
	A	B	C	D	E	F	G	H	I
Geplante Fahrgeschwindigkeit [km/h]	160	100	200	160	160	160	160	160	160
Mittlere Beschleunigung [m/s²]	0,15	0,15	0,15	0,30	0,45	0,15	0,15	0,15	0,15
Mittlere Verzögerung [m/s²]	0,30	0,30	0,30	0,60	0,90	0,30	0,30	0,30	0,30
Haltezeit je dezentralem Haltepunkt [min]	5	5	5	5	5	2	10	5	5
Haltezeit im zentralen Hub [min]	20	20	20	20	20	8	40	20	20
Anzahl der Haltepunkte je Tour im Vergleich zu Fall A (Veränderung)	0	0	0	0	0	0	0	-2	+2

Beim Fall I bleibt zu beachten, dass in die Tour 1 der Variante 3, in die Tour 2 der Variante 8 und in die Tour 3 der Variante 10 aufgrund des gewählten relevanten Schienennetzes keine 2 zusätzlichen Haltepunkte eingefügt werden können. Diese Touren werden nicht in die Sensitivitätsanalyse für Fall I einbezogen.

Zur Charakterisierung der Auswirkungen von Parameterveränderungen wird zum einen die Fahrzeit, aufgelistet in Anhang XIV, und zum anderen die Durchschnittsgeschwindigkeit auf den gesamten Routen, aufgeführt in Anhang XV, mit Berücksichtigung der Haltezeiten betrachtet. Die Werte wurden mit Hilfe des eigenentwi ckelten Softwaretools *KEPTrain* berechnet. Fahrzeiten über 10 Stunden sind in der ersten Tabelle des Anhanges XIV besonders hervorgehoben. Die dazugehörigen prozentualen Veränderungen der Fälle B bis I gegenüber dem Standardfall A sind zusätzlich in den Anhängen dargestellt.

Abb. 5-7: Durchschnittliche Fahrzeitveränderung

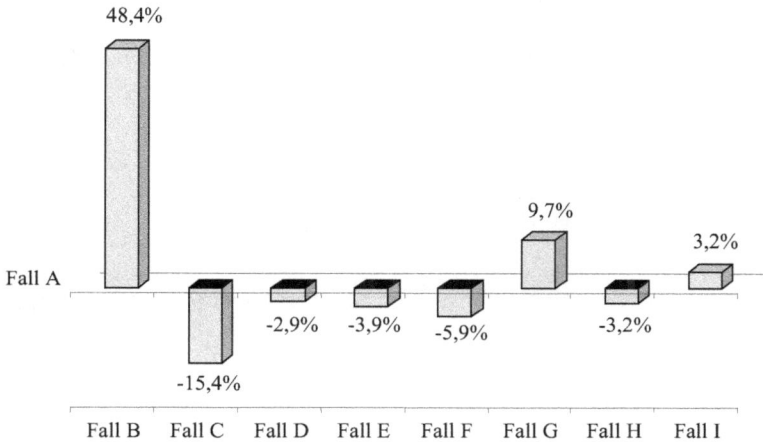

Beim Vergleich der beiden Abbildungen 5-7 und 5-8 wird deutlich, dass der Einfluss von Beschleunigung und Verzögerung auf die Fahrzeit beim Herabsetzen der geplanten Fahrgeschwindigkeit in diesem Bereich stärker ist als der Einfluss auf die Durchschnittsgeschwindigkeit. Ansonsten sind bei den verschiedenen Fällen Veränderungen in vergleichbaren Größenordnungen für die Fahrzeit und die Durchschnittsgeschwindigkeit erkennbar, allerdings aufgrund der Bewegungsgesetze in gegenläufiger Richtung.

Im Gegensatz zu Fall A ist im Fall B die geplante Fahrgeschwindigkeit von 160 auf 100 Kilometer pro Stunde reduziert worden. Dadurch werden die Zeitanteile der Beschleunigungs- und Verzögerungsvorgänge an der Gesamtfahrzeit kleiner, die Zeitanteile der konstant gleichmäßigen Bewegungen größer. Die Durchschnittsgeschwindigkeit sinkt für die Touren um durchschnittlich 32,6 Prozent, die Gesamtfahrzeit steigt um durchschnittlich 48,4 Prozent.

Fall C stellt den entgegengesetzten Fall von B dar. Die geplante Fahrgeschwindigkeit wird für alle Touren und Tourenabschnitte auf 200 Kilometer pro Stunde erhöht.

Die im Fall A niedrig angesetzten Beschleunigungs- und Verzögerungswerte werden in den Fällen D und E auf 200 Prozent bzw. 300 Prozent vergrößert. Die Auswirkungen auf die Durchschnittsgeschwindigkeit bzw. die Fahrzeit sind mit zirka 3 Prozent für den Fall D und zirka 4 Prozent für den Fall E als gering zu bewerten.

Abb. 5-8: Durchschnittliche Veränderung der Durchschnittsgeschwindigkeit

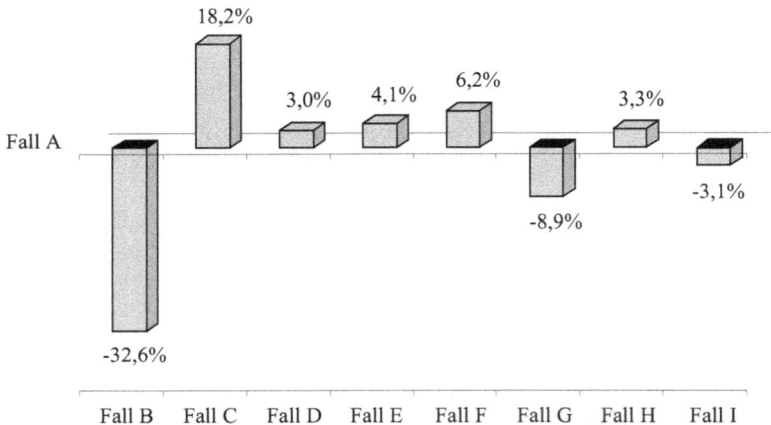

Die Fälle F und G kennzeichnen die Auswirkungen bei der Wahl der Umschlagtechnologie und -kapazität für die Haltepunkte. Eine Verringerung der Haltezeiten und damit der Umschlagszeiten, wenn zusätzliche Wartezeiten ausgeschlossen werden, auf 40 Prozent im Fall F führt zu einer um zirka 6 Prozent erhöhten Durchschnittsgeschwindigkeit bzw. verringerten Fahrzeit. Eine Vergrößerung der Umschlagszeitfenster um 100 Prozent wie im Fall G bewirkt eine durchschnittliche Zunahme der Fahrzeit auf den Touren um 9,7 Prozent und eine durchschnittliche Verringerung der Durchschnittsgeschwindigkeit um 8,9 Prozent.

Das Streichen (Fall H) bzw. das Hinzufügen (Fall I) von jeweils zwei Haltepunkten auf den Touren verursacht mit etwa 3 Prozent geringe Veränderungen bezüglich der durchschnittlichen Fahrzeit bzw. Durchschnittsgeschwindigkeit.

5.5 Bewertung und Vergleich der Tourennetzvarianten

Wegen der deutlichen Überschreitung der maximalen Tourenlängen und der Fahrzeiten ist für das 2-Ringnetz (Variante 4) und für die Tour 3 der Variante 7 davon auszugehen, dass eine höhere Zugfahrgeschwindigkeit zur Einhaltung des vorgegebenen 10 h-Hauptlaufzeitfensters (20^{00} bis 6^{00} Uhr) realisiert werden muss oder das Zeitfenster entsprechend vergrößert wird. Ebenfalls als kritisch ist die Zeitfensterüberschreitung von Tour 3 der Variante 6 zu betrachten. Das 3-Liniennetz (Variante 1) und das 2-Ringnetz (Variante 4) ermöglichen nur eine ungenügende Flächenbedienung. Die Anzahl und die Länge der notwendigen Vor- und Nachläufe hebt bei diesen Varianten den Effekt der Verkehrsbündelung im Hauptlauf auf. Als ausreichend ist die Flächenabdeckung der Varianten 5 (3-Ringnetz), 6 (4-Ringnetz), 7 und 8 zu bewerten. Bezüglich dieses Kriteriums besitzen das 4-Liniennetz (Variante 2), das 5-Liniennetz (Variante 3) sowie die Varianten 9 und 10 klare Vorteile. Eventuell auftretende Engpässe auf den Zu- und Abfahrtsgleisen im Bereich des zentralen Hubs werden durch zeitversetztes Ein- bzw. Ausfahren kompensiert. Der sich daraus ergebende zusätzliche Zeitaufwand von wenigen Minuten für einen Teil der Züge ist aufgrund der vorhandenen Zeitpolster in die Betrachtung nicht eingeschlossen worden. Allein das 5-Liniennetz (Variante 3) überlastet die vorhandene Infrastruktur im und um den zentralen Knotenpunkt mit zehn, zum selben Zeitpunkt in den Knotenpunkt einfahrenden Zügen sowie nach dem Umschlag mit zehn, den Knotenpunkt verlassende Züge. Der Aufwand für Fahrtrichtungswechsel ist produktionsformbedingt für Netzvarianten mit Linienverbindungen höher. Abbildung 5-9 beinhaltet den detaillierten Scoring-Vergleich.

Den Ausschlag zugunsten der Hub & Line-Netzvariante 2 geben die hohe Anzahl an Haltepunkten und die großen Zeitreserven von über einer Stunde auf allen Touren. Damit lassen sich selbst die in der Berechnung nicht berücksichtigten topographischen Behinderungen und Barrieren auf den Strecken auffangen. Diese Zeitpuffer, welche für die Servicequalität eines schienengebundenen Post- und KEP-Hauptlaufes eine entscheidende Rolle spielen, bilden ebenfalls die Grundlage für die in Programmteil 2 des Softwaretools *KEPTrain* vorgesehene Geschwindigkeitsanpassung bei Sortierengpässen in den Zügen. Trotz der kleineren minimalen Zeitpuffer gegenüber dem 4-Liniennetz (Variante 2), zirka 23 Minuten auf Tour 4 der Variante 9 und zirka 17 Minuten auf Tour 2 des 3-Ringnetzes (Variante 5), bieten sich diese beiden Varianten als Alternativen an. Der Vorteil von Variante 9 bei annähernd gleicher Flächenabdeckung wie Variante 2 ist aufgrund der vorhandenen Ringverbindungen in dem geringeren Aufwand für Fahrtrichtungswechsel zu sehen. Variante 5 stellt allerdings hinsichtlich Kosten und Aufwand für Technik und Organisation von den 3 bevorzugten Netzen das Optimum dar. Dafür müssen bei diesem Netz Abstriche bei der Flächenbedienung in Kauf genommen werden.

Abb. 5-9: Vergleich der Netzvarianten

Kriterium	Netzvariante									
	1	2	3	4	5	6	7	8	9	10
Einhaltung des Hauptlauf-zeitfensters (Zeitreserven)	+	++	+	--	o	-	--	o	+	o
Flächenabdeckung	--	++	++	--	-	o	-	o	++	+
Belastung der Infrastruktur im Knotenpunkt	o	-	--	+	o	-	o	o	-	-
Aufwand für Fahrtrichtungswechsel	-	-	--	++	++	++	-	-	-	-
∑ Punkte	-2	+2	-1	-1	+1	0	-4	-1	+1	-1

Erfüllungsgrad: -- ... sehr niedrig (≙ -2 Punkte)

- ...niedrig (≙ -1 Punkt)

o ... mittel (≙ 0 Punkte)

+ ... hoch (≙ +1 Punkt)

++ ... sehr hoch (≙ +2 Punkte)

Die Sensitivitätsanalyse verdeutlicht die Auswirkungen von technischen und organisatorischen Veränderungen auf die Zeitfenster im Hauptlaufprozess. Größtes Entwicklungspotenzial ist dabei in der Infrastruktur sowie in der Betriebs- und Zugtechnik zu sehen. Anzustreben ist die Nutzung des geplanten Hochgeschwindigkeitsschienennetzes mit leistungsfähigen, auf den Post- und KEP-Hauptlauf ausgerichteten Zügen, z. B. mit dem *KEPTrain*, so dass durchgängig Geschwindig-keiten von mindestens 160 Kilometer pro Stunde realisierbar sind. Höhere umsetz-bare Zugfahrgeschwindigkeiten ermöglichen eine entsprechende Verkürzung des Hauptlaufzeitfensters, die Verlängerung der Umschlagszeiten oder auch die Ver-längerung der Touren. Darüber hinaus wirkt sich die Wahl der Umschlagtechnolo-gien für die dezentralen Haltepunkte und den zentralen Knotenpunkt entscheidend auf die Gesamtfahrzeit aus. Je kürzer die Umschlagszeit ausfällt, desto mehr Zeit steht für den eigentlichen Hauptlauftransport zur Verfügung. In diesem Fall bieten sich Umschlaglösungen wie *KEP-Mobiler* oder *KEP-EHB* an.

Ein abschließender Vergleich hinsichtlich der Investitions- und Betriebskosten zwi-schen der derzeit zum überwiegenden Teil genutzten Hauptlauflösung mit dem LKW und dem schienenorientierten Gesamtmodell *KEP-Train* ist nur bedingt mög-lich. Ein Grossteil der für einen aussagekräftigen Vergleich notwendigen Informa-tionen steht nicht zur Verfügung, zum einen aufgrund der Neuartigkeit einiger technischer Lösungen wie *KEP-EHB* und *KEP-Train*, zum anderen fehlen detail-lierte Angaben zu einem straßengebundenen Netzwerk. Diese Netzwerkinformatio-nen wie Anzahl der LKW-Verkehre, mittlere LKW-Auslastung, mittlere Trans-portweite, Flächenbedienung oder mittleres Sendungsaufkommen werden von den Post- und KEP-Firmen zum überwiegenden Teil als sicherheitsrelevante Daten be-trachtet.

Eine Abschätzung unter Zugrundelegung von Annahmen und Vereinfachungen, dargestellt in Anhang XVI, verdeutlicht, dass bei der Umsetzung des Gesamtmo-dells *KEP-Train* mit Investitionskosten in Größenordungen vergleichbar mit denen eines straßenorientierten Mehrhubhauptlaufnetzwerkes gerechnet werden muss. Das Ausgangsnetzwerk soll, ähnlich der TNT-Road-Netzstruktur in Deutschland, einer 3-Hubstruktur entsprechen, in welcher jede Nacht etwa 120.000 KEP-Sendungen bewegt werden, welche wiederum in 2 Zyklen sortiert werden. Die Sor-tieranlagen in den 3 Hubs sind auf jeweils 20.000 Sendungen pro Stunde ausgerich-tet. Demgegenüber wird als Alternative die Netzwerkvariante 2 des Gesamtmodells *KEP-Train* ohne Vor- und Nachlaufprozesse, d.h. ohne Berücksichtigung des *KEP-Cars* mit *KEP-Box* und *KEP-Mobiler*-Technologie, betrachtet. Beim Transportauf-kommen wird für beide Netze von etwa 1.680 Tonnen pro Tag ausgegangen, bei der Transportkapazität eines *KEP-Train*-Zuges von 210 Tonnen sowie von einer durchschnittlichen LKW-Auslastung von 3 Tonnen pro Fahrt [Maaser 2002, S. 72]. Die Investitionskosten für die Technik und Infrastruktur orientieren sich an Herstel-ler- und Literaturangaben für Anlagen mit vergleichbarer Ausstattung und Kapazi-tät.

Die wirklichen Betriebs- und Investitionskosten und damit ein aussagekräftiger Vergleich sind nur bei Vorhandensein zuverlässiger Eckdaten hinsichtlich Sendungsaufkommen und –struktur sowie bei Vorhandensein der betriebswirtschaftlichen Eckdaten für die neuartigen Transport- und Umschlagtechnologien ermittelbar.

Die Entlastung der Straßeninfrastruktur und die positiven ökologischen Auswirkungen sind bereits in Abschnitt 4.7 aufgezeigt worden.

6   Softwaretool *KEPTrain*

Im Rahmen dieser Arbeit entstand zur Unterstützung der Berechnungen ein Programm, mit welchem der schienengebundene Hauptlauf von Post- und KEP-Sendungen einschließlich den Sortiervorgängen für die Sendungen simuliert werden kann. In der bis dato realisierten Version ist eine Touren- bzw. Netzplanung für das in Abschnitt 5.3.4 bestimmte, relevante Schienennetz vorgesehen. Das Schienennetzes kann jederzeit erweitert werden.

6.1   Programmmodell

Das Programm *KEPTrain* ist ein mit Objekt Pascal entwickeltes Softwaretool. Es dient der Unterstützung bei der strategischen, taktischen und operativen Planung von schienengebundenen Transporten mit der Option einer während des Transportes stattfindenden Sortierung der Sendungen. Dieses Tool beinhaltet ein dynamisches Simulationsmodell. Neben der Touren- bzw. Netzbildung wird im ersten Teil des Programms eine zeitliche Planung der Transportkette auf der Schiene durchgeführt. Dabei werden Restriktionen, wie z. B. Umschlagszeiten, mögliche Beschleunigungs- und Verzögerungswerte, berücksichtigt. Der zweite Teil des Programms dient der Ermittlung von Engpässen bei der Sortierleistung anhand des realen Aufkommens an Post- und KEP-Sendungen. Simuliert werden in diesem Fall die Sortiervorgänge innerhalb der Züge.

Bei der Erstellung des Tools wurde besonders auf eine hohe Benutzerfreundlichkeit wertgelegt. Der erste Teil des Programms *KEPTrain* kann darüber hinaus ohne weiteres für die Simulation und Planung anderer schienengebundener Transportprozesse angewendet werden.

6.2   Voraussetzungen

Zur Benutzerfreundlichkeit sind ebenfalls die geringen hardware- und softwaretechnischen Anforderungen zu zählen.

Grundvoraussetzung ist ein PC mit mindestens 16 MB freiem RAM-Speicherplatz und einer freien Festplattenkapazität von mindestens 2 MB. Die Auflösung des Monitors sollte nicht unter 800 x 600 x 8 Pixeln liegen. Um die Druckfunktion nutzen zu können, wird ein Drucker mit entsprechendem Treiber empfohlen.

Mögliche Betriebssysteme sind WIN 9x, WIN Me, WIN 2000/XP und WIN NT.

6.3   Programm- und Datenstruktur

Grundlage sämtlicher Berechnungen bildet die Karte mit den Haltepunkten und Entfernungen, d.h. das in Abschnitt 5.3.4 bestimmte relevante Schienennetze.

Abb. 6-1: Eingabemaske für die Touren

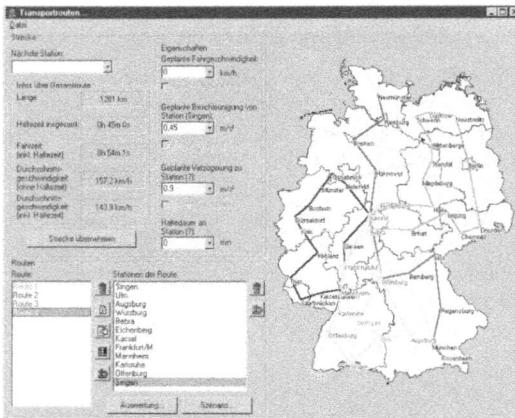

Das Programm selber gliedert sich in zwei Teile. Im ersten Teil erfolgt die Touren- bzw. Netzplanung einschließlich einer Bestimmung des möglichen zeitlichen Ablaufes. In Teil 2 wird überprüft, ob die Sortierkapazität in den KEP-Train-Zügen bezogen auf den jeweiligen Transport ausreichen, um die vorhandenen Sendungsaufträge vollständig zu realisieren. Bei entsprechenden Engpässen ist eine Anpassung der in Teil 1 erstellten Fahrpläne möglich.

Am Bildschirm wird der Nutzer im Wesentlichen mit nur 4 Hauptfenster konfrontiert. Eines davon, dargestellt in Abbildung 6-1, dient der Eingabe der einzelnen Streckenabschnitte auf der jeweiligen Tour sowie der dazu gehörigen Bewegungskenngrößen wie geplante Fahrgeschwindigkeit, mittlere Beschleunigung und Verzögerung sowie Standzeiten. Für die Überprüfung der Sortiervorgänge bezogen auf die Routen steht ein weiteres Bildschirmfenster zur Verfügung, welches Abbildung 6-2 zeigt. Die Auftragsauswertung erfolgt in einem eigenständigen Fenster bzw. in einer eigenständigen Druckdatei, zu sehen in Abbildung 6-3.

Nachfolgend werden die wichtigsten Dateien und kurz deren Inhalt dargestellt:

- Bahnhof.ini: In dieser Datei sind die zur Verfügung stehenden Bahnhöfe und deren Eigenschaften hinterlegt.

Abb. 6-2: Bildschirmmaske zur Überprüfung der Sendungssortierung

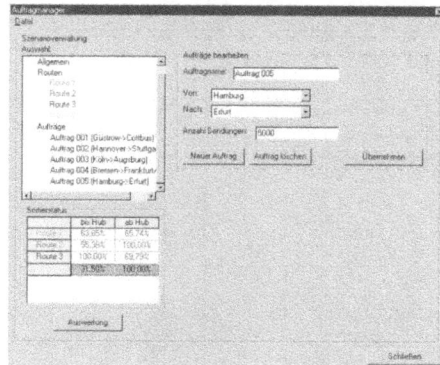

- Config.ini: Dieses File beinhaltet die Programmeinstellungen, wie z. B. Standardgeschwindigkeiten, Beschleunigungen oder Verzögerungen

- Karte.dat: Diese Datei stellt die Deutschlandkarte, die beim Drucken genutzt wird, zur Verfügung.

- KEPTrain.exe: Mit dem Anklicken dieser Datei startet die Anwendung und das Programm wird ausgeführt.

Abb. 6-3: Auswertungsmaske zu den Aufträgen

- *.tra: Die Routen werden in diesen Files gespeichert und können über diese wieder geladen werden.

- *.trs: Die Zusammenstellungen (Netze) werden in diesen Dateien abgelegt und sind über diese wieder aufrufbar.

- *.trs.xxx: Diese Dateien stellen Unterdateien der trs-Dateien dar und beinhalten die einzelnen Routen der Zusammenstellung. Der Anhang xxx kann Werte von 000 bis 999 annehmen.

- *.sze: Die Daten vom Programmteil 2 sind in diesen Files hinterlegt und sind beim Vorhandensein der Routen bzw. Zusammenstellungen über diese wiederherstellbar.

Ein zusammenfassender Überblick über die Datenstruktur des Programms wird in Abbildung 6-4 gegeben.

Abb. 6-4: Datenstruktur des Programms

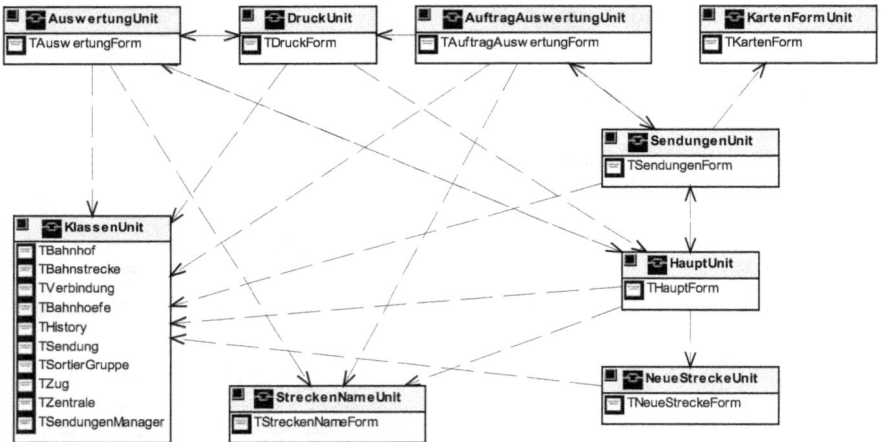

6.4 Anwendung

6.4.1 Programmteil 1

Nach dem Starten der Datei *KEPTrain.exe* besteht für den Anwender die Möglichkeit neue Touren zu erstellen oder einzelne, vorhandene Touren bzw. vorhandene Tourennetze zu laden. Diese Tourennetze werden im Programm als Zusammenstellungen bezeichnet.

Bei einer Neueingabe wird als erstes neben der Routenbezeichnung die Routenfarbe für die Darstellung in der Streckenkarte auf dem Bildschirm sowie der Routenstartpunkt festgelegt. Routenfarbe und Routenbezeichnung sind im Haupteingabefenster editierbar. Sind diese Daten bestimmt worden, folgt für jeden Tourenabschnitt, im Programm als Strecke bezeichnet, ein sich wiederholender Ablauf:

- Auswahl des nächstfolgenden Tourenpunktes

- Festlegung der geplanten Fahrgeschwindigkeit auf der Strecke

- Festlegung der mittleren Beschleunigung für diese Strecke

- Festlegung der mittleren Verzögerung für diese Strecke

- Festlegung der Haltezeit für den Endpunkt dieser Strecke und

- Bestätigung der Streckendaten

Vordefinierte Werte erleichtern die Eingabe bei den Bewegungsparametern. Mit dem Übernehmen der Streckendaten werden die Informationen über die Gesamtroute wie Länge, Fahrzeit, Haltezeit und Durchschnittsgeschwindigkeit, die graphische Darstellung der Tour auf der Bildschirmkarte sowie die Auswahl an möglichen nachfolgenden Tourenpunkten aktualisiert. Zur besseren Kennzeichnung werden in der Streckenkarte der Haupteingabemaske neben den Touren die aktuell betrachtete Strecke stärker hervorgehoben, Haltepunkte auf der aktuellen Tour als ausgefüllte Quadrate dargestellt und jeder Tourenpunkt mit dem jeweiligen Orts- namen, versehen. Ein zusätzlicher Button *komplette Route auch rückwärts befahren* gibt dem Anwender die Möglichkeit, ohne nochmalige Eingabe der Daten die Tour in entgegengesetzter Richtung zurückzuführen. Zur Vereinfachung der Eingabe bei Routen oder Routenteilen mit konstanten Geschwindigkeits-, Beschleunigungs- o- der Verzögerungskennwerten ist es für den Nutzer möglich, ab einem beliebigen Routenpunkt, einen oder mehrere dieser Werte für die Route festzusetzen.

Über den Button *Auswertung...* wird die vollständige Netzberechnung ausgelöst und das Fenster mit den Ergebnissen der Tourenplanung geöffnet. Durch das An- klicken der entsprechenden Route der Zusammenstellung werden die Daten dieser Route im Fenster dargestellt. Darüber hinaus können vom Nutzer noch verschiede- ne Optionen wahrgenommen werden. Zum einen kann die Ankunftszeit am zentra- len Knotenpunkt festgelegt werden. Diese Option steht allerdings nur dann zur Ver- fügung, wenn für alle Routen in der Zusammenstellung nur ein gemeinsamer Hal- tepunkt definiert wurde. Als weitere Option können die Daten jeder einzelnen Tour gedruckt oder als Graphik in einer Datei gespeichert werden. Alle Informationen über die einzelnen Strecken der jeweiligen Tour:

- der Startpunkt *(Station A)*

- der Endpunkt *(Station B)*

- die Streckenlänge

- die geplante Fahrgeschwindigkeit

- die Beschleunigung

- die Verzögerung

- die Haltezeit im Endpunkt *(Station B)*

- die Abfahrzeit vom Startpunkt *(Station A)*

- die Ankunftszeit im Endpunkt *(Station B)*

- die Fahrzeit auf der Strecke ohne Haltezeit und

- die Durchschnittsgeschwindigkeit

sind in der Auswertung ablesbar. Für die gesamte Route werden außerdem:

- die Gesamtlänge

- die Gesamtfahrzeit inkl. der Haltezeiten

- die Gesamtfahrzeit ohne die Haltezeiten

- die Gesamthaltezeit sowie

- die Durchschnittsgeschwindigkeit

angegeben.

Zusätzlich erhält der Programmnutzer beim Ausdruck eine Karte mit eingetragener Route.

Der Button *Szenario...* bildet die Schnittstelle von Programmteil 1 zu Teil 2.

6.4.2 Programmteil 2

Der zweite Teil des Softwaretools *KEPTrain* baut auf dem ersten Teil auf. Teil 1 kann als eigenständiges Planungstool fungieren, Teil 2 nicht.

KEPTrain bestimmt mit dem Übergang von Teil 1 zu Teil 2 alle Haltepunkte der Zusammenstellung, in welchen die Haltezeit größer 0 ist. Neben der voreingestellten, einstufigen Sortierung, d.h. die Sortierung der Sendungen findet nur auf der Fahrt zum zentralen Hub statt, besteht auch die Möglichkeit, eine zweistufige Sortierung zu wählen. Bei der zweistufigen Variante werden die Sendungen entsprechend der Aufnahmereihenfolge auf der Fahrt zum Hub vorsortiert (FIFO-Prinzip). Mit dem Verlassen des Hubs beginnt die Fein- bzw. Nachsortierung in den Zügen.

Für jede Route bei der einstufigen Sortierung bzw. für beide Abschnitte der Routen bei der zweistufigen Sortierung ist die Sortierleistung der Anlagen im Zug festzulegen. Danach erfolgt für die Sendungen ein sich entsprechend wiederholender Eingabeablauf:

- Auswahl des Aufnahmehaltepunktes

- Auswahl des Abgabehaltepunktes und

- Festlegung der Sendungszahl.

In der Auswertung werden eventuell vorhandene Engpässe deutlich, wenn nicht alle Sendungen in dem betrachteten Umlauf sortiert und abgeliefert werden können. Dem Nutzer stehen in diesem Fall die Optionen zur Verfügung, die in Teil 1 gewählten Bewegungsparameter selbstständig für die einzelnen Strecken oder über eine Iteration automatisch vom Programm für alle Strecken der Tour gleichmäßig anzupassen. Dieser Eingriff bewirkt zumindest für die entsprechende Route eine Vergrößerung des Hauptlaufzeitfensters.

6.5 Restriktionen

Die wesentlichste Einschränkung ist in dem vorgegebenen Schienennetz zu sehen, welches allerdings bei Bedarf jederzeit erweiter- bzw. veränderbar ist. Bei der Simulation der Transportketten haben topographische oder infrastrukturelle Gegebenheiten und Hindernisse keinen Einfluss. Es wird davon ausgegangen, dass ein entsprechendes Hochgeschwindigkeitsschienennetz sowie die dazugehörige Zugtechnik zur Verfügung steht.

In jeder Zusammenstellung bzw. in jedem Tourennetz können maximal 16 Routen zusammengefasst werden.

Vor- und Nachlaufkapazitäten finden keine Berücksichtigung im Programm.

Beschleunigungs- bzw. Verzögerungsvorgänge einer Strecke müssen auch auf dieser Strecke zwischen den beiden Streckenpunkten abgeschlossen werden. Das führt in ungünstigen Konstellationen, z. B. bei einer sehr kleinen Streckenlänge und einer hohen geplanten Fahrgeschwindigkeit, dazu, dass die Beschleunigungs- bzw. Verzögerungswerte nach oben angepasst werden müssen. Diese Restriktion wird vom Programm selbständig bei der Eingabe in Teil 1 überprüft.

Die Stand- bzw. Umschlagszeiten sind vom Nutzer entsprechend seiner gewählten Umschlagstechnologie und dem vorhandenen Sendungsaufkommen festzulegen. Anhaltspunkte dazu wurden in den Abschnitten 4.6, 4.7 und 4.9 gegeben.

Die Abmaße und Gewichte der Sendungen werden im Programm *KEPTrain* in der vorliegenden Version nicht dargestellt oder überprüft. Eine Begrenzung, in diesem Fall der Anzahl, erfolgt ausschließlich über die maximale Sortierleistung der Anlagen in den Zügen. Der Ablauf bei der einstufigen Sortierung und bei der Vor- bzw. Grobsortierung der zweistufigen Variante basiert auf dem Frist-In-First-Out-Prinzip (FIFO).

Bei der Fein- bzw. Nachsortierung in der zweistufigen Lösung erfolgt prozessbedingt keine Priorisierung von Sendungen.

Weitere softwaretechnische Vereinbarungen sind:

- Die Anzeige der Fahrzeiten ist auf die Genauigkeit von Sekunden bestimmt, intern wird mit der Genauigkeit von Millisekunden gerechnet.

- Die Anzeige der Länge von Routen erfolgt in km ohne Kommastellen, intern wird bei Bedarf mit einer Genauigkeit von 15 Nachkommastellen gerechnet.

- Die Genauigkeit der Anzeige von Geschwindigkeiten entspricht einer Stelle nach dem Komma, intern wird bei Bedarf mit einer Genauigkeit von 15 Nachkommastellen gerechnet.

- Die eingegebenen Werte für Beschleunigungen, Verzögerungen, Wartezeiten und Geschwindigkeiten sind auf die positiven Zahlen beschränkt, nach oben werden sie durch die maximale Länge an eingebbaren Zeichen beschränkt.

- Als Dateiendung für gespeicherte Routen wird *tra* (von track) verwendet.

- Für Zusammenstellungen (Netze) wird als Dateiendung *trs* (von tracks) genutzt und des weiteren für die einzelnen Routen einer Zusammenstellung die Endungen trs.xxx (mit xxx im Bereich von 000 bis 999).

- Beim Abspeichern von Szenarien des Programmteiles 2 werden Dateien mit der Endung *sze* (von Szenario) erzeugt.

- Die Option für eine automatische Abfahrtsberechnung steht nur dann zur Verfügung, wenn mindestens zwei Routen aktuell geladen oder erstellt sind und nur ein Schnittpunkt für alle aktuellen Routen existiert.

- Das Erstellen eines Szenarios, d.h. das Überprüfen der Sortierkapazitäten in den Zügen anhand der vorhandenen Sendungsaufträge in Programmteil 2, ist nur möglich, wenn genau ein Schnittpunkt für alle aktuellen Routen ermittelt wird.

- Das Standardverzeichnis zur Speicherung der Routen ist das Verzeichnis des Programms + „\Routen", welches bei Bedarf automatisch erstellt wird.

- Das Verzeichnis des Programms + „\Zusammenstellungen" ist das Standardverzeichnis zur Speicherung der Zusammenstellungen und wird bei Bedarf automatisch angelegt.

- Zum Abspeichern der Szenarien aus dem Programmteil 2 wird das Verzeichnis + „\Szenarien" als Standardverzeichnis verwendet oder bei Bedarf automatisch erstellt.

- BMP–Graphiken zur Auswertung werden im Verzeichnis des Programms + „\Ausdrucke" abgelegt. Bei Bedarf wird dieses automatisch erstellt.

6.6 Fehlerbehandlung

Im Folgenden sind die möglichen Fehlermeldungen des Programms aufgelistet und kurz deren Ursache erläutert:

- *„Es sind maximal 16 Routen zulässig!"*: Der Anwender versucht mittels „Neue Route" oder „Route öffnen..." eine 17. Route zu erzeugen bzw. zu laden.

- *„Es wurde keine Station gewählt!"*: Der Anwender beabsichtigt einer Route eine weitere Station hinzuzufügen, ohne diese vorher gewählt zu haben.

- *„Die Beschleunigung, die Verzögerung und die Geschwindigkeit müssen größer als 0 sein!"*: Einem Streckenparameter (Verzögerung, Beschleunigung oder Geschwindigkeit) wird versucht, der Wert 0 zuzuweisen.

- *„Keine Bahnhöfe gefunden!"*: Dieser Fehler tritt auf, wenn die Anwendung versucht Bahnhöfe aus einer leeren „BAHNHOF.INI" zu laden oder wenn die Datei „BAHNHOF.INI" nicht existiert. In diesem Fall wird die Anwendung beendet.

- *„Sie können die erste Station nicht löschen!"*: Der Anwender beabsichtigt, die erste Station einer Route zu löschen. Dieser Fall ist ausgeschlossen, da eine Route mindestens eine Station beinhaltet.

- *„Ein Bahnhof mit der Kennung: ... existiert nicht!"*: Die Anwendung lädt die Bahnhöfe aus „BAHNHOF.INI" und die Verbindungen zwischen den einzelnen Bahnhöfen werden hergestellt, wobei ein nicht vorhandener Zielbahnhof angegeben ist. Die Anwendung setzt den Ladevorgang fort und lässt lediglich die fehlerhafte Verbindung aus.

- *„... konnte nicht geladen werden, da ein Bahnhof nicht existiert!"*: Der Anwender versucht eine tra–Datei zu laden, die einen Bahnhof enthält, welcher in der „BAHNHOF.INI" nicht vorhanden ist.

- *„Die gewählte Beschleunigung/Verzögerung für die Strecke von ... nach ... ist bezogen auf die Streckenlänge und die geplante Geschwindigkeit zu klein. Bitte einen Wert größer oder gleich ... m/s² wählen!"*: Der Anwender hat eine Beschleunigung oder Verzögerung eingegeben, die zu klein für den gewählten Streckenabschnitt ist, um von der gewählten Geschwindigkeit auf die

Endgeschwindigkeit abzubremsen oder von der Anfangsgeschwindigkeit auf die gewählte Geschwindigkeit zu beschleunigen.

- *„Zusammenstellung konnte nicht vollständig geladen werden!"*: Die Anwendung versucht eine Zusammenstellung zu laden, welche mehr Routen referenziert als wirklich vorhandenen sind.

- *„Zusammenstellung konnte nicht geladen werden!"*: Beim Laden einer Zusammenstellung werden keine Routen referenziert.

- *„Zusammenstellung konnte nicht gespeichert werden!"*: Beim Speichern einer Zusammenstellung ist ein Fehler aufgetreten. Mögliche Fehlerquellen sind:

  - Dateien konnten nicht erstellt werden.

  - Vorhandene Dateien konnten nicht gelöscht werden.

- *„Die Beschleunigung auf der Strecke von ... nach ... ist zu gering! Die minimale Beschleunigung beträgt ... m/s²"*: Durch das Ändern einer oder mehrerer Eigenschaften einer Strecke wird die geplante Beschleunigung auf der Strecke zu gering.

- *„Die Verzögerung auf der Strecke von ... nach ... ist zu gering! Die minimale Verzögerung beträgt ... m/s²"*: Durch das Ändern einer oder mehrerer Eigenschaften einer Strecke wird die geplante Verzögerung auf der Strecke zu gering.

- *„Keine oder mehrere gemeinsame Stationen"*: Der Anwender versucht vom Programmteil 1 in den Teil 2 zu wechseln und ein Szenario für die Sendungsaufträge und die Sortierkapazitäten zu erstellen, obwohl kein oder mehrere Schnittpunkte zwischen den geladenen Routen existieren oder nur eine Route geladen ist.

- *„Auswahl noch nicht vollständig*: Obwohl nicht alle Eingabeinformationen für einen Sendungsauftrag vorliegen, beabsichtigt der Anwender diesen Auftrag hinzuzufügen.

Weitere Fehlermeldungen treten nur bei grober Fehlbedienung auf und sind betriebssystemabhängig nicht vorgesehen.

7 Zusammenfassung

Der Güterverkehrsmarkt als ein Bereich der Logistik ist von stetigem Wachstum gekennzeichnet. Dabei partizipieren die verschiedenen Verkehrsträger unterschiedlich stark an dieser Entwicklung, was bereits in Kapitel 1 deutlich wird. Während auf der einen Seite das Transportaufkommen und die Transportleistung der umweltfreundlich einzuschätzenden Verkehrsträger Schiene und Binnenschifffahrt sinken bzw. stagnieren, verzeichnen Straße und Luftverkehr überdurchschnittliche Wachstumsraten. Verschiedene Prognosen lassen erkennen, dass sich dieser Trend auch in Zukunft trotz Maut und steigender Mineralölsteuer weiter qfortsetzen wird und dass die dominierende Stellung der Straße erhalten bleibt.

Ziel dieser Arbeit war es entsprechend Kapitel 2, für das Marktsegment Post- und KEP-Hauptlaufverkehr ein alternatives Gesamtmodell zur Straße und zum Nachtluftpostnetz unter Berücksichtigung der Anbindung von Vor- und Nachlauf zu entwickeln.

Der Post- und KEP-Markt, welcher neben der Logistik, dem Güterverkehr allgemein, der Tourenplanung und den verschiedenen Güterverkehrsträgern in Kapitel 3 untersucht wurde, steht getragen durch die Atomisierung der Sendungen und die steigenden zeitlichen Anforderungen beispielhaft für die negativ zu wertende Entwicklung bei den Güterverkehrsträgern. Auswahlkriterien der Kunden heute sind neben Preis und Lieferzeit vor allem die Lieferzuverlässigkeit, die Flexibilität und das Angebot von Value Added Service-Leistungen. Besonders der Hauptlauf in den Post- und Transportketten bietet die Möglichkeit zur Verkehrsbündelung und – verlagerung. Existierende Lösungen wie der Parcel Intercity in Deutschland oder Post-TGV in Frankreich nutzen die Schiene als Alternative zum Transport zeitkritischer Sendungen. Allerdings ist die direkte Anbindung von Vor- und Nachlauf nicht vorgesehen.

Hauptproblem aller multimodalen Transportketten zur Verlagerung von Verkehren weg von der Straße auf andere Verkehrsträger ist die mangelnde Konkurrenzfähigkeit zum reinen Straßentransport. Zusätzliche Umschlagvorgänge bedingen zusätzliche Kosten, Zeitverlust sowie einen erhöhten Organisationsaufwand. Der Hoffnungsträger der Politik schlechthin, der Kombinierte Verkehr, kann trotz zahlreicher fiskalischer Begünstigungen die in ihn gesetzten Erwartungen aus diesen Gründen bislang nicht erfüllen.

Den Netzwerken bedeutender KEP-Dienstleister liegen zumeist Hub & Spoke-Strukturen zugrunde, die eine optimale Ausnutzung der vorhandenen Kapazitäten, z. B. Sortieranlagen, zum Ziel haben. Die Anzahl der Hubs kann aufgrund des unterschiedlichen Sendungsaufkommens und der unterschiedlichen Sendungsstruktur in den Netzwerken differieren. Unternehmen mit sehr großen Sendungsaufkommen wie die Deutsche Post AG agieren zum Teil in Rastersystemen, die aufgrund der engen Zeitfenster einen hohen Anteil an Direktverkehren erfordern. Die in Kapitel 4 entwickelten *Hub & Line*- und *Hub & Ring*-Strukturen verknüpfen die Vorteile von Hub & Spoke-Strukturen mit den Vorteilen von Linien- und Ringverkehren. Dazu zählen in erster Linie die Sendungsbündelung und eine große Flächenanbindung des Hauptlaufes mit möglichst wenigen Verkehrsmitteln.

Durch die direkte Verlagerung der Umschlagstellen zwischen den verschiedenen Verkehrsträgern, Straße im Vor- und Nachlauf sowie Schiene im Hauptlauf, in die Schnittstellen sind in dem *KEP-Train* genannten Gesamtmodell weitere Umschlagprozesse vermieden worden. Die Auswahl der verschiedenen strukturellen und technologischen Teilaspekte des Modells erfolgte mit Hilfe der morphologischen Methode und dem Scoring-Verfahren in Kapitel 4.

Im Vor- und Nachlauf kommen dabei als *KEP-Cars* bezeichnete Kleintransporter zum Einsatz. Eine speziell dem Post- und KEP-Vor- und Nachlauf angepasste *KEP-Box* dient als Ladehilfsmittel für die Sendungen und wird an den Schnittstellen zwischen Straße und Schiene über die *KEP-Mobiler*-Technologie ausgetauscht. Der Hauptlauf wird in den *Hub & Line*- bzw. *Hub & Ring*-Netzwerken mit Hilfe von als *KEP-Train* bezeichneten Güterzügen realisiert, in denen während der Fahrt zum Hub und vom Hub zu den Zielbahnhöfen die Sendungen über in die Züge installierte Anlagen sortiert werden. Die *KEP-EHB*-Technologie gewährleistet im zentralen Knotenpunkt des jeweiligen Netzwerkes das Umschlagen und Sortieren der *KEP-Boxen* mit Sendungen zwischen den Zügen. Durch die Parallelisierung von Transport- und Sortiervorgängen werden entscheidende Zeitvorteile gegenüber den herkömmlichen Prozessketten erreicht. Zum anderen erfolgt eine gleichmäßigere Auslastung der vorhandenen Anlagen- und Personalkapazitäten.

Dieses Gesamtmodell *KEP-Train* bildete den Ausgangspunkt für die weiteren Untersuchungen der Netzwerkstrukturen in Kapitel 5. Referenzgebiet für die zu bildenden, schienengebundenen Hauptlaufnetzwerke war Deutschland mit seinem Basisstreckennetz. Mit Hilfe verschiedener Auswahlkriterien für Haltepunkte und Bahnstrecken sowie einer Analyse existierender Post- und KEP-Netzwerke wurden zentraler Haltepunkt, zu präferierende dezentrale Haltepunkte und daraus folgend das relevante Schienennetz bestimmt. Der zu den heuristischen Verfahren zählende Sweep-Algorithmus nach Probol wird als geeignet zum Lösen der Reihenfolgeproblematik für Ringverbindungen identifiziert. Die Linienverbindungen sind unter Beachtung wichtiger Tourenplanungsregeln intuitiv entstanden. Die wesentlichste Restriktion, die es bei der Festlegung der Routen zu beachten galt, war das im Gesamtmodell bestimmte maximale Hauptlaufzeitfenster von 20^{00} bis 6^{00} Uhr. Aus den Lösungen wurden über das Kriterium einer möglichst großen Flächenanbindung 10 unterschiedliche, mit Hilfe des eigenentwickelten Softwaretools *KEPTrain* näher zu analysierende Netzvarianten bestimmt, 3 *Hub & Line*-Strukturen, 3 *Hub & Ring*-Strukturen sowie 4 Linien- und Ringverkehr kombinierende Strukturen. Durch die Definition von an die Praxis angelehnten Standardparametern für die geplante Geschwindigkeit, Beschleunigung, Verzögerung und die Haltezeiten auf den Touren wurden Zeitfensterüberschreitungen erkennbar.

In der Sensitivitätsanalyse der 10 Netzvarianten wurden 8 weitere Fälle untersucht, in denen die wichtigen Bewegungskenngrößen, Haltezeiten oder die Anzahl der Haltepunkte variiert worden sind. Es zeigte sich, dass Veränderungen bezüglich der Fahrgeschwindigkeit oder der Umschlags- bzw. Haltezeiten stärkeren Einfluss auf den zeitlichen Transportverlauf in den definierten Netzwerken haben als Veränderungen bei der Beschleunigung, Verzögerung oder bei der Anzahl der Haltepunkte. Ein abschließender Scoring-Vergleich führte zur Auswahl von 3 exemplarischen Netzwerken, einem 4-Liniennetz, einem 3-Ringnetz und einem kombinierten Netz aus 2 Linien und 2 Ringen. Diese Netze unterscheiden sich im Wesentlichen in der Flächenbedienung, den Kosten und dem Koordinierungsaufwand. Als geplante Fahrgeschwindigkeit , welche sowohl Rollmaterial als auch Schieneninfrastruktur garantieren muss, wird zur Einhaltung des geplanten Hauptlaufzeitfensters 160 Kilometer pro Stunde empfohlen.

Mit dem Programm *KEPTrain*, auf welches in Kapitel 6 genauer eingegangen wurde, lassen sich im ersten Teil verschiedene Schienenrouten und -netzwerke abbilden und über die Festlegung der Haltezeiten und Bewegungsparameter deren zeitliche Abläufe planen. Im zweiten Teil des Tools können auf Basis dieser Routen und Netzwerke sowie realer Sendungsaufträge die parallelen Transport- und Sortiervorgänge im Gesamtmodell *KEP-Train* simuliert und Engpässe ermittelt werden. Bei unzureichender Sortierkapazität ist eine zeitliche Anpassung der Transportprozesse im Hauptlaufnetzwerk möglich.

Die transport-, umschlag- und sortiertechnische Gestaltung der verschiedenen Lösungen wie *KEP-Car*, *KEP-Box*, *KEP-Mobiler*, *KEP-EHB* oder *KEP-Train* im Detail ist im Einzelnen nicht Gegenstand der vorliegenden Arbeit. Vielmehr soll diese Arbeit anhand des Gesamtmodells *KEP-Train* zeigen, welche Möglichkeiten bestehen, die Prozessketten der Post- und KEP-Dienstleister zu straffen, umweltfreundlichere Verkehrsträger zu nutzen und zugleich konkurrenzfähige Alternativen zur heutigen Praxis anzubieten. Der Schritt zur Parallelisierung von Sendungstransport und -sortierung erfordert einen hohen Forschungs- und Entwicklungsaufwand, gibt der Bahn aber auf der anderen Seite die Chance, verlorenes Terrain zurückzugewinnen und ihre Systemstärke von den Massengütern im Ganzzugverkehr auch auf den Bereich zeitkritischer Güter und Sendungen im Linien- und Ringverkehr auszuweiten. Die innovativen Technologien sind zunächst weiterzuentwickeln und in Pilotprojekten zu erproben, um letztendlich auch ökonomisch relevante Informationen für das Gesamtmodell ableiten zu können.

Das erreichte Ergebnis legt als Aufgaben der zukünftigen Entwicklung die detaillierte technische Ausgestaltung des Gesamtmodells *KEP-Train* und dessen Einzellösungen sowie die Erarbeitung eines speziell für *Hub & Line-* und *Hub & Ring-*Netzwerke geeigneten Tourenplanungsverfahrens nahe. Darüber hinaus wird in der Verfeinerung und Erweiterung der Schienennetzdaten sowie in der Prüfung der vor diesem Hintergrund darstellbaren Netzstrukturen in anderen Ländern und Regionen weiteres Forschungspotenzial gesehen.

Literaturverzeichnis

Bücher, Zeitschriftenartikel, Dissertationen, Diplom-/Studienarbeiten:

ABX LOGISTICS [Hrsg.]: *IC Kurierdienst, Ihr Partner, wenn's drauf ankommt,*
In: Flyer von ABX Logistics (Deutschland) GmbH, Duisburg
Stand: 01.02.2000

ADLER, Sebastian: *Logistikketten auf der Achse Südeuropa-Berlin-Hansestadt
Rostock-Skandinavien/Osteuropa.* Rostock, Universität, Dipl.-Arb., 2001

ARNOLD, Dieter: *Was braucht der KEP-Markt?.* In: Logistik heute 10 (2002), S.
30-31

ARNOLD, D. ; RALL, B. : *Ein neues Umschlagsystem für Güterverkehrszentren
im Vergleich mit aktuellen Konzepten.* In:
http://www.ubka.unikarlsruhe.de/vvv/1996/maschinenbau/5/5.text
16.01.2003, 17:42 Uhr

BACHMEIER, Stefan: *Integrators: die schnellsten Dienste des Weltverkehrs.* Er-
langen-Nürnberg, Universität, Wirtschafts- und Sozialgeographisches Institut, Diss., 1999

BARCK, Rainer (2002a): *Die Weichen falsch gestellt.* In: materialfluss Oktober
(2002), S. 12-14

BARCK, Rainer (2002b): *RFID erobert den Handel.* In: materialfluss November
(2002), S.12-14

BARON, Kristian: *Optimierung der Frachtströme bei KEP-Dienstleistern in Mecklenburg-Vorpommern*. Rostock, Universität, Fachbereich Maschinenbau, Projektarbeit, 2002

BAUMGARTEN, Helmut (2000): *Kombinierter Verkehr*. In: Vorlesungsreihe Technische Universität Berlin: Verkehrslogistik IV (2000)

BAUMGARTEN, Helmut (2001a): *Kurier, Express- und Paketdienstleistungen*. In: Vorlesungsreihe Technische Universität Berlin: IV Verkehrslogistik II (2001)

BAUMGARTEN, Helmut (2001b): *Auf halbem Weg*. In: Logistik 11 (2001), S. 36-38

BEDER, Heinrich ; RIELKE, Sigurd: *Der Luftverkehr von morgen – seine Anforderungen und Notwendigkeiten: Kurs III/97, 9. April 1997 in Frankfurt / 4. Luftverkehrsforum der DVWG. Veranst.: Deutsche Verkehrswissenschaftliche Gesellschaft e. V.*. Bergisch Gladbach : Deutsche Verkehrswissenschaftliche Gesellschaft e. V., 1997

BERGMANN, Martin: *Tourenplanung mit Zeitfenstern*. Aachen : Shaker-Verlag, 1998

BERNDT, Thomas: *Eisenbahngüterverkehr: mit 50 Tabellen*. 1. Aufl. Stuttgart : Teubner, 2001

BLOCHMANN, Frank O.: *Zustelldienste der Zukunft*. In: Göpfert, Ingrid [Hrsg.]: *Logistik der Zukunft – logistics for the future*. 2. Aufl. Wiesbaden : Gabler, 2000, S. 206-209

BOSSERHOFF, Dietmar ; BIEHL, Hans-Nikol: *„HessenCargo" Neues Zugsystem für den regionalen Verkehr.* In: Internationales Verkehrswesen 47 (1995) 9, S. 535-542

BUCHHOLZ, Jonas [Hrsg.] ; CLAUSEN, Uwe ; VASTAG, Alex: *Handbuch der Verkehrslogistik.* Berlin : Springer, 1998

BUKOLD, Steffen: *Kombinierter Verkehr Schiene / Strasse in Europa: eine vergleichende Studie zur Transformation von Gütertransportsystemen.* Bremen, Universität, Diss., 1996

BUNDESMINISTERIUM FÜR VERKEHR [Hrsg.]: *Gütertransportsysteme für den kombinierten Verkehr: Probleme, Alternativen, Chancen.* Bonn : Kirschbaum, 1981

BUNDESMINISTERIUM FÜR VERKEHR, BAU- UND WOHUNGSWESEN (2000a): *Strassenbaubericht 2000.* In: BT-Drucksache 14/5064

BUNDESMINISTERIUM FÜR VERKEHR, BAU- UND WOHUNGSWESEN (2001a): *Bericht des Bundesministeriums für Verkehr, Bau- und Wohnungswesens an den Ausschuss für Verkehr, Bau- und Wohnungswesen des Deutschen Bundestages über die Zukunft der deutschen Binnenschifffahrt im europäischen Wettbewerb.* Stand: Dezember 2001

CLAUSEN, Uwe: *Verfahren zur Netzstrukturbildung für Linienzugsysteme im Hauptlauf zwischen Briefzentren.* Dortmund, Universität, Diss., 1996

CLAUSEN, Uwe: *Wo stehen die Verkehrsträger heute?.* In: Logistik heute 9 (2002), S. 54–55

CORDES, Michael: *Der schlummernde Riese.* In: Verkehrs-Rundschau 33 (2002), S. 38-39

DELFMANN, Werner: *Kernelemente der Logistikkonzeption.* In: Klaus, Peter; Krieger, Winfried: *Gabler Lexikon Logistik.* 2. vollständig überarbeitete Aufl. Wiesbaden : Gabler, 2000, S. 322-326

DER BUNDESMINISTER FÜR VERKEHR BONN; DEUTSCHES INSTITUT FÜR WIRTSCHAFTSFORSCHUNG BERLIN [Hrsg.] (2000b): *Verkehr in Zahlen 2000/2001.* 29. Jg. Bonn : Deutscher Verkehrs-Verlag, 2000

DER BUNDESMINISTER FÜR VERKEHR BONN; DEUTSCHES INSTITUT FÜR WIRTSCHAFTSFORSCHUNG BERLIN [Hrsg.] (2001b): *Verkehr in Zahlen 2001/2002.* 30. Jg. Bonn : Deutscher Verkehrs-Verlag, 2001

DEUTSCHE BAHN AG [Hrsg.] (1998a): *Frachtexpreß : Ergebnisbericht.* München : Eigendruck, 1998

DEUTSCHE BAHN AG [Hrsg.] (1998b): *Entwicklung und Erprobung von KV-Systemgrundbausteinen in einem Netz des von der Deutschen Bahn AG einzurichtenden Demonstrationsfeldes im Rahmen der KV-Technologieplattform 2000+, Phase 1: Schlussbericht / Deutsche Bahn AG, Forschungs- und Technologiezentrum Minden.* Minden : Eigendruck, 1998

DEUTSCHE BAHN NETZ AG [Hrsg.]: *Hauptstreckennetz Deutschland 2002.* Mainz : Eigendruck, 2003

DEUTSCHE POST AG [Hrsg.]: *Geschäftsbericht 1994.* Bonn : Eigendruck, 1995

DIERS, Fritz: *Koordinationshemmnisse in Transportketten des kombinierten Verkehrs*. Heft 86. Göttingen : Vanderhöck & Ruprecht, 1977

DOLL, Claus ; HELMS, Maja ; LIEDTKE, Gernot ; ROMMERSKIRCHEN, Stefan ; ROTHENGATTER, Werner ; VÖDISCH, Michael: *Wegekostenrechnung für das Bundesfernstraßennetz*. In: Internationales Verkehrswesen 54 (2002), Nr. 5, S. 200-205

DOMSCHKE, Wolfgang: *Logistik: Rundreisen und Touren*. 3. Aufl. München : Oldenbourg, 1990

DOMSCHKE, Wolfgang: *Logistik: Transport*. 3. Aufl. München : Oldenbourg, 1989

DRUDE, Michael: *Die Bedienung der Fläche im Güterverkehr: zur Rolle der Schienen-Containerverkehrs als Element fortdauernder Präsenz der Deutschen Bundesbahn in der Fläche*. Bd. 84. Hannover : Vincentz, 1985

EICKEMEIER, Susanne: *Kombinierter Ladungsverkehr: produktionsorientierte Strategiekonzepte für die Deutsche Bahn AG*. Frankfurt am Main, Universität, Diss., 1997

ENGEL, Michael: *Modal-Split-Veränderungen im Güterfernverkehr: Analyse und Bewertung der Kosten- und Qualitätseffekte einer Verkehrsverlagerung Straße/Schiene*. Hamburg : Dt. Verkehrs-Verl., 1996

ERKENS, Elmar: *Kostenbasierte Tourenplanung im Straßengüterverkehr: ein Modell zur Kalkulation von Transportpreisen und zur Optimierung von Touren mit genetischen Algorithmen*. Eigendruck, 1998

ERNST, Matthias ; WALPUSKI, Dirk: *Telekommunikation und Verkehr.* München : Vahlen, 1997

EUROPEAN CONFERENCE OF MINISTERS OF TRANSPORT, ECONOMIC RESEARCH CENTRE [Hrsg.]: *Possibilities and Limitations of comined transport: report of the minety-frist Round Table on Transport Economics held in Paris on 24th – 25th October 1991.* Schriftenreihe: Round Table on Transport Economics Nr. 91. Paris : ECMT, 1993

EUROPEAN CONFERENCE OF MINISTERS OF TRANSPORT, ECONOMIC RESEARCH CENTRE [Hrsg.]: Round Table on Transport Economics, 101 (Veranst.) *Express delivery services: report of the Hundred and First Round Table on Transport Economics held (on 16th – 17th November 1995 in Paris).* Schriftenreihe: Round Table on Transport Economics Nr. 101. Paris : ECMT, 1996

EUROPEAN CONFERENCE OF MINISTERS OF TRANSPORT [Hrsg.]: *Report on the current state of combined transport in Europe.* Paris : ECMT, 1998

FABEL, Peter: *Entwicklung und Erprobung von KV-Systemgrundbausteinen in einem Netz des von der Deutschen Bahn AG einzurichtenden Demonstrationsfeldes im Rahmen der KV-Technologieplattform 2000+, Phase 1: Schlussbericht.* Minden : Deutsche Bahn AG, Forschungs- und Technologiezentrum, 1998

FACHVERBAND SPEDITION UND LAGEREI DER VDV IN HESSEN E.V. [Hrsg.]: *Jahrbuch der Güterverkehrswirtschaft 1997 / 1998.* München : Servicegesellschaft Spedition und Logistik mbH, 1997

FACHVERBAND SPEDITION UND LAGEREI DER VDV IN HESSEN E.V. [Hrsg.]: *Jahrbuch der Güterverkehrswirtschaft 1998 / 1999.* München : Servicegesellschaft Spedition und Logistik mbH, 1998

FEIGE, Dieter ; EBNER, Gunnar: *Anpassungsfähig und kostenoptimal*, In: Logistik heute 5/1996, S. 73-75

FONGER, Matthias: *Gesamtwirtschaftlicher Effizienzvergleich alternativer Transportketten: eine Analyse unter besonderer Berücksichtigung des multimodalen Verkehrs Schiene/Strasse.* Göttingen : Vandenhoeck & Ruprecht, 1993

FRÄNKLE, Achim: *Untersuchung zur Wettbewerbsfähigkeit eines schienengebundenen Luftfrachtersatzverkehrs.* Dortmund, Universität, Diss., 2001

FREICHEL, Stephan L. K.: *Organisation von Logistikservice-Netzwerken.* Berlin : Schmidt 1992

FUHRMANN, R.: *Logistiksysteme - der LKW als spezifische Systemkomponente.* In: Hoepke, Erich: *Der Lkw im europäischen Straßennetz und kombinierten Verkehr: verkehrspolitische, technische, logistische, kalkulatorische und ökologische Aspekte.* Renningen-Malmsheim : expert, 1997

GAIDZIK, Marian: *KV-Technologieplattform 2000+: ein Innovationskonzept für den kombinierten Verkehr; Schlussbericht [end of project: 30.11.1995] / HaCon Ingenieurgesellschaft mbH Hannover.* Hannover : HaCon Ingenieurges. mbH, 1995

GIETZ, Martin: *Computergestützte Tourenplanung mit zeitkritischen Restriktionen.* Augsburg, Universität, Diss., 1994

GLASER, Jürgen ; KUTTER, Eckardt: *Kurier-, Express-, Paketdienste und Stadt-logistik – Analysen und konzeptionelle Ansätze zur Gestaltung des städti-schen Güterverkehrs am Beispiel der Kurier-, Express- und Paketdienste (KEP-Dienste) in Hamburg.* Hamburg-Harburg, Technische Universität, Diss., 2000

GÖPFERT, Ingrid [Hrsg.]: *Logistik der Zukunft – logistics for the future.* 2. Aufl. Wiesbaden : Gabler, 2000

GRAF, Hans-Werner: *Netzstrukturplanung: Ein Ansatz zur Optimierung von Transportnetzen.* Dortmund, Universität, Diss., 1999

GRESSER, Klaus ; KOLLBERG, Bernd ; KONANZ, Walter ; KOTZAGIORGIS, Stefanos ; MANN, Hans-Ulrich ; PLATZ, Holger ; RATZENBERGER, Ralf ; SCHNEIDER, Walter ; SCHUBERT, Markus ; TABOR, Peter: *Ver-kehrsprognose 2015 für die Bundesverkehrswegeplanung.* In: Internationa-les Verkehrswesen 53 (2001), Nr. 12, S. 585-80

GRÜBL, Waldemar: *Terminalnetze und Zugsysteme: Ergebnisse einer Studie über Marktchancen des kombinierten Verkehrs.* In: FKV - Forschungskonsorti-um Kombinierter Verkehr 5 (1990), Neu-Isenburg : Verlag für Publikatio-nen im Kombinierten Verkehr, 1990

GUENTHER, Hans-Otto ; TEMPELMEIER, Horst: *Produktion und Logistik.* 3. Aufl. Berlin : Springer, 1997

GUDEHUS, Timm: *Logistik: Grundlagen, Strategien, Anwendungen.* Berlin : Springer, 1999

GUTTHAL, Stephan: *Chancen und Risiken des Expressgutmarktes*. Berlin, Technische Universität, Diss., 1999

HELLMANN, Axel: *Theorie und Praxis von Routing-Problemen*. Martienss: Schwarzenbek, 1984

HERING, Ekbert ; DRAEGER, Walter: *Führung und Management*. 2. Aufl., Düsseldorf : VDI-Verlag, 1996

HILLE, Armin: *Optimierte Drehscheiben*. In: materialfluss März (2002), S. 46-47

HOEPKE, Erich: *Der Lkw im europäischen Straßennetz und kombinierten Verkehr: verkehrspolitische, technische, logistische, kalkulatorische und ökologische Aspekte*. Renningen-Malmsheim : expert, 1997

HUMMEL, Siegfried ; MAENNEL, Wolfgang: *Kostenrechnung – Grundlagen, Aufbau und Anwendung*. Bd. 1. 4., völlig neu bearb. und erw. Aufl. Wiesbaden : Gabler, 1990

IHDE, Gösta Bernd: *Transport, Verkehr, Logistik: gesamtwirtschaftliche Aspekte und einzelwirtschaftliche Handhabung*. 3. Aufl. München : Vahlen, 2001

JAHNKE, Bernd: *Innovative Systeme für den Schienengüterverkehr*. In: Internationales Verkehrswesen 54 (2002), Nr. 4, S. 233-240

JÄNSCH, Eberhard: *Hochgeschwindigkeitsverkehr auf DB-Strecken*. In: Internationales Verkehrswesen 53 (2001), Nr. 11, S. 547-549

KIRCHNER, Jens: *Die Kosten des Universaldienstes im Postsektor*. Würzburg, Universität, Diss., 2001

KLAUS, Peter ; KRIEGER, Winfried: *Gabler Lexikon Logistik.* 2.,vollst. überarb. und erw. Aufl. Wiesbaden : Gabler, 2000

KLEEBERG, Lars: *Management von Transportnetzwerken: ein modellgestützter Führungsansatz zur Planung und Steuerungszukunftsorientierter Gütertransportsysteme für Stück- und Kleinguttransporte im kombinierten Straßen-, Schienengüterverkehr.* Göttingen, Universität, Diss., 2000

KLEIN, Robert: *Neues Sortersystem nach drei Jahren Entwicklung im Einsatz.* In: Logistik für Unternehmen 9 (2002)

KOCH, Joachim: *Die Entwicklung des kombinierten Verkehrs: ein Trajekt im Eisenbahnparadigma.* Frankfurt am Main, Universität, Logistik und Verkehr, Diss., 1997

KRICHLER, Norbert: *Untersuchungen zur systemübergreifenden Neugliederung des höherwertigen Ferngüterverkehrs in der Bundesrepublik Deutschland unter Berücksichtigung logistischer, energie- und umweltwirtschaftlicher Erfordernisse.* Berlin, Technische Universität, Diss., 1997

KROHN, Olaf: *Europa drückt aufs Tempo.* In: mobil 01 (2003), S. 37-38

LEONHARDT-WEBER, Birgit: *Die Entwicklung der Qualitätsmerkmale im Verkehr.* München : VVF, 1990

LUKASCHEWSKI, Marc: *Beschleunigung bereits am Boden.* In: Logistik 3 (2002), S. 22-23

MAASER, Frank: *Konzeption und Entwicklung eines grenzüberschreitenden KEP-Logistikpartnermodells.* Rostock, Universität, Dipl.-Arb., 2002

MANNER-ROMBERG, Horst: *KEP-Markt: Kurier, Express, Paket; Wegweiser und Marktübersicht für den schnellen Versand.* Hamburg : Dt. Verkehrs-Verlag, 1995

MANNER-ROMBERG, Horst: *Der „neue" KEP-Markt.* (25.11.2000) In: www.kurier.com

MAYER, Reinhold ; KLUG, Oliver P. ; BUCHNER, Holger: *Prozessorientierte Kosten- und Ergebnisbewertung des Paketdienstes der Deutsche Post AG (Kurzfassung).* Stuttgart : Eigendruck Horvath & Partner, 1999

MÜLLER, Michael: *Auslaufmodell Brief-Paketsortierzentrum?.* In: Internationales Verkehrswesen 56 (2004), S. 226

OSTKAMP, Petra: *Methoden zur Planung von multimodalen, zeitrestriktiven Transportnetzen.* Dortmund, Universität, Diss.; 1999

o. V. (1995): *Frachtreport – Ringzug Rhein – Ruhr soll auch im Regionalverkehr Güter auf die Schiene locken.* In: Logistik heute 9/1995, Nr. 3, S. 55-56

o. V. (1997a): *Ein Lkw auf Schienen.* In: Logistik heute 5/1997, S. 29-31

o. V. (1997b): *Starker Zuwachs bei Containern.* In: EuroCargo 12/1997, S. 28

o. V. (2001a): *Neue Transportkonzepte – Binnenschiff als Palettenlager.* In: Cargo aktuell Nr. 5 / Oktober 2001, S. 43

o. V. (2001b): *Drittgrößte Anlage weltweit in Betrieb – Der neue Hub in Wiesbaden verkürzt die nationalen und internationalen Laufzeiten.* In: Logistik heute 7-8/2001, S. 42

o. V. (2002a): *Flüsterjet mit Kurs auf Tegel.* In: EuroCargo 1-2/2002, S. 42-43

o. V. (2002b): *Barcode im Wandel.* In: EuroCargo 10/2002, S. 36

o. V. (2002 c): *Der Mix macht's.* In: Logistik heute 3/2002, S. 34-35

PASTORINI, Willy: *Nachfrageorientierte Produktionskonzepte für den kombinierten Ladungsverkehr.* Karlsruhe, Universität, Diss., 1985

PÄLLMANN, Wilhelm: *Schiene und Strasse – Partnerschaft mit Perspektiven: Chancen eines integrierten Verkehrssystems (am 16. Oktober 1990 in Königswinter).* Schriftenreihe des Verbandes der Automobilindustrie Nr. 65. Frankfurt am Main : Verband der Automobilindustrie, 1991

PFOHL, Hans-Christian ; PIEPER, Clemens B.: *Struktur- und Potentialanalyse des Marktes für Express- und Paketdienstleistungen: Ergebnisse einer Versenderbefragung.* Darmstadt : Technische Hochschule, Institut für Betriebswirtschaftslehre, Arbeitspapiere zur Logistik 15, 1994

PIONTEK, Jochen: *Das weite Feld der Tourenoptimierung.* In: Logistik heute 12 (2001), S. 37-39

POLZIN, Dietmar W.: *Multimodale Unternehmensnetzwerke im Güterverkehr: Grundlagen, Anforderungsprofile und Entwicklung eines Gestaltungsansatzes für einen zukunftsorientierten kombinierten Verkehr Straße-Schiene.* Marburg, Universität, Diss., 1998

POLZIN, Dietmar: *Kombinierter Verkehr Straße – Schiene.* In: Internationales Verkehrswesen 51 (1999), Nr. 12, S. 558-563

PROBOL, Martin G.: *Tourenplanung mit EDV unter besonderer Berücksichtigung der Erfordernisse eines Unternehmens des Eisen- und Baustoffgroßhandels.* Braunschweig, Universität, Diss., 1979

REITZ, Klaus: *Bestimmungsgründe und voraussichtliche Entwicklung der Nachfrage nach Briefsendungen bis zum Jahre 1985.* Bonn, Universität, Diss., 1974

RIESENEGGER, Lothar: *Fahrzeugtechnik für die KEP-Industrie – Wunsch und Wirklichkeit.* In: VDI-Gesellschaft Fördertechnik, Materialfluss, Logistik: *Die schnelle und sichere Kette.* Düsseldorf : VDI-Verl., 2000

SCHLICKSUPP, Helmut: *Innovation, Kreativität und Ideenfindung.* 4. Aufl. Würzburg : Vogel, 1992

SCHULTE, Christof: *Logistik: Wege zur Optimierung des Material- und Informationsflusses.* 3. Aufl. München : Vahlen, 1999

SCHULZ, Andreas: *DB Cargo-Zukunftspläne.* In: Internationales Verkehrswesen 52 (2000), Nr. 7 + 8, S. 332-333

SCHWEERS + WALL [Hrsg.]: *Eisenbahnatlas Deutschland.* Aachen : Schweers + Wall, 2002

SEIBERT, Siegfried: *Technisches Management.* Stuttgart : Teubner, 1998

SEIFERT, Wilf: *Die DB im Kriechgang.* In: güterverkehr 2 (2002), S. 27-28

SICHELSCHMIDT, Henning: *Aircargo im Sog der Rezession.* In: DVZ Nr. 42 vom 09.04.2002, S. 3

SONNABEND, Peter: *Sendungsaufkommen der DP-Postfrachtzentren.* Information vom 24.03.2003

SPEEL, Maik ; ECK, Robert: *4PL in der Aviation-Industrie – Neues Zeitalter.* In: Logistik heute 11 (2001), S. 34-35

STABENAU, Hanspeter: *Entwicklung und Stand der Logistik* In: Klaus, Peter ; Krieger, Winfried: *Gabler Lexikon Logistik.* 2.,vollst. überarb. und erw. Aufl. Wiesbaden : Gabler, 2000, S. 127-132

STACKELBERG, Friedrich von ; ALLEMEYER, Werner: *Kombinierter Verkehr.* Göttingen : Vandenhoeck & Ruprecht, 1998

STAHL, Dirk: *DB Cargo als internationaler Transport- und Logistikdienstleister in Europa.* In: Fachverband Spedition und Lagerei der VdV in Hessen e.V. [Hrsg.]: *Jahrbuch der Güterverkehrswirtschaft 1998 / 1999.* München : Servicegesellschaft Spedition und Logistik mbH, 1998, S. 122-126

TALKE, W. ; ENNULAT, D ; JUNG, M.: *Umstellanlage des Kombinierten Verkehrs in innovativer Rendezvoustechnik – Megadrehscheibe IRT – MDS.* In: VDI [Hrsg.]: *Innovative Umschlagsysteme an der Schiene.* Düsseldorf : VDI-Verl., 1996

TRANSCARE [Hrsg.]: *Rationalisierung im Vor- und Nachlauf zum Kombinierten Verkehr (Kurzfassung),* In: Studie von TransCare GmbH, Stand: Januar / Juli 1996

TROST, Dirk Gunther: *Vernetzung im Güterverkehr: ökonomische Analyse von Zielen, Ansatzpunkten und Massnahmen zur Implementierung integrierter Verkehrssysteme unter Berücksichtigung logistischer Ansprüche verschiedener Marktsegmente.* Giessen, Universität, Diss., 1999

TSCHUDI, Oliver: *Kombinierter Verkehr und Netzwerkökonomie: Darstellung aus Schweizer und europäischer Sicht.* Zürich, Universität, Diss., 2000

VANDERLANDE (2002): *Sorting Technology.* In: Informationsblatt von VanDer-Lande Industries, Publ 1049 DE / 01-03

VASTAG, Alex: *Konzeption und Einsatz eines Verfahrens zur Distributionsstrukturplanung bei intermodalen Transporten.* Dortmund, Universität, Diss., 1997

VOJDANI, Nina: Einführung in die Verkehrslogistik. In: Vorlesungsreihe Universität Rostock: Verkehrslogistik (2002)

VOJDANI, Nina: *Der Managementprozess.* In: Vorlesungsreihe Universität Rostock: Unternehmensmanagement (2003)

WEBER, Jürgen ; KUMMER, Sebastian: *Logistikmanagement.* 2., aktualisierte und erw. Aufl. Stuttgart : Schäffer-Poeschel, 1998

WEBER, Jürgen: *Logistikkostenrechnung.* Klaus, Peter ; Krieger, Winfried: *Gabler Lexikon Logistik.* 2.,vollst. überarb. und erw. Aufl. Wiesbaden : Gabler, 2000, S. 327 f.

WEUTHEN, Heinz K.: *Tourenplanung – Lösungsverfahren für Mehrdepot – Probleme.* Karlsruhe : Eigendruck, 1983

ZAPP, Kerstin: *Express- und Spezialfracht künftig besonders erfolgreich*. In: Internationales Verkehrswesen 54 (2002), Nr. 5, S. 222-224

ZIEGLER, Hans-Joerg: *Computergestützte Transport- und Tourenplanung*. Ehningen : expert, 1988

ZIRKLER, Bernd: *Planung und Disposition eines Train-Coupling and –Sharing-Systems im Eisenbahngüterverkehr*. Hannover, Universität, Institut für Verkehrswesen, Eisenbahnbau und –betrieb, Diss., 1998

ZWICKY, Fritz (1989a): *Entdecken, Erfinden, Forschen im morphologischen Weltbild*. 2. Aufl. Glarus : Baschelin, 1989

ZWICKY, Fritz (1989b): *Morphologische Forschung: Wesen und Wandel materieller und geistig struktureller Zusammenhänge*. 2. Aufl. Glarus : Baschelin, 1989

Internetquellen:

http://www.bahn.de/konzern/netz/produkte/die_bahn_infrastruktur_offen.shtml
    Unsere Infrastruktur steht Ihnen offen
    01.10.2002, 11:58 Uhr

http://www.bahn.de/konzern/netz/wir/die_bahn_ziele_fakten.shtml
    Zahlen, Daten und Fakten
    12.02.2003, 10:04 Uhr

http://www.bgl-ev.de/dynamic/

    news/news.asp?instance=1&FILE=PU200107191000000085.NEW

    19.07.2001 *BGL zur UBA-Studie: Umweltorientierte Lkw-Gebühr muss mit*

    EU-Recht vereinbar sein. Verbessertes Angebot der Bahn ist Voraussetzung

    für höhere Nachfrage nach Schienenverkehr

    20.03.2002, 16:12 Uhr

http://www.biek.de/Seiten/Aktu9%20Nachtflug.htm (2002a)

    Expressfracht ist ohne Nachtflug kaum denkbar – Unverzichtbar, aber den-

    noch unerwünscht

    09.10.2002, 12:05 Uhr

http://www.biek.de   (2002b)

    Die Marktdefinitionen: Schnell, pünktlich, zuverlässig – charakteristisch für

    die KEP-Industrie

    09.10.2002, 12:10 Uhr

http://www.bvdp.de/frames/archiv.asp?tnrNr=aktuell

    IC-Kurierdienst schließt sich Same-Day-Verbund EURODOC an

    09.10.2002, 12:05 Uhr

http://www.destatis.de/basis/d/verk/verktab1.htm

    Verkehr

    14.03.2003, 12:53 Uhr

http://www.hochgeschwindigkeitszuege.com

    Deutschland ICE-Streckennetz

    17.12.2002, 10:24 Uhr

http://www.hochgeschwindigkeitszuege.com

    Die schnellsten Züge der Welt

    20.02.2003, 16:53 Uhr

http://www.kurier.com   (2002a)

    Kurier-, Express- und Paketdienste (KEP-Dienste) in Deutschland – Ent-
    wicklung von Umsatz und Sendungen 1997 bis 1999

    09.10.2002, 14:11 Uhr

http://www.kurier.com   (2002b)

    KEP, KEPP oder KEPB

    09.10.2002, 14:13 Uhr

http://www.logistik-heute.de/tnt.htm

    Drei-Hub-Konzept ist ein strategischer Vorteil

    17.04.2002, 11:54 Uhr

http://www.posthorn.de/postag/news/zumwinkel_cargo.html

    Rede von Dr. Klaus Zumwinkel anlässlich Pressekonferenz Parcel Intercity

    26.02.2002, 15:00 Uhr

http://www.regionalverband-neckar-alb.de/projekte/gv-parcel-ic.htm

    Anbindung des Oberzentrums Reutlingen / Tübingen an das Parcel InterCi-
    ty-Netz

    05.11.2002, 10:53 Uhr

http://www.statistik-bw.de/VolkswPreise

    Bruttoinlandsprodukt in Preisen von 1995, 1991 bis 2001

    22.01.2003, 09:50 Uhr

http://www.transrapid.de

    Hochtechnologie für den „Flug in Höhe 0"

    24.03.2003, 14:21 Uhr

http://www.verkehrsforum.de/magazin/archiv/2_98/2_98_4.html   (2002a)

    Zukunftsaspekte des Straßengüterverkehrs

    21.03.2002, 16:18 Uhr

http://www.verkehrsforum.de/magazin/archiv/1_97/1_97_16.html   (2002b)

    Bodengebundene Luftfrachttransporte auf der Schiene: Flughafen Frankfurt / Main

    21.03.2002, 16:33 Uhr

http://www.verkehrsforum.de/magazin/archiv/6_97/6_97_13.html   (2002c)

    Deutsche Post AG – Ein modernes Service-Unternehmen

    21.03.2002, 16:22 Uhr

http://www.welt.de/daten/2000/02/07/0207hw150810.htx

    Die Post setzt auf schnelle Parcel-InterCity-Züge

    26.02.2002, 15:00 Uhr

Anhang

Anhang I: Klassifizierungsmerkmale von Tourenplanungsproblemen

Klassifizierungsmerkmale von Tourenplanungsproblemen

Aufträge

Standort im Netz	knotenorientiert, kantenorientiert
Daten	deterministisch, stochastisch, dynamisch
Art	ausliefern, einsammeln, kombiniert
Durchführung	geteilt, vollständig
Zeitfenster	mit Zeitvorgaben, ohne Zeitvorgaben
Verträglichkeit	Auftrag - Auftrag, Auftrag - Fahrzeug
Zusammenstellung	teilbar, nicht teilbar
Art der Güter	homogen, heterogen
Anzahl	konstant, schwankend

Fuhrpark

Standort	ein Depot, mehrere Depots
Zusammensetzung	homogen, heterogen
Anzahl	beschränkt, nicht beschränkt
Kapazität	beschränkt, unbeschränkt
Einsatzart	Einfacheinsatz, Mehrfacheinsatz
Fahrzeugart	LKW, Kleintransporter, Güterschnellzug, Güterzug
Fahrverbot	Sonn- und Feiertagsfahrverbot, Ferienreiseverordnung
Geschwindigkeit	beschränkt, nicht beschränkt

Personal

Besatzungstyp	Einfahrerbesatzung, Doppelbesatzung, variable Fahrerzahl
Schichttyp	Einschichtsystem, Mehrschichtsystem
Arbeitszeitrestriktionen	maximale Lenkzeit, Tagesarbeitszeit, Lenkzeitunterbrechungen

Touren

Art	offen, geschlossen
Transportkette	ungebrochener Verkehr, gebrochener Verkehr
Dauer	eine Periode, mehrere Perioden, Pausen
Beschränkungen	maximale Tourdauer, Auftragszahl, Fahrstrecke, Kundenzahl

Netzwerk

Knotenabstand	euklidisch, Entfernungsmatrix
Entfernungsmatrix	symmetrisch, asymmetrisch
Art	Koordinatennetz, Straßen- oder Schienennetz
Fahrzeiten	konstant, variabel

Kosten

| | variabel, fix |

Planungshorizont

| | einperiodisch, mehrperiodisch |

Ziele

| | Kostenminimierung, Fahrzeitminimierung, Minimierung der Tourenzahl, Minimierung der Fahrstrecke, nicht-kostenorientierte Ziele |

Quelle: in Anlehnung an Gietz 1994, S.13; Erkens 1998, S.14 ff.; Bergmann 1998, S.8

Anhang II: Ziele der Tourenplanung

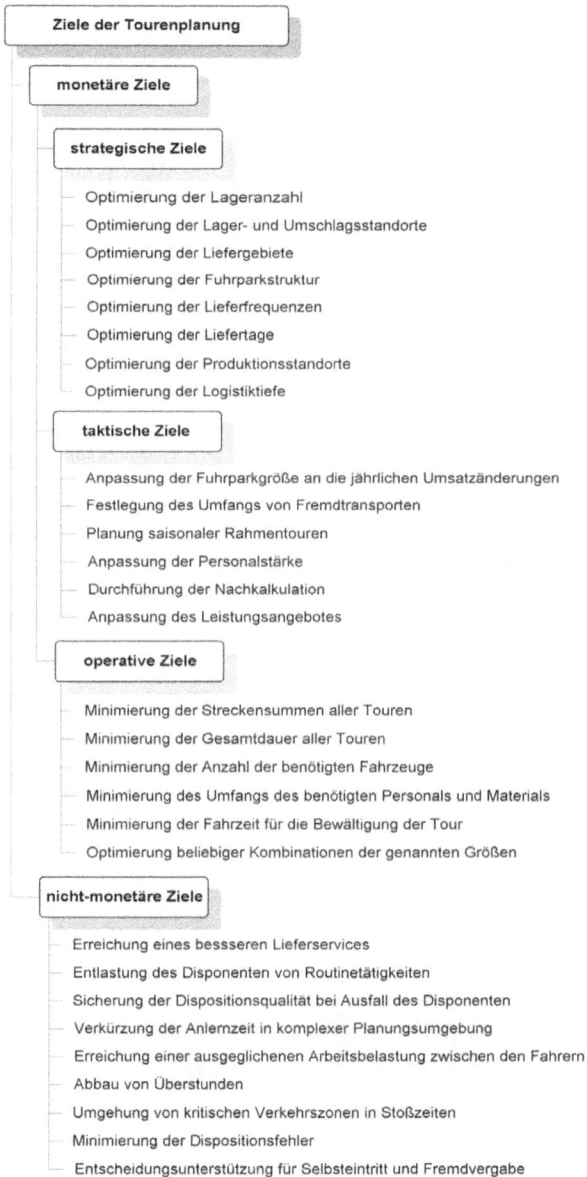

Ziele der Tourenplanung

monetäre Ziele

strategische Ziele
- Optimierung der Lageranzahl
- Optimierung der Lager- und Umschlagsstandorte
- Optimierung der Liefergebiete
- Optimierung der Fuhrparkstruktur
- Optimierung der Lieferfrequenzen
- Optimierung der Liefertage
- Optimierung der Produktionsstandorte
- Optimierung der Logistiktiefe

taktische Ziele
- Anpassung der Fuhrparkgröße an die jährlichen Umsatzänderungen
- Festlegung des Umfangs von Fremdtransporten
- Planung saisonaler Rahmentouren
- Anpassung der Personalstärke
- Durchführung der Nachkalkulation
- Anpassung des Leistungsangebotes

operative Ziele
- Minimierung der Streckensummen aller Touren
- Minimierung der Gesamtdauer aller Touren
- Minimierung der Anzahl der benötigten Fahrzeuge
- Minimierung des Umfangs des benötigten Personals und Materials
- Minimierung der Fahrzeit für die Bewältigung der Tour
- Optimierung beliebiger Kombinationen der genannten Größen

nicht-monetäre Ziele
- Erreichung eines bessseren Lieferservices
- Entlastung des Disponenten von Routinetätigkeiten
- Sicherung der Dispositionsqualität bei Ausfall des Disponenten
- Verkürzung der Anlernzeit in komplexer Planungsumgebung
- Erreichung einer ausgeglichenen Arbeitsbelastung zwischen den Fahrern
- Abbau von Überstunden
- Umgehung von kritischen Verkehrszonen in Stoßzeiten
- Minimierung der Dispositionsfehler
- Entscheidungsunterstützung für Selbsteintritt und Fremdvergabe

Quelle: Erkens 1998, S.20 ff.

Anhang III: Lösungsverfahren der Tourenplanung

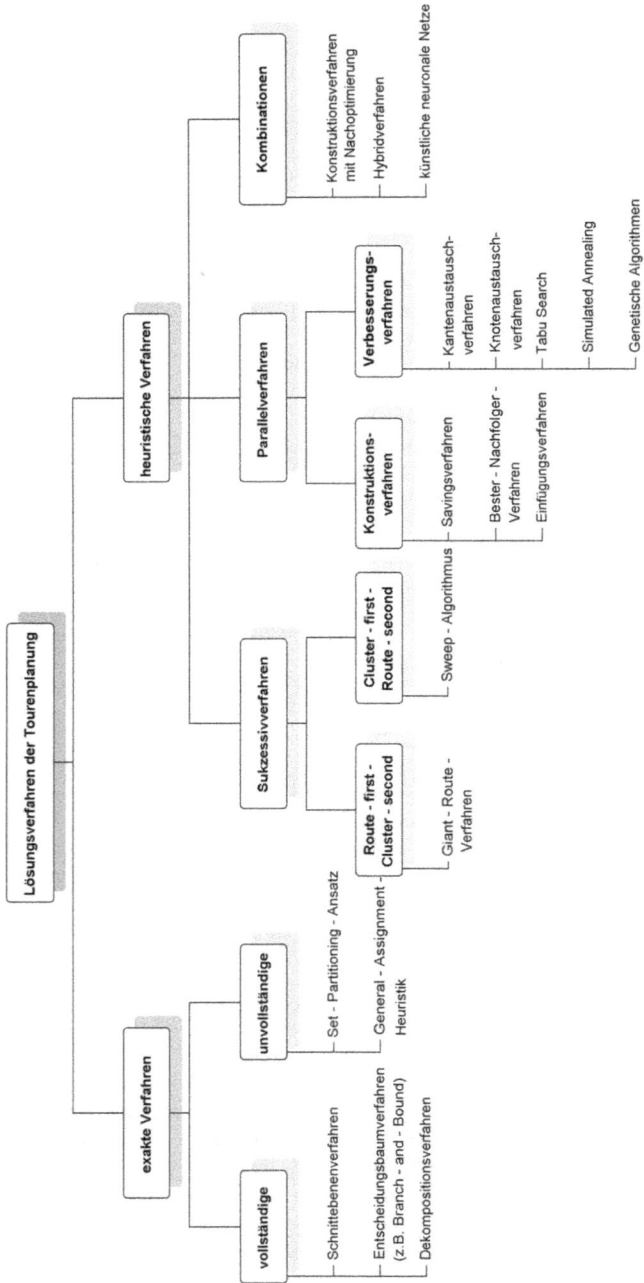

Lösungsverfahren der Tourenplanung

exakte Verfahren

vollständige
— Schnittebenenverfahren
— Entscheidungsbaumverfahren (z.B. Branch - and - Bound)
— Dekompositionsverfahren

unvollständige
— Set - Partitioning - Ansatz
— General - Assignment - Heuristik

heuristische Verfahren

Sukzessivverfahren

Route - first - Cluster - second
— Giant - Route - Verfahren

Cluster - first - Route - second
— Sweep - Algorithmus

Parallelverfahren

Konstruktionsverfahren
— Savingsverfahren
— Bester - Nachfolger - Verfahren
— Einfügungsverfahren

Verbesserungsverfahren
— Kantenaustauschverfahren
— Knotenaustauschverfahren
— Tabu Search
— Simulated Annealing
— Genetische Algorithmen

Kombinationen
— Konstruktionsverfahren mit Nachoptimierung
— Hybridverfahren
— künstliche neuronale Netze

Quelle: in Anlehnung an Bergmann 1998, S. 23 ff.

Anhang IV: Zusammenstellung möglicher Teilaspekte

Teilaspekt	Lösung										
Verkehrsmittel im Vor- und Nachlauf	PKW	Kleintransporter	LKW					Nahverkehrszug			
Verkehrsmittel im Hauptlauf	Klein-transporter	LKW		Güterschnellzug	Personenschnellzug mit Güterabteil	Frachtflugzeug	Passagierflugzeug mit Frachtzuladung				
Transportbehälter	Rollwagen	Lufffrachtbehälter		Logistikbox	Großcontainer						
Netzstruktur im Hauptlauf	Rasternetz	Hub & Spoke-Netz									
Produktionsform im Hauptlauf	Direktverkehr	Train-Coupling & Sharing		Linienverkehr	Ringverkehr						
Umschlagtechnologie für die dezentralen Haltepunkte	manueller Umschlag	Mobilgerät	Krananlage	Schnellumschlaganlage	ACTS, WAS	ALS	Trailerzug	WB Mobiler, CCT			
Umschlagtechnologie für den zentralen Haltepunkt	manueller Umschlag	Mobilgerät	Krananlage	Schnellumschlaganlage	ACTS, WAS	ALS	Trailerzug	WB Mobiler CCT			
Sortiertechnik	Hand-sortierung	Ring-sorter	Dreh-sorter	Vertikal-sorter	Kippschalen-sorter	Schwing-arm-sorter	Schranken-sorter	Pusher	Schräg-rollen-sorter	Schuh-sorter	Quergurt-sorter

Anhang V: Vergleich der Verkehrsmittel für den Post- und KEP- Vor- bzw. -Nachlauf

Verkehrsmittel	PKW	Klein-transporter	LKW	KEP-Car	Nah-verkehrs-zug
Transportgeschwindigkeit	+	o	-	o	-
Transportkapazität	-	o	+	o	+
operative Flexibilität	+	+	o	+	-
Transportkosten	-	o	o	o	+
Transportreichweite	+	+	o	+	-
Flächenbedienung	+	+	o	+	-
Eignung für den Sammel- bzw. Verteilvorgang (Funktionalität)	o	o	-	+	-
Abhängigkeit von Fahrverboten	+	+	-	+	+
Abhängigkeit von Geschwindigkeits-begrenzungen	o	o	-	o	o
zeitliche Zuverlässigkeit	-	-	-	-	+
Energieverbrauch	o	o	-	o	+
Schadstoffemissionen	o	o	-	o	+
Lärmemissionen	o	o	-	o	o
Unfallhäufigkeit	-	-	-	-	+
sofortige Einsatzbereitschaft	+	+	+	+	o
∑ Punkte	2	3	-7	4	2

Erfüllungsgrad: - ... niedrig (≙ -1Punkt)   o ... mittel (≙ 0 Punkten)   + ... hoch (≙ +1 Punkt)

Anhang VI: Vergleich der Verkehrsmittel für den Post- und KEP-Hauptlauf

Vehrkehrsmittel	Kleintransporter	LKW	KEP-Car	Güterschnellzug	Personenschnellzug mit Güterabteil	Güterfrachtschiff	Frachtflugzeug	Passagierflugzeug mit Frachtzuladung
Transportgeschwindigkeit	o	o	o	o	o	-	+	+
Transportkapazität	o	+	o	+	o	+	+	o
Operative Flexibilität	+	+	+	o	o	-	o	o
Transportkosten	o	o	o	o	o	+	-	-
Transportreichweite	o	o	o	o	o	-	+	+
Netzbildungsfähigkeit	+	+	+	+	o	-	+	o
Abhängigkeit von Fahr- bzw. Flugverboten	+	o	+	+	+	+	-	-
Abhängigkeit von Geschwindigkeitsbegrenzungen	o	-	o	o	o	-	+	+
Zeitliche Zuverlässigkeit	-	-	-	+	+	o	+	+
Energieverbrauch	o	-	o	+	+	o	-	-
Schadstoffemissionen	o	o	o	+	+	o	-	-
Lärmemissionen	o	-	o	o	o	o	-	-
Unfallhäufigkeit	-	-	-	+	+	+	o	o
sofortige Einsatzbereitschaft	+	+	+	o	o	-	o	o
∑ Punkte	2	-1	2	7	5	-2	1	-1

Erfüllungsgrad: - ... niedrig ($\triangleq$ -1Punkt)   o ... mittel ($\triangleq$ 0 Punkten)   + ... hoch ($\triangleq$ +1 Punkt)

Anhang VII: Vergleich der Produktionsformen für den Post- und KEP-Hauptlauf

Transportproduktionsform	Direkt-verkehr	Train-Coupling- & Sharing	Linien-verkehr	Ring-verkehr
Durchschnittsgeschwindigkeit	+	o	o	o
Flächenbedienung/ -abdeckung	-	o	+	+
Anzahl der Haltepunkte	+	-	-	-
Empfindlichkeit gegenüber regionalen Aufkommensschwankungen	-	o	+	+
Zeitliche Entzerrung der Vor- und Nachläufe	-	o	+	+
Rangieraufwand	+	-	+	+
Aufwand für Fahrtrichtungswechsel	o	-	o	+
Aufwand zur Koordinierung und Trassierung	-	o	-	-
Investittions- und Betriebskosten für Haltepunkte und Umschlagstechnik	+	-	o	o
∑ Punkte	0	-4	2	3

Erfüllungsgrad: - ... niedrig ($\triangleq$ - 1Punkt) o ... mittel ($\triangleq$ 0 Punkten) + ... hoch ($\triangleq$ + 1 Punkt)

Anhang VIII: Zusammenstellung der Lösungskombination

Lösung

Teilaspekt	Lösungen
Verkehrsmittel im Vor- und Nachlauf	PKW · Kleintransporter · LKW · KEP-Car · Nahverkehrszug
Verkehrsmittel im Hauptlauf	Klein-transporter · LKW · KEP-Car · Güterschnellzug · Personenschnellzug mit Güterabteil · Frachtflugzeug · Passagierflugzeug mit Frachtzuladung
Transportbehälter	Rollwagen · Luftfrachtbehälter · Logistikbox · Großcontainer · KEP-Box
Netzstruktur im Hauptlauf	Rasternetz · Hub & Spoke-Netz · Hub & Line-Netz · Hub & Ring-Netz
Produktionsform im Hauptlauf	Direktverkehr · Train-Coupling & Sharing · Linienverkehr · Ringverkehr
Umschlagtechnologie für die dezentralen Haltepunkte	manueller Umschlag · Mobilgerät · Krananlage · Schnellumschlaganlage · ACTS, WAS · ALS · Trailerzug · WB Mobiler, CCT · KEP-Mobiler
Umschlagtechnologie für den zentralen Haltepunkt	manueller Umschlag · Mobilgerät · Krananlage · Schnellumschlaganlage · ACTS, WAS · ALS · Trailerzug · WB Mobiler, CCT · KEP-EHB · KEP-Mobiler
Sortiertechnik	Hand-sortierung · Ring-sorter · Dreh-sorter · Vertikal-sorter · Kippschalen-sorter · Schwing-arm-sorter · Schranken-sorter · Pusher · Schräg-rollen-sorter · Schuh-sorter · Quergurt-sorter

Anhang IX: Gesamtmodell *KEPTrain*

Gesamtkonzept KEP - Train

Sendungen

Postkarten	*Länge 140 - 235 mm, Breite 90 - 125 mm, Papiergewicht 150 - 500 g/m²*
Briefe	*Standardbrief, Kompaktbrief, Großbrief, Maxibrief*
Päckchen / Pakete	*- Quaderform: maximal 350 mm x 350 mm x 150 mm, Gewicht $\leq$ 31,5 kg*
	- Rollenform: maximal 150 mm Durchmesser, 350 mm Länge, Gewicht $\leq$ 31,5 kg
Serviceform	*Overnight, Next Day*

Vor- und Nachlauf

Verkehrsmittel	*KEP - Car*
Ladehilfsmittel	*KEP - Box, für Briefe zusätzlich Kleinpostbehälter*
Zeitfenster (minimal)	*14 Stunden (6°° Uhr - 20°° Uhr)*
Einzugs- und Liefergebiet um einen Haltepunkt	*durchschnittlich etwa 250 km*

Umschlagtechnologie an den dezentralen Haltepunkten

Technologie	*KEP - Mobiler*
Umschlagzeit je Haltepunkt (maximal)	*5 Minuten*
Verlustzeit je Haltepunkt (Schätzung)	*15 Minuten*

Hauptlauf

Verkehrsmittel	*Güterschnellzug KEP - Train*
Ladehilfsmittel	*KEP - Box, für Briefe zusätzlich Kleinpostbehälter*
Netzstrucktur	*Hub & Line - Netz, Hub & Ring - Netz oder Kombinationen*
Produktionsform	*Linien - oder Ringverkehr*
Zeitfenster (maximal)	*10 Stunden (20°° Uhr - 6°° Uhr)*
Verlustzeit insgesamt (maximal)	*2 Stunden*
geplante Durchschnittsgeschwindigkeit (ohne Berücksichtigung der Verlustzeiten)	*160 km/h*

Umschlagtechnologie für den zentralen Haltepunkt / Hub

Technologie	*KEP - EHB*
Umschlagzeit im Hub (maximal)	*20 Minuten*
Verlustzeit durch Hub (Schätzung)	*30 Minuten*

Sortiertechnik

Technologie	*Linearsortieranlage im KEP - Train*
	Sortierung während des Transportes (Parallelisierung)
Identifizierung	*automatisierte 6 - Seiten - Leseeinheiten*
Sorter	*Schuhsorter*

Anhang X: Hauptstreckennetz der DB Netz AG 2002

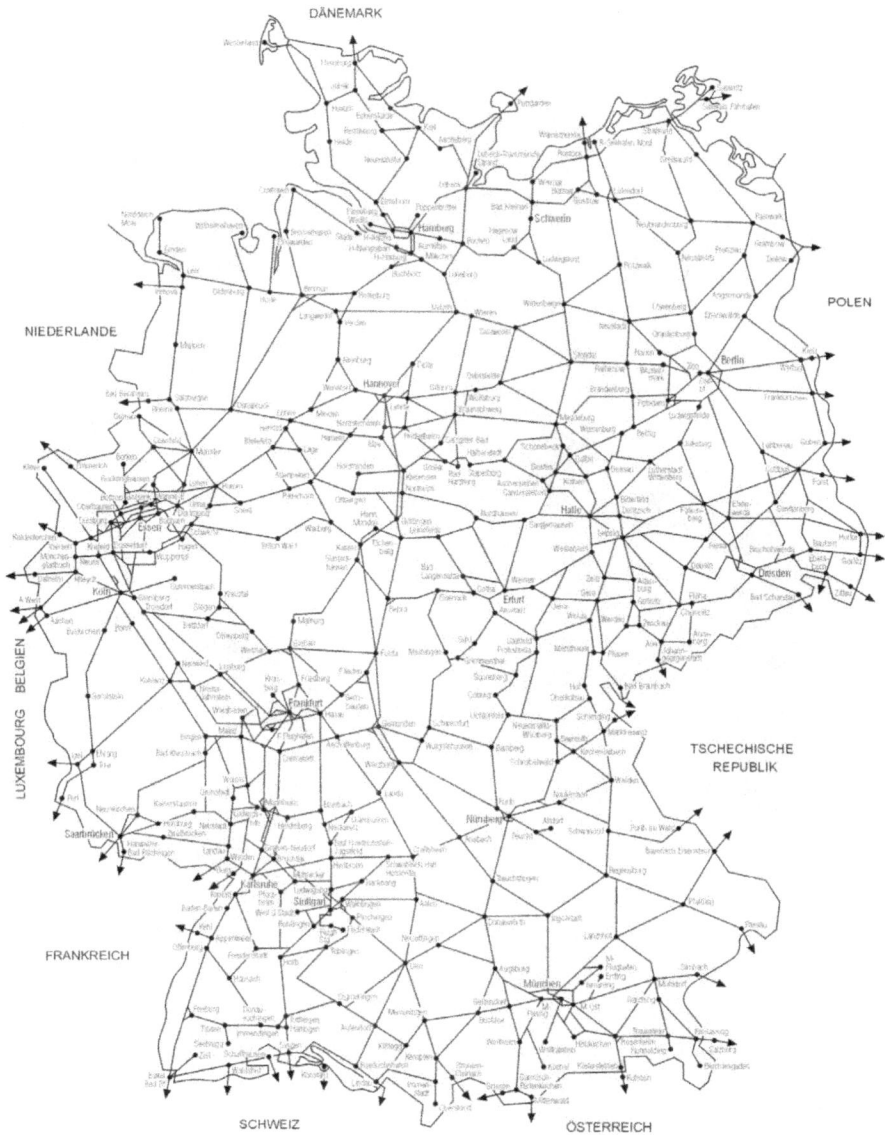

Quelle: DB Netz AG (2003)

(mit Genehmigung der DB Netz AG, NJ D1 (K); 23.01.2003)

Anhang XI: ICE-Schienennetz in Deutschland 2003

Quelle: www.hochgeschwindigkeitszuege.com (2003)

Anhang XII: Relevantes Schienennetz

(Entfernungen in km)

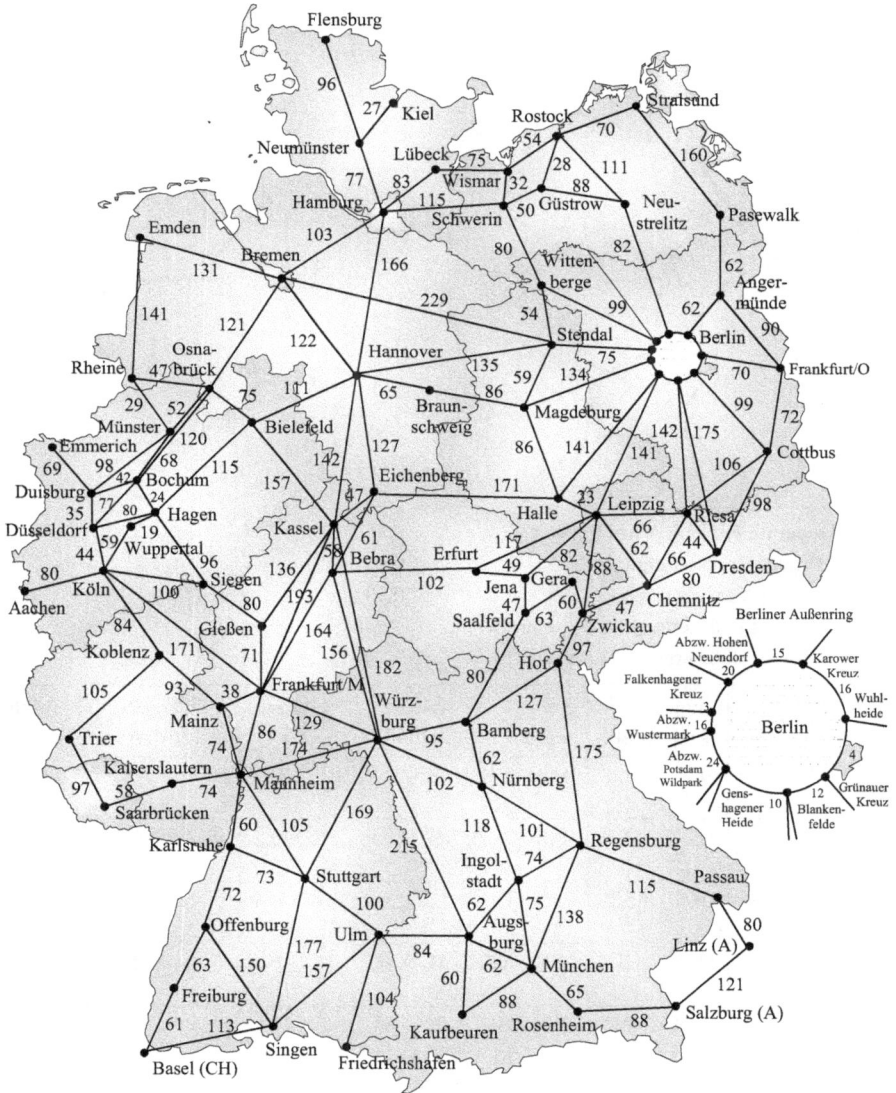

Flensburg

96

27 Kiel

Rostock Stralsund
54 70

Neumünster Lübeck 75 160
77 Wismar 28 111
83 32 88

Hamburg 115 Neu-
103 Schwerin 50 Güstrow strelitz Pasewalk

Emden 80 82
131 Bremen Witten- 62
166 berge Anger-
54 99 62 münde

141 229 Berlin 90
121 Stendal
Osna- 122 Hannover 75 70 Frankfurt/O
Rheine 47 brück 135 59 134
29 52 75 111 86 99
Münster Bielefeld Braun- Magdeburg 72
Emmerich 120 68 schweig 142 175
69 98 42 115 127 86 141 141 106 Cottbus
Duisburg Bochum 157 Eichenberg 23 Leipzig Riesa 98
35 24 47 171 Halle 66
Düsseldorf 77 80 Hagen Kassel 61 117 62 44 Dresden
44 59 19 Wuppertal 136 58 Bebra Erfurt 49 82 88 66 80
80 96 Siegen 193 102 Jena Gera 47 Chemnitz
Köln 100 80 Saalfeld 47 60 5
Aachen Gießen 164 63 Zwickau
84 71 156 Hof 97
Koblenz 171 182 80 5
105 93 38 Frankfurt/M 127
Mainz Würz- Bamberg
Trier 86 129 burg 95 62 175
74 174 102 Nürnberg
Kaiserslautern Mannheim 118 101
97 58 74 169 215 Ingol- 74 Regensburg
Saarbrücken 60 105 stadt 115 Passau
Karlsruhe 62 75
73 Stuttgart Augs- 138 80
72 100 burg Linz (A)
Offenburg Ulm 84 62 München 121
63 150 177 157 60 88 65 88 Salzburg (A)
Freiburg 104 Rosenheim
61 113 Kaufbeuren
Singen Friedrichshafen
Basel (CH)

Berliner Außenring

Abzw. Hohen 15
Neuendorf Karower
20 Kreuz
Falkenhagener 16
Kreuz Wuhl-
Abzw. Berlin heide
Wustermark 16
Abzw. 24 4
Potsdam
Wildpark Gens- 10 Grünauer
hagener Blanken- 12 Kreuz
Heide felde

Anhang XIII: Netzvarianten und Städteverzeichnis

Variante 1 (Hub & Line)	Variante 2 (Hub & Line)

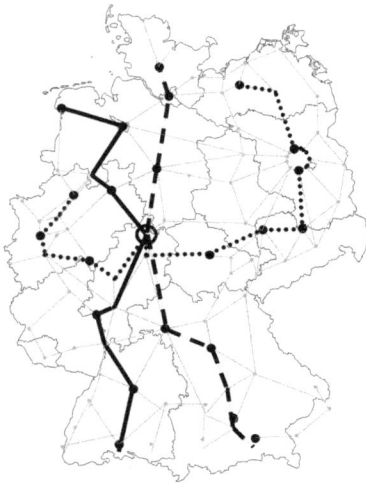

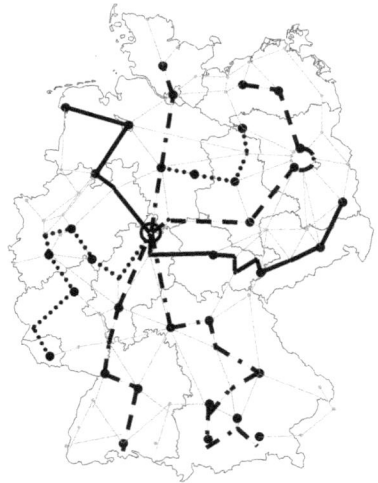

Geplante Fahrgeschwindigkeit:	160 km/h
Mittlere Beschleunigung:	$0,15 \text{ m/s}^2$
Mittlere Verzögerung:	$0,30 \text{ m/s}^2$
Haltezeit je dezentralem Haltepunkt:	5 min
Haltezeit im zentralen Hub:	20 min

Vari-ante	Tour	Länge [km]	Start-punkt	End-punkt	weitere Haltepunkte	Anzahl Halte	Fahrzeit inkl. Halte	Ø-Geschw. [km/h]
1	1	927	NMS	RO	HH, H, **KS**, WÜ, N, M	8	6h 58min 33s	132,9
	2	1207	GÜ	MS	2x B, RG, L, EF, **KS**, SI, D	10	9h 0min 57s	133,9
	3	1071	EMD	SIN	HB, BI, **KS**, MZ, S	7	7h 43min 50s	138,5
2	1	1175	GÜ	SIN	NZ, 2x B, HAL, F, KA, S	10	8h 48min 57s	133,3
	2	1174	NMS	RO	HH, H, **KS**, WÜ, R, A, KF, M	11	8h 57min 17s	131,1
	3	1088	EMD	CB	HB, OS, **KS**, EF, Z, DD	8	7h 58min 55s	136,3
	4	1160	SB	WIT	KO, K, HA, SI, **KS**, BS, MD	9	8h 34min 37s	135,2

| Variante 3 (Hub & Line) | Variante 4 (Hub & Ring) |

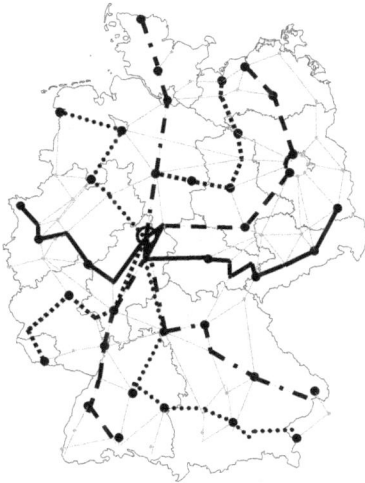

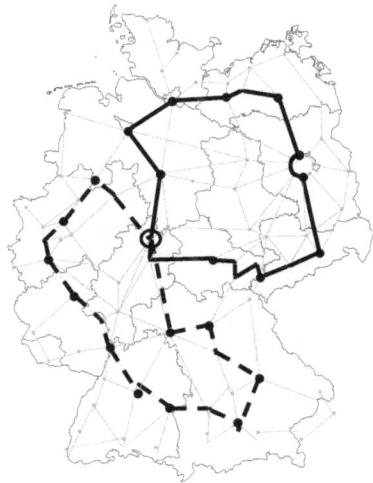

Geplante Fahrgeschwindigkeit: 160 km/h
Mittlere Beschleunigung: 0,15 m/s^2
Mittlere Verzögerung: 0,30 m/s^2
Haltezeit je dezentralem Haltepunkt: 5 min
Haltezeit im zentralen Hub: 20 min

Vari-ante	Tour	Länge [km]	Start-punkt	End-punkt	weitere Haltepunkte	Anzahl Halte	Fahrzeit inkl. Halte	Ø-Geschw. [km/h]
3	1	1234	HRO	SIN	NZ, 2x B, HAL, MA, OG	9	9h 2min 22s	136,5
	2	1266	EMD	SAZ	HB, OS, **KS**, S, UL, M	8	9h 5min 40s	139,2
	3	1039	FL	PA	NMS, HH, H, **KS**, WÜ, BA, R	9	7h 49min 15s	132,8
	4	1150	CB	EMM	DD, Z, EF, **KS**,	8	8h 22min 10s	137,4
	5	1044	SB	HWI	KO, F, **KS**, BS, WIT	8	7h 42min 25s	135,5
4	1	1456	NZ	NZ	2x B, DD, Z, EF, **KS**, H, HB, HH, SN	11	10h 51min 44s	134,0
	2	1653	M	M	R, BA, WÜ, **KS**, BO, K, KO, MA, S, UL	12	12h 14min 19s	135,1

Variante 5 (Hub & Ring)	Variante 6 (Hub & Ring)

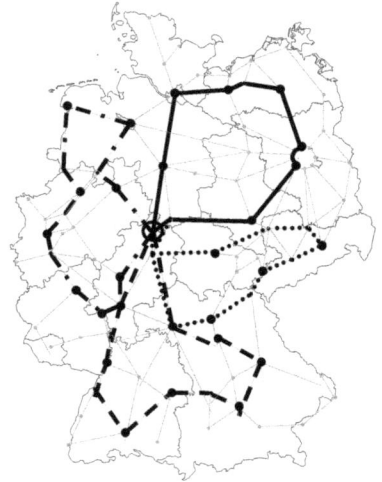

Geplante Fahrgeschwindigkeit:	160 km/h
Mittlere Beschleunigung:	0,15 m/s²
Mittlere Verzögerung:	0,30 m/s²
Haltezeit je dezentralem Haltepunkt:	5 min
Haltezeit im zentralen Hub:	20 min

Geplante Fahrgeschwindigkeit: 160 km/h
Mittlere Beschleunigung: $0{,}15$ m/s^2
Mittlere Verzögerung: $0{,}30$ m/s^2
Haltezeit je dezentralem Haltepunkt: 5 min
Haltezeit im zentralen Hub: 20 min

Vari-ante	Tour	Länge [km]	Start-punkt	End-punkt	weitere Haltepunkte	Anzahl Halte	Fahrzeit inkl. Halte	Ø-Geschw. [km/h]
5	1	1234	NZ	NZ	2x B, RG, L, EF, **KS**, H, HB, HH, SN	11	9h 28min 29s	130,2
	2	1318	M	M	R, BA, WÜ, **KS**, MA, KA, S, UL	9	9h 42min 35s	135,7
	3	1198	K	K	DU, OS, **KS**, GI, F, KL, TR, KO	9	8h 57min 35s	133,7
6	1	1065	NZ	NZ	2x B, HAL, **KS**, H, HH, SN	8	7h 59min 0s	133,4
	2	1265	MS	MS	D, KO, MZ, GI, **KS**, BI, HB, EMD	9	9h 22min 42s	134,9
	3	1387	SIN	SIN	UL, M, R, N, **KS**, F, KA, OG	9	10h 8min 27s	136,8
	4	1097	Z	Z	DD, EF, **KS**, WÜ, BA	6	7h 53min 35s	139,0

Variante 7 (Hub & Line / Ring)	Variante 8 (Hub & Line / Ring)

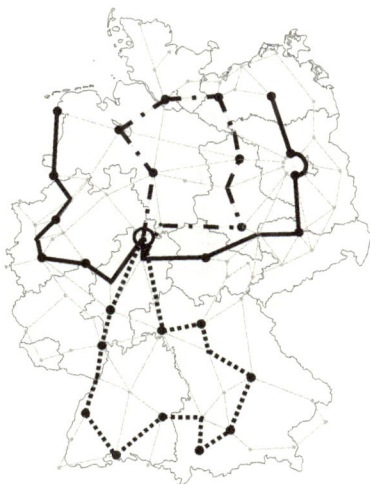

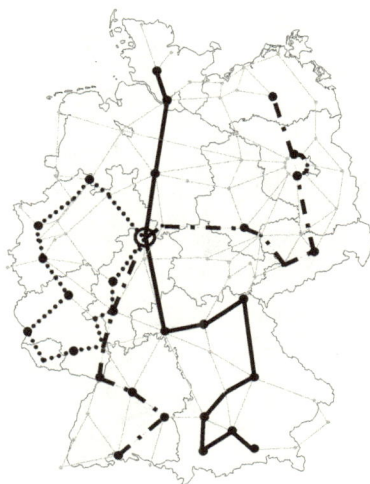

Geplante Fahrgeschwindigkeit:	160 km/h
Mittlere Beschleunigung:	0,15 m/s²
Mittlere Verzögerung:	0,30 m/s²
Haltezeit je dezentralem Haltepunkt:	5 min
Haltezeit im zentralen Hub:	20 min

Vari-ante	Tour	Länge [km]	Start-punkt	End-punkt	weitere Haltepunkte	Anzahl Halte	Fahrzeit inkl. Halte	Ø-Geschw. [km/h]
7	1	1289	NZ	EMD	2x B, RG, EF, **KS**, SI, K, BO, RHE	11	9h 40min 24s	133,3
	2	1051	SN	SN	SDL, HAL, **KS**, H, HB, HH	7	7h 45min 3s	135,6
	3	1528	UL	UL	KF, M, R, BA, WÜ, **KS**, F, MA, OG, SIN	11	11h 18min 44s	135,1
8	1	1356	NZ	SIN	2x B, DD, HAL, **KS**, KA, S, UL	10	9h 56min 50s	136,3
	2	1313	NMS	RO	HH, H, **KS**, WÜ, HO, R, A, KF, M	12	9h 58min 6s	131,7
	3	1198	K	K	DU, OS, **KS**, GI, F, KL, TR, KO	9	8h 57min 35s	133,7

Variante 9 (Hub & Line / Ring)	Variante 10 (Hub & Line / Ring)

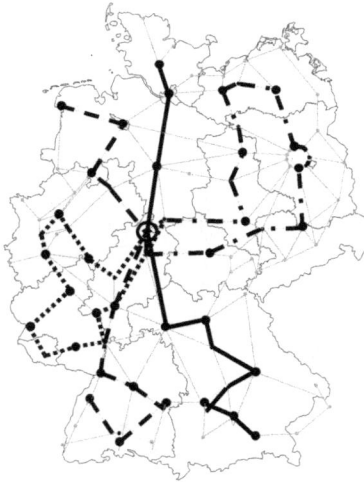

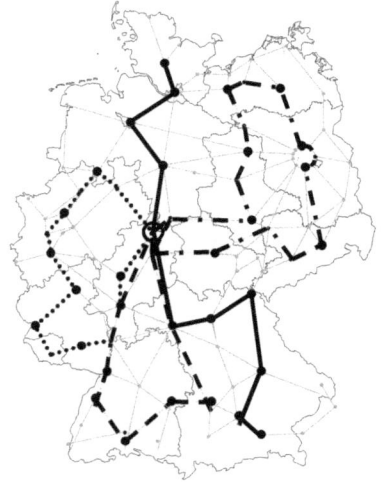

Geplante Fahrgeschwindigkeit:	160 km/h
Mittlere Beschleunigung:	$0{,}15$ m/s^2
Mittlere Verzögerung:	$0{,}30$ m/s^2
Haltezeit je dezentralem Haltepunkt:	5 min
Haltezeit im zentralen Hub:	20 min

Vari-ante	Tour	Länge [km]	Start-punkt	End-punkt	weitere Haltepunkte	Anzahl Halte	Fahrzeit inkl. Halte	Ø-Geschw. [km/h]
9	1	1249	NZ	NZ	2x B, RG, EF, **KS**, HAL, SDL, SN	9	9h 16min 42s	134,6
	2	1288	K	K	BO, SI, **KS**, MZ, KL, TR, KO	8	9h 22min 37s	137,4
	3	1088	NMS	RO	HH, H, **KS**, WÜ, BA, R, A, M	10	8h 16min 20s	131,5
	4	1303	EMD	OG	HB, OS, **KS**, F, KA,S	10	9h 36min 57s	135,5
10	1	1358	NZ	NZ	2x B, DD, EF, **KS**, HAL, SDL, SN	9	9h 57min 35s	136,3
	2	1184	K	K	BO, OS, **KS**, GI, KL, TR, KO	8	8h 43min 37s	135,7
	3	1226	NMS	RO	HH, HB, H, **KS**, WÜ, BA, HO, R, M	11	9h 16min 47s	132,1
	4	1281	SIN	SIN	UL, A, **KS**, F, KA,OG	7	9h 11min 18s	139,4

Städteverzeichnis:

A	...	Augsburg	L	...	Leipzig
B	...	Berlin	M	...	München
BA	...	Bamberg	MA	...	Mannheim
BI	...	Bielefeld	MD	...	Magdeburg
BO	...	Bochum	MS	...	Münster
BS	...	Braunschweig	MZ	...	Mainz
C	...	Chemnitz	N	...	Nürnberg
CB	...	Cottbus	NMS	...	Neumünster
D	...	Düsseldorf	NZ	...	Neustrelitz
DD	...	Dresden	OG	...	Offenburg
DU	...	Duisburg	OS	...	Osnabrück
EF	...	Erfurt	PA	...	Passau
EMM	...	*Emmerich*	R	...	Regensburg
EMD	...	Emden	RG	...	Riesa
F	...	Frankfurt am Main	*RHE*	...	*Rheine*
FL	...	Flensburg	RO	...	Rosenheim
G	...	Gera	S	...	Stuttgart
GI	...	Gießen	SB	...	Saarbrücken
GÜ	...	Güstrow	SDL	...	Stendal
H	...	Hannover	SI	...	Siegen
HA	...	Hagen	*SIN*	...	*Singen*
HAL	...	Halle, Stadt	SLF	...	Saalfeld-Rudolstadt
HB	...	Hansestadt Bremen	SN	...	Schwerin
HH	...	Hansestadt Hamburg	*SAZ*	...	*Salzburg (A)*
HL	...	Hansestadt Lübeck	TR	...	Trier
HO	...	Hof	UL	...	Ulm
HRO	...	Hansestadt Rostock	*WIT*	...	*Wittenberge*
HST	...	Hansestadt Stralsund	WÜ	...	Würzburg
HWI	...	Hansestadt Wismar	Z	...	Zwickau
IN	...	Ingolstadt			
K	...	Köln			
KA	...	Karlsruhe			
KF	...	Kaufbeuren			
KI	...	Kiel			
KL	...	Kaiserslautern			
KO	...	Koblenz			
KS	...	Kassel			

Anhang XIV: Fahrzeiten mit Berücksichtigung der Haltezeiten und deren Veränderungen [h:min:s]

Vari-ante	Tour	Fall								
		A	B	C	D	E	F	G	H	I
1	1	06:58:33	10:17:24	05:55:30	06:45:35	06:41:16	06:31:33	07:43:33	06:41:08	-
	2	09:00:57	13:20:02	07:38:46	08:44:17	08:38:44	08:27:57	09:55:57	08:43:33	09:18:21
	3	07:43:50	11:36:29	06:29:04	07:32:44	07:29:01	07:19:50	08:23:50	07:26:26	08:01:15
2	1	08:48:57	13:00:50	07:29:10	08:32:17	08:26:44	08:15:57	09:43:57	08:31:33	09:06:21
	2	08:57:17	13:07:32	07:38:29	08:38:46	08:32:35	08:21:17	09:57:17	08:39:52	09:14:41
	3	07:58:55	11:54:00	06:43:48	07:45:57	07:41:38	07:31:55	08:43:55	07:41:31	08:16:20
	4	08:34:37	12:44:31	07:15:02	08:19:48	08:14:52	08:04:37	09:24:37	08:17:13	08:52:02
3	1	09:02:22	13:28:55	07:37:14	08:47:33	08:42:37	08:32:22	09:52:22	08:44:58	09:19:47
	2	09:05:40	13:40:48	07:37:12	08:52:42	08:48:23	08:38:40	09:50:40	08:48:16	09:23:05
	3	07:49:15	11:31:55	06:38:44	07:34:26	07:29:30	07:19:15	08:39:15	07:31:50	-
	4	08:22:10	12:31:12	07:02:24	08:09:12	08:04:53	07:55:10	09:07:10	08:04:46	08:39:35
	5	07:42:25	11:27:36	06:30:36	07:29:27	07:25:08	07:15:25	08:27:25	07:25:01	07:59:50
4	1	10:51:44	16:04:03	09:12:43	10:31:22	10:24:34	10:12:44	11:56:44	10:34:20	11:09:08
	2	12:14:19	18:09:34	10:21:27	11:52:05	11:44:41	11:32:19	13:24:19	11:56:54	12:31:43
5	1	09:28:29	13:50:51	08:06:07	09:08:07	09:01:19	08:49:29	10:33:29	09:11:05	09:45:53
	2	09:42:35	14:26:38	08:12:04	09:25:55	09:20:21	09:09:35	10:37:35	09:25:10	09:59:59
	3	08:57:35	13:14:38	07:36:04	08:40:55	08:35:21	08:24:35	09:32:35	08:40:10	09:14:59
6	1	07:59:00	11:47:31	06:46:32	07:44:11	07:39:15	07:29:00	08:49:00	07:41:35	08:16:24
	2	09:22:42	13:57:50	07:56:10	09:06:02	09:00:29	08:49:42	10:17:42	09:05:18	09:40:06
	3	10:08:27	15:08:02	08:32:46	09:51:47	09:46:14	09:35:27	11:03:27	09:51:03	10:25:51
	4	07:53:35	11:52:05	06:36:52	07:42:29	07:38:46	07:29:35	08:33:35	07:36:11	08:11:00
7	1	09:40:24	14:16:32	08:12:59	09:21:53	09:15:43	09:04:24	10:40:24	09:23:00	09:57:49
	2	07:45:03	11:31:48	06:32:42	07:32:05	07:27:46	07:18:03	08:30:03	07:27:38	08:02:27
	3	11:18:44	16:47:15	09:34:19	10:58:22	10:51:34	10:39:44	12:23:44	11:01:20	11:36:08
8	1	09:56:50	14:49:26	08:23:28	09:40:10	09:34:36	09:23:50	10:51:50	09:48:07	10:14:14
	2	09:58:06	14:38:15	08:29:49	09:37:44	09:30:57	09:19:06	11:03:06	09:40:42	-
	3	08:57:35	13:14:38	07:36:04	08:40:55	08:35:21	08:24:35	09:52:35	08:40:10	09:14:59
9	1	09:16:42	13:45:14	07:51:22	09:00:02	08:54:29	08:43:42	10:11:42	08:59:18	09:34:06
	2	09:22:37	14:01:19	07:53:26	09:07:48	09:02:52	08:52:37	10:12:37	09:05:13	09:40:02
	3	08:16:20	12:08:38	07:03:04	07:59:40	07:54:06	07:43:20	09:11:20	07:58:55	08:33:44
	4	09:36:57	14:17:38	08:07:34	09:20:17	09:14:44	09:03:57	10:31:57	09:19:33	09:54:21
10	1	09:57:35	14:50:38	08:24:04	09:40:55	09:35:21	09:24:35	10:52:35	09:40:10	10:14:59
	2	08:43:30	12:58:55	07:22:14	08:28:48	08:23:52	08:13:37	09:33:37	08:26:13	09:01:02
	3	09:16:47	13:38:44	07:54:05	08:58:16	08:52:05	08:40:47	10:16:47	08:59:22	-
	4	09:11:18	13:49:48	07:41:42	08:58:20	08:54:01	08:44:18	09:56:18	08:53:53	09:28:42

Veränderungen der Fahrzeiten [%]

Vari-ante	Tour	Fall								
		A	B	C	D	E	F	G	H	I
1	1	0	+47.5	-15.1	-3.1	-4.1	-6.5	+10.8	-4.2	-
	2	0	+47,9	-15,2	-3,1	-4,1	-6,1	+10,2	-3,2	+3,2
	3	0	+50,2	-16,1	-2,4	-3,2	-5,2	+8,6	-3,8	+3,8
2	1	0	+47.6	-15.1	-3.2	-4.2	-6.2	+10.4	-3.3	+3.2
	2	0	+46,6	-14,7	-3,4	-4,6	-6,7	+11,2	-3,2	+3,2
	3	0	+49,1	-15,7	-2,7	-3,6	-5,6	+9,4	-3,6	+3,6
	4	0	+48,6	-15,5	-2,9	-3,8	-5,8	+9,7	-3,4	+3,4
3	1	0	+49.1	-15.7	-2.7	-3.6	-5.5	+9.2	-3.2	+3.2
	2	0	+50,4	-16,2	-2,3	-3,2	-4,9	+8,2	-3,2	+3,2
	3	0	+47,5	-15,0	-3,2	-4,2	-6,4	+10,7	-3,7	-
	4	0	+49,6	-15,9	-2,6	-3,4	-5,4	+9,0	-3,5	+3,5
	5	0	+48,7	-15,5	-2,8	-3,7	-5,8	+9,7	-3,8	+3,8
4	1	0	+47.9	-15.2	-3.1	-4.2	-6.0	+10.0	-2.7	+2.7
	2	0	+48,4	-15,4	-3,0	-4,0	-5,7	+9,5	-2,4	+2,4
5	1	0	+46.2	-14.5	-3.4	-4.8	-6.9	+11.4	-3.1	+3.1
	2	0	+48,8	-15,5	-2,9	-3,8	-5,7	+9,4	-3,0	+3,0
	3	0	+47,8	-15,2	-3,1	-4,1	-6,1	+6,5	-3,2	+3,2
6	1	0	+47.7	-15.1	-3.1	-4.1	-6.3	+10.4	-3.6	+3.6
	2	0	+48,9	-15,4	-3,0	-3,9	-5,9	+9,8	-3,1	+3,1
	3	0	+49,2	-15,7	-2,7	-3,7	-5,4	+9,0	-2,9	+2,9
	4	0	+50,4	-16,2	-2,3	-3,1	-5,1	+8,4	-3,8	+3,7
7	1	0	+47.6	-15.1	-3.2	-4.3	-6.2	+10.3	-3.0	+3.0
	2	0	+48,8	-15,6	-2,8	-3,7	-5,8	+9,7	-3,7	+3,7
	3	0	+48,4	-15,4	-3,0	-4,0	-5,7	+9,6	-2,6	+2,6
8	1	0	+49.0	-15.6	-2.8	-3.7	-5.5	+9.2	-1.5	+2.9
	2	0	+46,8	-14,8	-3,4	-4,5	-6,5	+10,9	-2,9	-
	3	0	+47,8	-15,2	-3,1	-4,1	-6,1	+10,2	-3,2	+3,2
9	1	0	+48.2	-15.3	-3.0	-4.0	-5.9	+9.8	-3.1	+3.1
	2	0	+49,5	-15,9	-2,6	-3,5	-5,3	+8,9	-3,1	+3,1
	3	0	+46,8	-14,8	-3,4	-4,5	-6,6	+11,1	-3,5	+3,5
	4	0	+48,6	-15,5	-2,9	-3,9	-5,7	+9,5	-3,0	+3,0
10	1	0	+49.0	-15.7	-2.8	-3.7	-5.5	+9.2	-2.9	+2.9
	2	0	+48,8	-15,5	-2,8	-3,8	-5,7	+9,6	-3,3	+3,3
	3	0	+47,0	-14,9	-3,3	-4,4	-6,5	+10,8	-3,1	-
	4	0	+50,5	-16,3	-2,4	-3,1	-4,9	+8,2	-3,2	+3,2

Anhang XV: Durchschnittsgeschwindigkeiten mit Berücksichtigung der Haltezeiten und deren Veränderungen [km/h]

Vari-ante	Tour	Fall								
		A	B	C	D	E	F	G	H	I
1	1	132.9	90.1	156.5	137.1	138.6	142.1	120.0	138.7	-
	2	133,9	90,5	157,9	138,1	139,6	142,6	121,5	138,3	129,7
	3	138,5	92,3	165,2	141,9	143,1	146,1	127,5	143,9	133,5
2	1	133.3	90.3	157.0	137.6	139.1	142.1	120.7	137.8	129.0
	2	131,1	89,4	153,6	135,8	137,4	140,5	117,9	135,5	127,0
	3	136,3	91,4	161,7	140,1	141,4	144,4	124,6	141,4	131,5
	4	135,2	91,0	160,0	139,3	140,6	143,6	123,3	140,0	130,8
3	1	136.5	91.5	161.9	140.3	141.7	144.5	125.0	141.0	132.3
	2	139,2	92,5	166,1	142,6	143,8	146,4	128,6	143,8	134,9
	3	132,8	90,1	156,3	137,2	138,7	141,9	120,1	138,0	-
	4	137,4	91,9	163,3	141,0	142,3	145,2	126,1	142,3	132,8
	5	135,5	91,1	160,4	139,4	140,7	143,9	123,4	140,8	130,5
4	1	134.0	90.6	158.1	138.4	139.9	142.6	121.9	137.7	130.6
	2	135,1	91,0	159,6	139,3	140,7	143,3	123,3	138,3	131,9
5	1	130.2	89.1	152.3	135.1	136.8	139.8	116.9	134.4	126.4
	2	135,7	91,2	160,7	139,7	141,1	143,9	124,0	139,9	131,8
	3	133,7	90,5	157,6	138,0	139,5	142,5	121,3	138,2	129,5
6	1	133.4	90.3	157.2	137.7	139.1	142.3	120.8	138.4	128.7
	2	134,9	90,9	159,4	139,0	140,4	143,3	122,9	139,2	130,8
	3	136,8	91,6	162,3	140,6	142,0	144,6	125,4	140,8	133,0
	4	139,0	92,4	165,8	142,3	143,5	146,4	128,2	144,3	134,1
7	1	133.3	90.3	156.9	137.6	139.2	142.1	120.8	137.4	129.4
	2	135,6	91,2	160,6	139,5	140,8	144,0	123,6	140,9	130,7
	3	135,1	91,0	159,6	139,3	140,7	143,3	123,3	138,6	131,7
8	1	136.3	91.5	161.6	140.2	141.6	144.3	124.8	138.3	132.5
	2	131,7	89,7	154,5	136,4	138,0	140,9	118,8	135,7	-
	3	133,7	90,5	157,6	138,0	139,5	142,5	121,3	138,2	129,5
9	1	134.6	90.8	159.0	138.8	140.2	143.1	122.5	139.0	130.5
	2	137,4	91,9	163,2	141,1	142,4	145,1	126,1	141,7	133,2
	3	131,5	89,6	154,3	136,1	137,7	140,9	118,4	136,3	127,1
	4	135,5	91,2	160,3	139,5	140,9	143,7	123,7	139,7	131,5
10	1	136.3	91.5	161.6	140.3	141.6	144.3	124.9	140.4	132.5
	2	135,7	91,2	160,6	139,6	141,0	143,9	123,9	140,3	131,3
	3	132,1	89,8	155,2	136,7	138,2	141,2	119,1	136,4	-
	4	139,4	92,6	166,5	142,8	143,9	146,6	128,9	144,0	135,1

Veränderungen der Durchschnittsgeschwindigkeiten [%]

Vari-ante	Tour	Fall								
		A	B	C	D	E	F	G	H	I
1	1	0	-32,2	+17,7	+3,2	+4,3	+6,9	-9,7	+4,4	-
	2	0	-32,4	+17,9	+3,1	+4,3	+6,5	-9,3	+3,3	-3,1
	3	0	-33,4	+19,3	+2,5	+3,3	+5,5	-7,9	+3,9	-3,6
2	1	0	-32,3	+17,8	+3,2	+4,4	+6,6	-9,5	+3,8	-3,2
	2	0	-31,8	+17,2	+3,6	+4,8	+7,2	-10,1	+3,4	-3,1
	3	0	-32,9	+18,6	+2,8	+3,7	+5,9	-8,6	+3,7	-3,5
	4	0	-32,7	+18,3	+3,0	+4,0	+6,2	-8,8	+3,6	-3,3
3	1	0	-33,0	+18,6	+2,8	+3,8	+5,9	-8,4	+3,3	-3,1
	2	0	-33,5	+19,3	+2,4	+3,3	+5,2	-7,6	+3,3	-3,1
	3	0	-32,2	+17,7	+3,3	+4,4	+6,9	-9,6	+3,9	-
	4	0	-33,1	+18,9	+2,6	+3,6	+5,7	-8,2	+3,6	-3,3
	5	0	-32,8	+18,4	+2,8	+3,8	+6,2	-8,9	+3,9	-3,7
4	1	0	-32,4	+18,0	+3,3	+4,4	+6,4	-9,0	+2,8	-2,5
	2	0	-32,6	+18,1	+3,1	+4,1	+6,1	-8,7	+2,4	-2,4
5	1	0	-31,6	+17,0	+3,8	+5,1	+7,4	-10,2	+3,2	-2,9
	2	0	-32,8	+18,4	+2,9	+4,0	+6,0	-8,6	+3,1	-2,9
	3	0	-32,3	+17,9	+3,2	+4,3	+6,6	-9,3	+3,4	-3,1
6	1	0	-32,3	+17,8	+3,2	+4,3	+6,7	-9,4	+3,7	-3,5
	2	0	-32,6	+18,2	+3,0	+4,1	+6,2	-8,9	+3,2	-3,0
	3	0	-33,0	+18,6	+2,8	+3,8	+5,7	-8,3	+2,9	-2,8
	4	0	-33,5	+19,3	+2,4	+3,2	+5,3	-7,8	+3,8	-3,5
7	1	0	-32,3	+17,7	+3,2	+4,4	+6,6	-9,4	+3,1	-2,9
	2	0	-32,7	+18,4	+2,9	+3,8	+6,2	-8,8	+3,9	-3,6
	3	0	-32,6	+18,1	+3,1	+4,1	+6,1	-8,7	+2,6	-2,5
8	1	0	-32,9	+18,6	+2,9	+3,9	+5,9	-8,4	+1,5	-2,8
	2	0	-31,9	+17,3	+3,6	+4,8	+7,0	-9,8	+3,0	-
	3	0	-32,3	+17,9	+3,2	+4,3	+6,6	-9,3	+3,4	-3,1
9	1	0	-32,5	+18,1	+3,1	+4,2	+6,3	-9,0	+3,3	-3,0
	2	0	-33,1	+18,8	+2,7	+3,6	+5,6	-8,2	+3,1	-3,1
	3	0	-31,9	+17,3	+3,5	+4,7	+7,1	-10,0	+3,7	-3,3
	4	0	-32,7	+18,3	+3,0	+4,0	+6,1	-8,7	+3,1	-3,0
10	1	0	-32,9	+18,6	+2,9	+3,9	+5,9	-8,4	+3,0	-2,8
	2	0	-32,8	+18,3	+2,9	+3,9	+6,0	-8,7	+3,4	-3,2
	3	0	-32,0	+17,5	+3,5	+4,6	+6,9	-9,8	+3,3	-
	4	0	-33,6	+19,4	+2,4	+3,2	+5,2	-7,5	+3,3	-3,1

Anhang XVI: Schätzung und Vergleich der Investitionskosten

Systemelement	straßengebundenes Hauptlaufnetz		schienengebundenes Hauptlaufnetz	
	Anzahl	Investitionskosten pro Stück	Anzahl	Investitionskosten pro Stück
ortsfestes Sortierzentrum / Hub (20.000 Stück / h)	3	40.000.000 Euro	-	-
LKW	560	90.000 Euro	-	-
Wechselbehälter / Container	560	16.000 Euro	-	-
Traktion / Lok	-	-	8	3.500.000 Euro
Tragwagen / Waggon mit KEP-Boxen	-	-	272	100.000 Euro
Sortieranlage für Zug	-	-	8	3.000.000 Euro
zentrales Hub mit KEP-EHB	-	-	1	100.000.000 Euro
$\sum$ Investitionskosten		179.360.000 Euro		179.200.000 Euro

Anhang XVII: Hochgeschwindigkeitszüge

Land	Bezeichnung	Kosten pro Zug	Anzahl der Wagen	Baujahr	Stromsystem	max. zugelassene Geschw. [km/h]	techn. zugelassene Geschw. [km/h]	Höchstgeschw. im Betrieb [km/h]	Beschleunigung [m/s²]	Motorennenleistung [kW]	Anzugkraft [kN]	Neigetechnik	Länge Endwagen / Triebkopf [mm]	Länge Mittelwagen / Wagen [mm]	Achslast [t]	Leergewicht Zug [t]	Länge des Zuges [m]
D	ET 403	k. A.	4 MotW	1972	15 kV / 16 2/3 Hz	220	200	200	0,84	3840	200	Ja / 4°	27.450	27.160	14,5 - 15,6	235	109,22
D	ICE-V/410	94 Mio. DM	2 TK, 3 MW	1985-1988	15 kV / 16 2/3 Hz	406,9	350	Testzug	0,71	2 x 4200, 2 x 2800	2 x 135	Nein	20.200	24.340	19,5	296	113
D	ICE 1/401	50 Mio. DM	2 TK, 12 MW (max. 14)	1989-1992	15 kV / 16 2/3 HZ	310	280	280	k. A.	2 x 4800, 2 x 3400	2 x 200	Nein	20.560	26.400	19,5	795	358
D	ICE 2/402	35,6 Mio. DM	1 TK, 6 MW, 1 SW	1995-1997	15 kV / 16 2/3 Hz	310	280	260 (in Traktion: 280)	k. A.	1 x 4800	1 x 200	Nein	20.510	26.400	19,5	364	205,4
D	ICE 3/403 (1-System) ICE 3/406 (4-System)	37 Mio. DM	2 EW, 6 MW	1997-2000	25 kV 50 Hz; 1,5 kV =; 3 kV = (BR 406)	368	330	300	0,86	8000	300	Nein	25.835	24.775	16	409 / 435	200
D	ICE-T 411 / 415	11,76 Mio. EUR	2 SW, 5 MW 2 SW, 3 MW	97-99 98-00	15 kV / 16 2/3 Hz	230	230	230	k. A.	8 x 500 / 4 x 750	200 / 150	Ja / 8°	27.450	25.900		366 / 273	185 / 133,5
D	ICE-TD Baureihe 605		2 SW, MW	1998-2000	diesel-elektrisch	222	200	200	k. A.	2240 / 1700	160	Ja / 8°	27.000	25.000	14,5	216	107
D	Transrapid 06							418		synchroner Langstator-Linearmotor						102	54

Land	Bezeichnung	Kosten pro Zug	Anzahl der Wagen	Baujahr	Stromsystem	max. zugelassene Geschw. [km/h]	techn. zugelassene Geschw. [km/h]	Höchstgeschw. im Betrieb [km/h]	Beschleunigung [m/s²]	Motorennennleistung [kW]	Anzugskraft [kN]	Neigetechnik	Länge Endwagen / Triebkopf [mm]	Länge Mittelwagen / Wagen [mm]	Achslast [t]	Leergewicht Zug [t]	Länge des Zuges [m]
D	Transrapid 07							450		synchroner Langstator-Linearmotor						92	51
D	Transrapit 08							k. A.		synchroner Langstator-Linearmotor						159	78,8
GB	APT Experimental	k. A.	2 TK, 2 MW	1969-1972	Gasturbinen speisen elektrische Gleichstrommotoren	245	250	k. A.		8 x 300		Ja / 9°					
GB	APT Prototyp		2 TK, 7 (8) MW		25 kV / 50 Hz	257	250	200		2 x 3000		Ja / 9°			17		
GB	HST Baureihe 43		2 TK, 7 (8) MW	1971-1973	Diesel-betrieb	233	200	200		2 x 2250 PS / 2 x 1670 PS			17.800		17,5		285
GB	Electra Baureihe 91	1,1 Mio. Pfund (ca. 3 Mio. DM)	1 TK, 9 MW, 1 EW	1986-1989	25 kV / 50 Hz	260	225	200		4350		Nein			17		
GB	Pendolino Britannico 390	17,9 Mio. EUR	2 EW, 7 MW	1999-2003	25 kV / 50 Hz	225	225	225		5100	204	Ja	23.000		14,7		217
GB	Eurostar	30,16 Mio. EUR	2 TK, 18 MW	1990-1994	25 kV / 50 Hz, 750 V = (Stromschiene),	316	300	300		2 x 6100					17	752,4	394

Land	Bezeichnung	Kosten pro Zug	Anzahl der Wagen	Baujahr	Stromsystem	max. zugelassene Geschw. [km/h]	techn. zugelassene Geschw. [km/h]	Höchstgeschw. im Betrieb [km/h]	Beschleunigung [m/s²]	Motorennennleistung [kW]	Anzugskraft [kN]	Neigetechnik	Länge Endwagen / Triebkopf [mm]	Länge Mittelwagen / Wagen [mm]	Achslast [t]	Leergewicht Zug [t]	Länge des Zuges [m]
F	TGV 001		2 TK, 3 MW	1969-1972		318		Test-fahrzeug		12 x 313 (ca.3760)		Nein				296	200
F	TGV-PSE		2 TK, 8 W	1978-1984	1,5 kV / 50 Hz, 15 kV / 16 2/3 Hz	380,4	270	270		2 x 3200	2 x 105	Nein			17	386	200
F	TGV-A	26,4 Mio. DM	2 TK, 10 MW	1987-1989	25 kV / 50 Hz, 1,5 kV =	515,3	300	300		2 x 4400	218	Nein			17	479	238
F	TGV-Réseau (2-System)	23,5 Moi. DM	2 TK, 8 W	1991-1993	25 kV / 50 Hz, 1,5 kV =, 3 kV =		320	300		8800		Nein			17	386	200
F	TGV-Duplex	19,1 Mio. EUR 2.Serie: 19,8 Mio. EUR	2 TK, 8 MW	1995-1997	25 kV / 50 Hz, 1,5 kV =		320	300		8800		Nein			17	380	
F	TGV-Réseau (3-System)	12,83 Moi. EUR	2 TK, 8 W	1991-1993	25 kV / 50 Hz, 3 kV =, 1,5 kV =		320	300		8800		Nein			17	386	200
F	Thalys PBKA	19,22 Mio. EUR	2 TK, 8 W	1993-1997	25 kV / 50 Hz, 3 kV =, 1,5 kV =, 15 kV / 16 2/3		300	300				Nein				416	ca. 200
F	Post-TGV		2x 8-Wagen-züge, 1x 4-w							max. 5000	190						
F	ETR 450		2 EW, 7 MW	1986-1988	3 kV =	260	250	250							12	435	234

-207-

Land	Be-zeichnung	Kosten pro Zug	Anzahl der Wagen	Bau-jahr	Stromsystem	max. zug-lassene Geschw. [km/h]	techn. zug-lassene Geschw. [km/h]	Höchst-geschw. im Betrieb [km/h]	Be-schleunigung [m/s²]	Motoremm-leistung [kW]	Anzug-kraft [kN]	Neige-technik	Länge Endwagen / Triebkopf [mm]	Länge Mittel-wagen / Wagen [mm]	Achs-last [t]	Leer-gewicht Zug [t]	Länge des Zuges [m]
F	ETR 460		2 EW, 7 MW	1993-1995/1997		250	250			max. 6000	270	Nein				433	237
I	ETR 500	19,6 Mio. EUR	2 EW, 11 MW	1990-1995, 1996-2000	3 kV =, 25 kV / 50Hz	300	300	250		2 x 4400	2 x 200	Nein				598	
J	Nozomi, später Kokama / Baureihe 0			1993-1995	25 kV / 60Hz		220	220	0,28	11.840		Nein	25.150	25.000	16	967	400
J	Baureihe 100		2 SW, 14 MW	1985-1988	25 kV / 60Hz	319	270	220	0,44	48 x 230 (insg. max. 11.040)		Nein	26.050	25.000	15	925	402
J	Baureihe 200		16 (auch 8,10,12 und 14 Wagen-züge)	1980	25 kV / 50Hz	276	240	240	0,39	64 x 230 (insg. 14.720)		Nein	25.150	25.000	17	1088	400
J	Baureihe 300		2 EW, 14 MW	1990/1991	25 kV / 60Hz	325,7	300	270	0,44	40 x 300 (insg. 12.000)		Nein	26.050	25.000	13	710	402
J	Baureihe 400		7 (davon 6 MotW)	1990-1992 und 1995	25 kV / 50 Hz, 20 kV / 50 Hz	345	240	240	0,44	24 x 210 (insg. 5.040)		Nein	23.075	20.500	13	312	128

Land	Bezeichnung	Kosten pro Zug	Anzahl der Wagen	Baujahr	Stromsystem	max. zugelassene Geschw. [km/h]	techn. zugelassene Geschw. [km/h]	Höchstgeschw. im Betrieb [km/h]	Beschleunigung [m/s²]	Motornennleistung [kW]	Anzugskraft [kN]	Neigetechnik	Länge Endwagen / Triebkopf [mm]	Länge Mittelwagen / Wagen [mm]	Achslast [t]	Leergewicht Zug [t]	Länge des Zuges [m]
J	Baureihe 500		16	1995-1998	25 kV / 60Hz		320	300		64 x 275 (insg. 17.600)		Nein	27.000	25.000	10,1	688	404
J	Baureihe 700	34,35 Mio. EUR	6 MW, 2 EW bzw. 14 MW, 2EW	1997-2003	25 kV / 60Hz	338		285	0,54	6600 (8-teiliger Zug) 13200 (16-teiliger Zug)		Nein	27.350	25.000	ca. 10	ca. 320	204,7 bzw. 404,7
J	MAX / E1		2 EW, 10 MW	1994-1995	25 kV / 50Hz		240	240		24 x 410 (insg. 9840)		Nein	26.050	25.000	17		
J	MAX / E2		2 EW, 10 MW	1995	25 kV /50Hz, 25 kV / 60Hz		240	240		24 x 410 (insg. 9840)		Nein	26.050	25.000	17		
J	MAX / E4		2 EW, 6 MW	1997-1999	25 kV / 50Hz		240	240		6720		Nein	26.070	25.000			
J	Star 21		9	1991/1992	25 kV / 50Hz	425	350	Testzug	0,44	12 x 440 (insg. 5.280)		Nein	25.750	24.500	10,5	256	ca. 140
J	WIN 350 / Baureihe 500		6	1991/1992	25 kV / 60Hz	350	350	Testzug	0,44	24 x 300 (insg. 7.200)		Nein	26.300	24.500	11	230	151
J	300 X / Baureihe 955		2 EW, 4 MW	1994-1995		443											
E	Alaris / ETR 490		2 EW, 1 MW	1998			220	220		2.040		Ja / 8°					

Land	Be-zeichnung	Kosten pro Zug	Anzahl der Wagen	Baujahr	Stromsystem	max. zug-lassene Geschw. [km/h]	techn. zug-lassene Geschw. [km/h]	Höchst-geschw. im Betrieb [km/h]	Be-schleu-nigung [m/s²]	Motorennenn-leistung [kW]	Anzug-kraft [kN]	Neige-technik	Länge Endwagen / Triebkopf [mm]	Länge Mittel-wagen / Wagen [mm]	Achs-last [t]	Leer-gewicht Zug [t]	Länge des Zuges [m]
E	AVE / BR 100		2 TK, 6 MW	1992-1995	3 kV =, 25 kV / 50Hz	356,8	300	300		8800 (25kV) 5400 (3 kV)	2 x 220	Nein	22.130	21.845	17,2	393	200
E	Euromed / BR 100		2 TK, 8 MW	1993-1997	3 kV =		220	220		7000 / 5400		Nein			17,2	392	200
E	Talfo 350 (Prototyp)		1 TK, 6 MW	1998-2000	25 kV / 50Hz	300	350	350	1,2 (nur TK)	4000 pro TK	100–120	Nein	20.000	13.000	17		96
E	Velaro E / S 103	25,2 Mio. EUR	2 EW, 6 Mw	2001-2004	25 kV / 50Hz		350	350		8800	283	Nein	25.675	24.775	16	425	200
USA	Acela	611 Mio. US-Dollar	2 TK, 6 MW	1996-2000	12 kV / 25 Hz, 12 kV / 60 Hz, 25 kV / 60 Hz	265	265	240		2 x 4600	225	Ja / 6,5°	21.220	26.650		566	202
CH	X 2000 / X2	75 Mio. SEK	1 TK, 5 W	1986-1990	15 kV 16 2/3 Hz	276	210	210		3260					70	344	140
N	Krengetog / BM 73		2 SW, 2 MW	1997-1999	15 kV 16 2/3 Hz		210	210		2640	210					212	108
CH	ICN / RABDe 500		2 EW, 4 MW	1997-2001	15 kV 16 2/3 Hz	220	220	200		5200	210	Ja / 8°				355	189
RU	Sokol (Falke) ES 250		2 EW, 4 MW	1997-1999	25 kV / 50 Hz, 3 kV =	300	300	250		8 x 675 (insg. 5400)		Nein				303	162

Quelle: www.hochgeschwindigkeitszuege.com (2003)